Office演習で
初歩からはじめる
情報リテラシー

Information Literacy

岡田朋子+山住富也［共著］

技術評論社

◆ご注意
本書で紹介しているアプリケーションやWebサイト、Webサービスなどは、その後、画面や表記、内容が変更されたり、無くなっている可能性があります。

はじめに

情報リテラシーという言葉が使われるようになって随分年月が経ちます。当初は、「パソコンを文房具のように使って読み書きができる能力」というような定義でした。

現在は、スマートフォンを誰もが持つ時代です。当然のようにインターネットに接続され、無限ともいえる情報を移動しながらでも入手できます。世代によっては、パソコンよりもスマートフォンのほうが使いやすいという声が聞こえてきます。キーボード入力はできないが、フリック入力なら非常に高速にできるという人も多いでしょう。

しかし、実際に社会に出て仕事をするとなると、パソコンの利用は避けられません。スムーズにキーボードとマウスを使って、文書やメールを作成したり、表計算をしたり、プレゼンをする能力が求められます。

本書は、スマートフォンを主に使ってきた世代の方々に、はじめの一歩からパソコン操作を学習していただくための教材です。Word は文字の入力や文書の整形から学びます。Excel は数式の入力方法から、頻繁に利用される関数を用いた統計処理を学習します。PowerPoint については、プレゼンで最低限必要と思われるスライドの作成法を習得します。

あまり使用頻度が高くないと思われる機能ではなく、業務やレポート・論文作成に必要な要素を、例題と練習問題で繰り返し身に着け、着実に習得できるように課題を設定しました。

1 番初めの章では、インターネットの利用に関して知っておくべきルールとマナーをまとめました。うっかりするとサイバー空間は犯罪の被害者もしくは加害者になってしまいます。危険から身を守るため、なんとなく知っているつもりになっているようなことを、改めてよく確認しましょう。

本書を手に取り、授業で利用されることを検討される教育関係の方もいらっしゃると思います。この教材は、学習者が自分で読みながら、課題を作成できるように作られています。一斉授業で操作を解説するよりも、自分の力で読み進めて地力をつけていただきたいという願いからです。実際、マイペースでの授業は、学習者にとって心地よく、楽しいものになります。

また、本書の工夫として、学習者が完成例だけを見て自己流で作成をはじめることを回避するため、例題の画像を小出しにするなどしてあり、なおかつ作業工程に必要なことを適宜説明していく形をとっています。

全体として、スモールステップで無理なく作業を進めていき、作業を通じて技能を身につけることができるようになっています。

各章には例題と演習問題がありますが、例題で使う元ファイルは前出の例題で作成したものに限られています。つまり、例題のみで読み進めていくことも可能となっています。

アクティブラーニングが推奨されるようになっていますが、特に本書は反転授業を行うことを想定して作りました。「次回の授業は第〇章ですので、目を通してきてください。」と予習を促し、授業の中では課題を作成するという授業設計が可能です。全体で 15 章ですので、15 回の授業が義務付けられている大学での利用に向いています。

半年間、本書での授業を終えた学習者が、情報モラルを理解し、パソコンを文房具のように使うことができるようになっていることを願います。

2024 年 12 月　著者

CONTENTS

サポートサイトについて

本書ではサポートサイトを用意し、サンプルファイルのダウンロードサービスを提供しています。サポートサイトへのアクセスや、ファイルの内容は次のとおりです。

サンプルファイルのダウンロード

サンプルファイルは次の手順でダウンロードすることができます。

① 「https://gihyo.jp/book」にアクセス

② 「本を探す」に「Office 演習で初歩からはじめる情報リテラシー」と入力して「検索」をクリック

③ 「Office 演習で初歩からはじめる情報リテラシー」を見つけてクリック
※上の方は広告になっています。

④ 「本書のサポートページ」をクリック

⑤ 表示されたサポートページの説明にしたがってダウンロード

なお、「https://gihyo.jp/book/2024/978-4-297-14626-9/support」にアクセスすれば、直接サポートページを開けます。

サンプルファイルの内容

サポートサイトからサンプルファイルをダウンロードして解凍すると、「完成例」フォルダと「演習問題の解答例」フォルダが表示されます。

- 「完成例」フォルダ
  「完成例」フォルダの中には 2 章から 15 章のフォルダがあり、それぞれの章で扱う例題と演習問題の完成例のファイルが入っています。

- 「演習問題の解答例」フォルダ
  「演習問題の解答例」フォルダには「演習問題の解答例 .pdf」が入っています。

第 1 章　情報モラル

私たちは情報化された世界で暮らしています。日々、情報システムやネットワークサービスを利用しており、生活の大きな割合を占めるようになってきました。知りたいことを調べるにも、買い物をするにも、まずインターネットにアクセスして必要な情報を検索します。そこで重要なことは、便利さや楽しさを追求するだけでなく、安全性を確保することです。

情報リテラシーの第一歩として、この章では情報モラルやセキュリティについて学習しましょう。

1-1 ユーザー認証

インターネットのサービスを利用するとき、必要になるのがユーザー認証です。これからアクセスするのが契約者本人であることを確認する作業がユーザー認証です。誰かがなりすましてユーザー認証をくぐり抜けると、後述する不正アクセスなどの犯罪のきっかけとなる可能性があります。

1-1-1 パスワードを大切に

ユーザー認証で最も多く使われる仕組みは、「ユーザーID」と「パスワード」の組み合わせによる「本人確認」です。いずれも、英数字の文字列です。システムによっては記号も利用できます。

安易なパスワードは破られてしまう可能性があります。よって、自分が忘れにくく、さらに他人には推測されにくい文字列を設定しましょう。

なお、悪いパスワードとして有名な物に、「Password」「12345678」「Iloveyou」などがあります。

● パスワードを破る手口

・総当たり攻撃（ブルートフォースアタック）

文字列のパターンを1つずつ変えてアクセスを試みるという最も単純な方法です。しかし、短いパスワードはこの単純な攻撃でも破られてしまう可能性があります。

以前、パスワードは8文字以上が安全とされていましたが、現在はコンピュータの処理能力が向上しているため、安全とされるパスワードの長さは10文字以上とされています。

・辞書攻撃（ディクショナリーアタック）

辞書にある単語や地名・人名などの組み合わせでパスワードを推測しアクセスを試みる攻撃方法です。辞書にあるような単語や固有名詞などは覚えやすいことからパスワードに使用する人が多く、このような攻撃が成立します。

よって、辞書攻撃を避けるために、一見して意味の無い文字列をパスワードに設定しましょう。

・パスワードリスト攻撃

複数のインターネットのサービスで同じパスワードを使い回しているケースがあります。パスワードリスト攻撃は、不正入手したパスワードをリストにしておき、別のサイトでもアクセスを試みる手口です。

この攻撃を未然に防ぐには、複数のサービスでパスワードを使い回さないことです。

● 安全なパスワードを作る

上記のような攻撃を防御するため、安全なパスワードの作り方を知っておくべきです。1つの代表例を紹介しますので、実際に自分で作ってみましょう。

【手順1】 元になる英文を作る。
I listened to Schumann's Piano Concerto on February 7th.
(2月7日にシューマンのピアノ協奏曲を聴いた)

【手順2】 単語の頭文字を取り出してつなぐ。
IltSPCoF7

【手順3】 記号を混ぜる。
IltSPCoF7#
(最低10文字以上の長さにする)

これ以外にも、安全なパスワードを作る方法がありますので、調べてみましょう。

1-1-2 認証方式

ユーザーIDとパスワードを使った方式以外に、さまざまな認証方式があります。

● ワンタイムパスワード

認証のたびに発行されるパスワードです。利用できるのは1度きりで、使い捨てられます。

現在、ネットバンキングの手続きなどで利用されています。ユーザーは振り込みなどの手続きを行う際、銀行から配布された生成器でワンタイムパスワードを表示し入力します。(最近では、スマートフォンのアプリで行う場合もあります。)

このパスワードは1回の手続きでのみ有効です。また一定時間が過ぎると無効化されます。

パスワードの生成器がなければ不正に認証を行うことができないため、安全に取引を行うことができます。

● 生体認証(バイオメトリックス認証)

人の身体の特徴によってユーザーを特定する方式です。ユーザーの身体的特徴をあらかじめシステム側に登録しておき、照合を行います。

生体認証には、指紋認証、顔認証、手のひら認証、光彩認証(目の光彩)など、いくつかの方式があります。

指紋認証は照合を行うためのシステムが小型で低コストのため普及が進んでいます。また、顔認証はカメラのついたパソコンやスマートフォンで利用されています。

手のひらや光彩は照合装置が大がかりになり、高コストのため余り一般的ではありません。

生体認証は、ユーザーIDとパスワードの認証方式よりも安全性が高くなります。しかし、余分な装置の必要性やコスト面の他、本人を正しく認証できないという精度の問題や、処理に時間がかかるといった速度の問題もあります。

パスワードと指紋のように、2つの認証を組み合わせる方式を2要素認証といいます。単一の認証よりも、より安全になります。

他にも2段階認証という方式も身近になっていますので、仕組みを調べてみましょう。

1-2 SNS

SNS（ソーシャルネットワーキングサービス）は世界中にユーザーが広がり、無限ともいえるコンテンツであふれています。誰でも簡単に情報を入手し、また発信できるツールですが、同時にトラブルも大きな問題となっています。

1-2-1 不適切投稿

アルバイト先のコンビニで、冷蔵庫に入ってふざけている写真をSNSに投稿し、大問題となった例があります。このような悪ふざけの写真や動画を軽い気持ちで投稿して、大変な迷惑をかけたケースはいくつもあります。

「バカッター」、もしくは「バイトテロ」といわれるこのような行為によって、お店が廃業に追い込まれたり、従業員が処分を受けたりしました。

他にも、「今、飲酒運転中」とか「テストでカンニングしてまーす！」というような無責任な書き込みが大炎上することがあります。

近年では、ビルの屋上に上り、転落しそうなところを歩くといった危険な動画をアップロードする人もいます。注目を集めたい、「いいね」の数を増やしたいという欲求で、このような投稿をしてはいけません。

ツイッターやインスタグラムにアップロードする前に、一呼吸おいて自分のしていることが正当なことかどうか見直す習慣をつけましょう。

1-2-2 名誉棄損

SNSでの誹謗中傷やいじめは大きな問題となっています。不特定多数から攻撃を受けると誰でも傷つきます。名誉棄損となるような書き込みは絶対にいけません。まず、思いやりを持ってSNSを利用しましょう。

他人を公然と侮辱する行為は「侮辱罪」として処罰の対象となります。

＜刑法＞
(侮辱罪)
231条　事実を摘示しなくても、公然と人を侮辱した者は、1年以下の懲役若しくは禁錮若しくは30万円以下の罰金又は拘留若しくは科料に処する。

また、プライバシーへの配慮も重要です。例えば、あなたの行動を勝手にSNSにアップロードされたら大変な迷惑でしょう。他人のプライバシーを尊重し、むやみに情報を流さないように気をつけましょう。

そのほか、SNSでは肖像権についての配慮も重要です。他人の写真や動画を本人の許可なくアップロードしてはいけません。

1-2-3 威力業務妨害

「今度、○○小学校で無差別に殺します。」というような犯行予告を投稿をすると、授業ができなくなるばかりか、大変な騒ぎに発展します。いわゆる愉快犯ですが、このようなケースは「威力業務妨害罪」となります。すなわち、威力を用いて人の業務を妨害したという犯罪です。

また、風説やデマを流し、他人の信用を損ねたり業務を妨害したりすると、信用毀損罪や業務妨害罪となります。

＜刑法＞
（信用毀損及び業務妨害）
233条　虚偽の風説を流布し、又は偽計を用いて、人の信用を毀損し、又はその業務を妨害した者は、三年以下の懲役又は五十万円以下の罰金に処する。

＜刑法＞
（威力業務妨害）
234条　威力を用いて人の業務を妨害した者も、前条の例による。

1-3 サイバー犯罪と法律

インターネットや通信技術を悪用した犯罪をサイバー犯罪といいます。テレワークやリモート授業が増えたことに伴い、サイバー犯罪も増加傾向にあります。

1-3-1 不正アクセス

正規のアクセス権を持たないものがシステムやサービスに侵入することを不正アクセスといいます。

不正アクセスは大きく分けて次の3つです。

- なりすまし行為　不正入手したアカウントによるアクセス
- 助長行為　本人に無断でアカウントを提供
- 準備行為　アカウント詐取を目的としたフィッシング

不正アクセスされると、重要な機密情報や個人情報が漏洩します。よって、ユーザーはアカウントを盗まれないよう管理する必要があります。

● フィッシング詐欺

フィッシングとは、通販サイトや銀行などに送信者を詐称した電子メールを送り、偽装サイトに誘導して、アカウント（ユーザIDとパスワード）やカード番号などを詐取する詐欺行為です。

電子メールだけでなくSMSを悪用するケースもあります。（この場合はスミッシングといいます。）

このような詐欺に引っかからないために、覚えのないメールは開かないようにするとともに、メールに書かれたURLが本物かどうかよく確認してください。

● 不正アクセス禁止法

不正アクセス禁止法は正式名称「不正アクセス行為の禁止等に関する法律」といいます。不正アクセスを行うと、この法律により3年以下の懲役または100万円以下の罰金刑となります。

＜不正アクセス禁止法＞
(不正アクセス行為の禁止)
第3条　何人も、不正アクセス行為をしてはならない。

(他人の識別符号を不正に取得する行為の禁止)
第4条　何人も、不正アクセス行為の用に供する目的で、アクセス制御機能に係る他人の識別符号を取得してはならない。

(不正アクセス行為を助長する行為の禁止)
第5条　何人も、業務その他正当な理由による場合を除いては、アクセス制御機能に係る他人の識別符号を、当該アクセス制御機能に係るアクセス管理者及び当該識別符号に係る利用権者以外の者に提供してはならない。

(他人の識別符号を不正に保管する行為の禁止)
第6条　何人も、不正アクセス行為の用に供する目的で、不正に取得されたアクセス制御機能に係る他人の識別符号を保管してはならない。

(識別符号の入力を不正に要求する行為の禁止)
第7条　何人も、アクセス制御機能を特定電子計算機に付加したアクセス管理者になりすまし、その他当該アクセス管理者であると誤認させて、次に掲げる行為をしてはならない。ただし、当該アクセス管理者の承諾を得てする場合は、この限りでない。
(以下略)

フィッシング詐欺はどのような手口で行われるのか、ユーザーと悪意のあるユーザー、正規のサイトと偽装サイトの関係を図で示してみましょう。

1-3-2 著作権法違反

誰かが創作物を生み出すと著作権（知的財産権）が発生します。他人の作ったもの（著作物）を勝手に使うと著作権法違反となる可能性があります。特にデジタルデータは簡単に複製や配布ができるので注意しましょう。

● 著作権

著作者の権利には、著作者人格権と（財産権としての）著作権があります。

著作者人格権は文字通り著作者の人格を保護するため、以下の3つで構成されます。著作者人格権は他人に譲渡できません。

・公表権

著作物を公表するかどうか、および公表する方法を著作者本人が決める権利

・氏名表示権

著作物に自分の氏名を表示するかどうか、表示するのは本名か別名するかを決める権利

・同一性保持権

著作物の題名および内容を、他人に無断で変えられない権利

財産権としての著作権は、著作物の利用形態ごとに定められた権利です。財産権としての著作権は次のような権利があります。これらの権利を無視して勝手に著作物を使用、配布することは違法行為となります。

複製権　上演権・演奏権　公の伝達権　口述権　展示権　頒布権　譲渡権　貸与権
翻訳権・翻案権　二次的著作物の利用権

著作権法違反となった事例を調べてみましょう。(具体的な違反の内容と裁判の結果)
財産権としての著作権について、それぞれどのような権利かできるだけ具体的な例を挙げて説明しましょう。

1-3-3 個人情報の保護

インターネットが普及し、多くの情報が飛び交う中、個人情報漏洩から権利を保護するため個人情報保護法(正式名称:個人情報の保護に関する法律)が制定されています。個人情報を収集して取り扱う事業者に対して、さまざまな義務が定められています。

ここで、「個人情報」とは、生存する個人に関わる情報で、特定個人を識別できる情報をいいます。
個人情報保護法で使われる以下の用語について定義を調べてみましょう。
「個人情報」、「個人識別符号」、「要配慮個人情報」

個人情報取扱事業者が個人情報を収集し、取り扱うには、法律に従い以下の事項を遵守する必要があります。

＜個人情報保護法＞
・利用目的の明確化・利用目的による制限(第15条、第16条)
・個人情報の適正な取得・利用目的の通知、公表(第17条、第18条)
・個人情報の正確性の確保(第19条)
・個人情報の安全管理措置・従業者、委託先の適切な監督(第20条、第21条、第22条)
・個人情報を第三者に提供する場合の制限(第23条〜第26条)
・利用目的等の公表・個人情報の開示、訂正、利用停止(第27条〜第34条)
　苦情の処理(第35条)

個人情報を収集する際、どのようなことに気を付けるべきでしょうか。具体例を挙げて答えてください。
個人情報の漏洩について具体的な事例を調べてみましょう。
個人情報を第三者に提供場合について、オプトインとオプトアウトはどのような違いがあるか調べましょう。

1-4 情報セキュリティ

インターネットには、有害なプログラムを使った犯罪や盗聴など、多くの危険が付きまといます。うっかりすると、あなたの大切の情報が漏洩するかもしれません。
そこで、マルウェア対策や暗号化など、情報セキュリティの必要性を理解しましょう。

1-4-1 マルウェア

マルウェアとは悪意のある有害なプログラムの総称です。1980年代、パソコンが一般に普及し始めたころからマルウェアは問題となっていました。当時は、画面をフリーズさせるなどの愉快犯が多くみられましたが、現在は業務を妨害したりスパイ活動のツールとしたりして使われることがあります。
マルウェアは分類の方法によって、次のような多くの種類があります。

- コンピュータウイルス
- ワーム
- トロイの木馬

それぞれ、感染の仕方や増殖機能に特徴があります。マルウェアに感染してしまうと、コンピュータに保存されたデータを抜き取られたり、消去されたりといった被害が出ます。
データを暗号化して、解除するための身代金を要求する「ランサムウェア」というマルウェアもあります。実際に、病院などで大きな被害が出ています。

コンピュータウイルス、ワーム、トロイの木馬について、それぞれの特徴を調べましょう。

マルウェアに感染しないために

1 Windows セキュリティ
感染を防ぐには、まずコンピュータのマルウェア対策をしっかりすることです。Windows の場合、「設定」アプリの中に「Windows セキュリティ」という項目があります。

この項目を選択すると、次の画面が表示されますので「Windows セキュリティを開く」ボタンをクリックします。

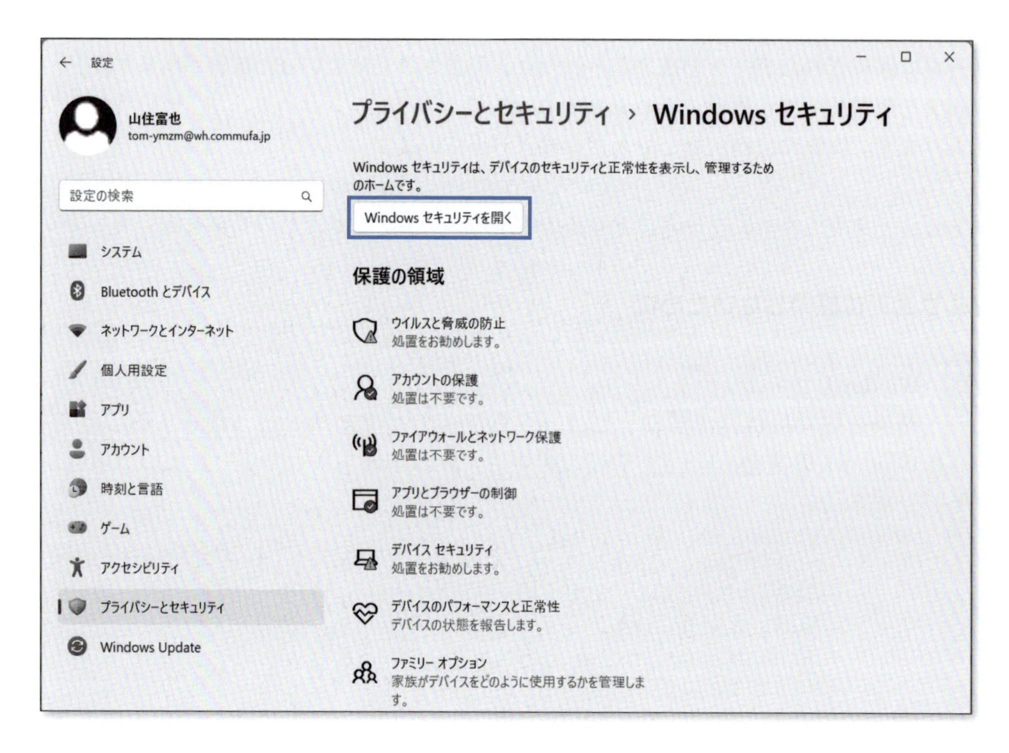

次の画面が表示されますので、「ウイルスと脅威の防止」をクリックします。

次の画面が表示されます。

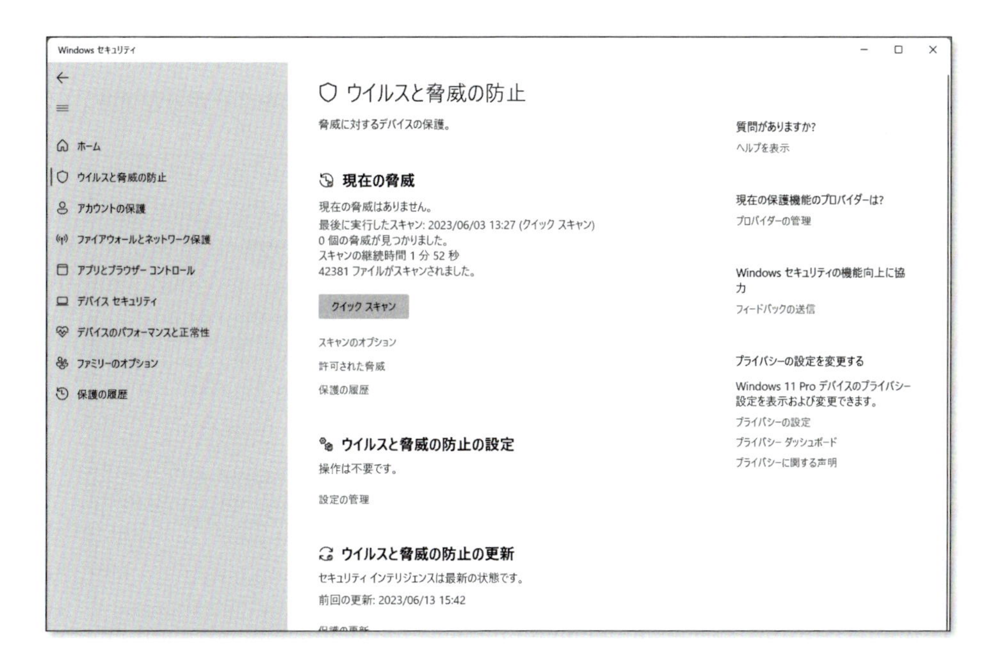

ウイルスと脅威の防止の設定の項目の下にある「設定の管理」をクリックすると次の画面が表示されますので、保護に関する 4 つの項目が「オン」になっていることを確認してください。

また、ウイルスと脅威の防止の画面で、現在の脅威の項目にある「クイックスキャン」をクリックすると、コンピュータがマルウェアに感染していないか調べることができます。

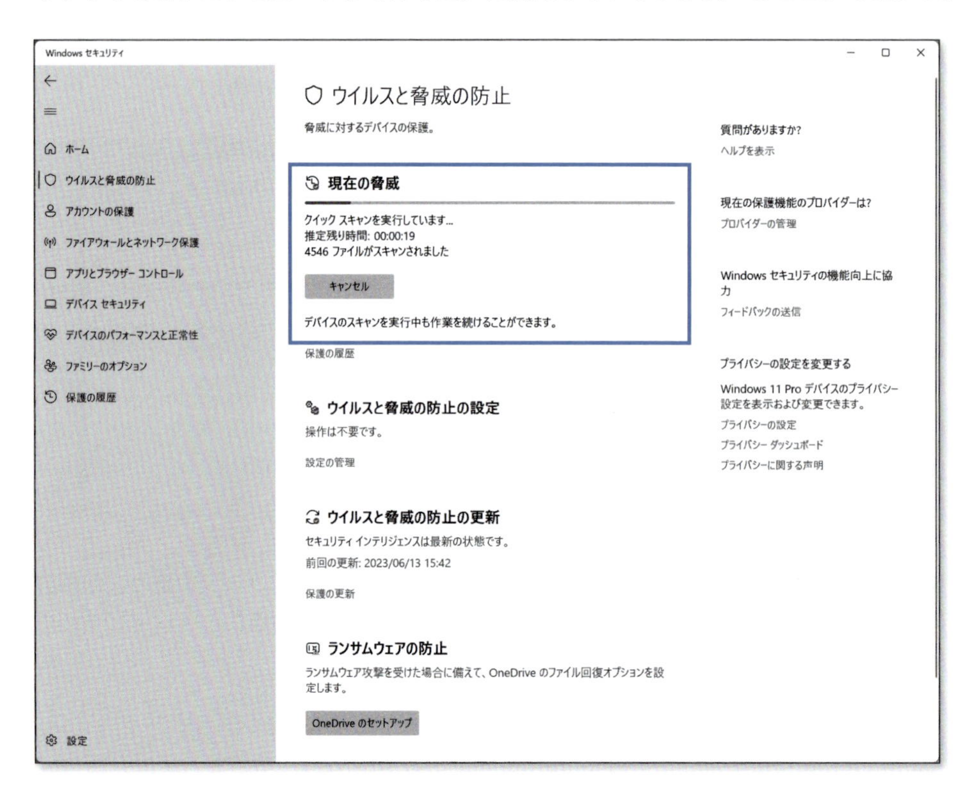

スキャンが終了すると、結果が表示されます。感染が見つかった場合は、検疫などの処置を行います。

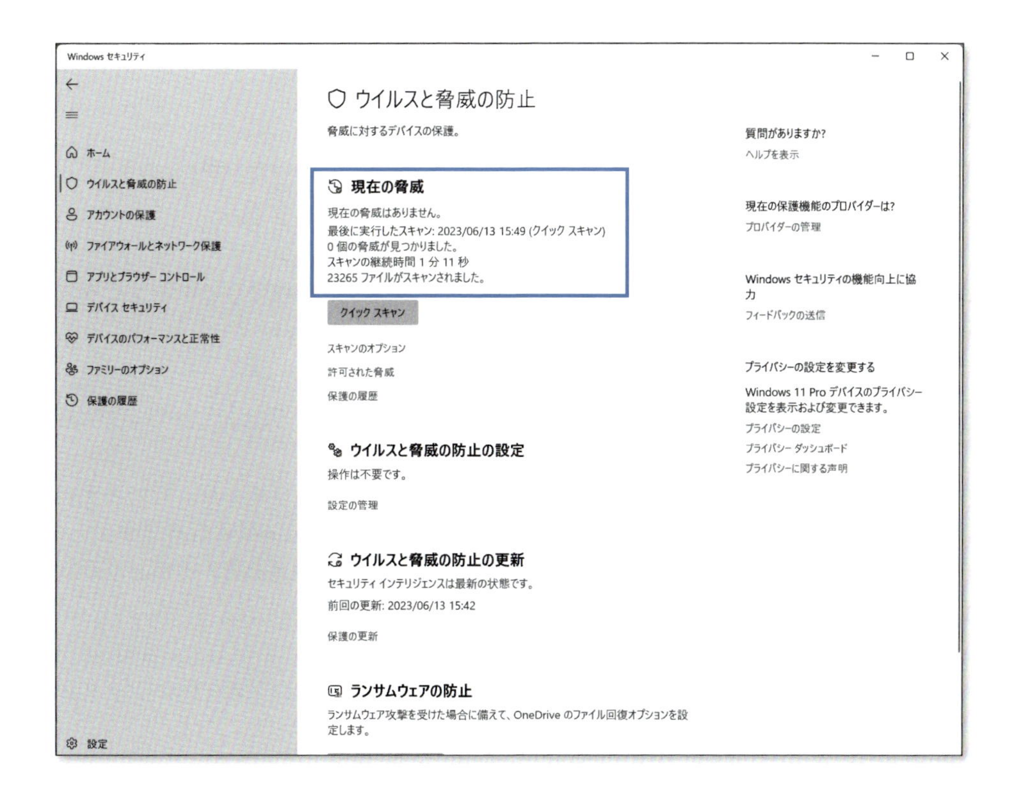

2 システムやアプリの更新

OS は日々脆弱性が発見されます。これはスマートフォンのアプリも同じです。脆弱性をついてマルウェアが侵入する恐れがありますので、マルウェア感染防止のため、OS を最新状態に保ちましょう。

「設定」アプリで、「Windows Update」を選択すると、次の画面が表示されます。

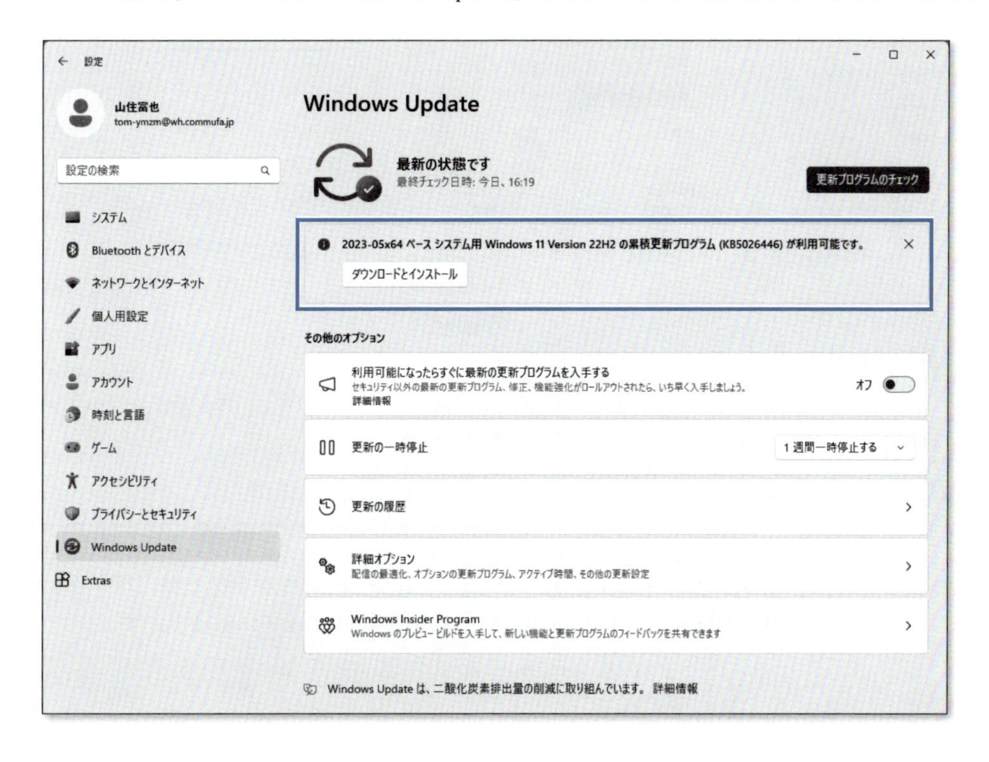

アップデートすべき表示される場合は「ダウンロードとインストール」をクリックして更新作業を行います。
上の例では、1つの更新プログラムが表示されています。
更新プログラムが何も表示されないこともありますが、右上の「更新プログラムのチェック」をクリックして、本当に更新プログラムがないか確かめておきましょう。

この例はWindows11の場合ですが、MacOSやスマートフォンも同様にして更新プログラムをインストールしましょう。

1-4-2 ファイアウォール

インターネットを介した不正侵入をブロックする仕組みをファイアウォールといいます。日本語に訳すと「防火壁」という意味になります。文字通り、脅威から守る壁となります。

ファイアウォールの重要な機能はフィルタリングです。すなわち通過を認めるかどうか判断し、認めない場合は遮断します。

Windows11の場合、ファイアウォールが組み込まれています。

Windowsセキュリティの画面で「ファイアウォールとネットワーク保護」をクリックします。

次の画面が表示されます。ドメインネットワーク、プライベートネットワーク、パブリックネットワークという3項目のファイアウォールがいずれも有効になっているはずです。

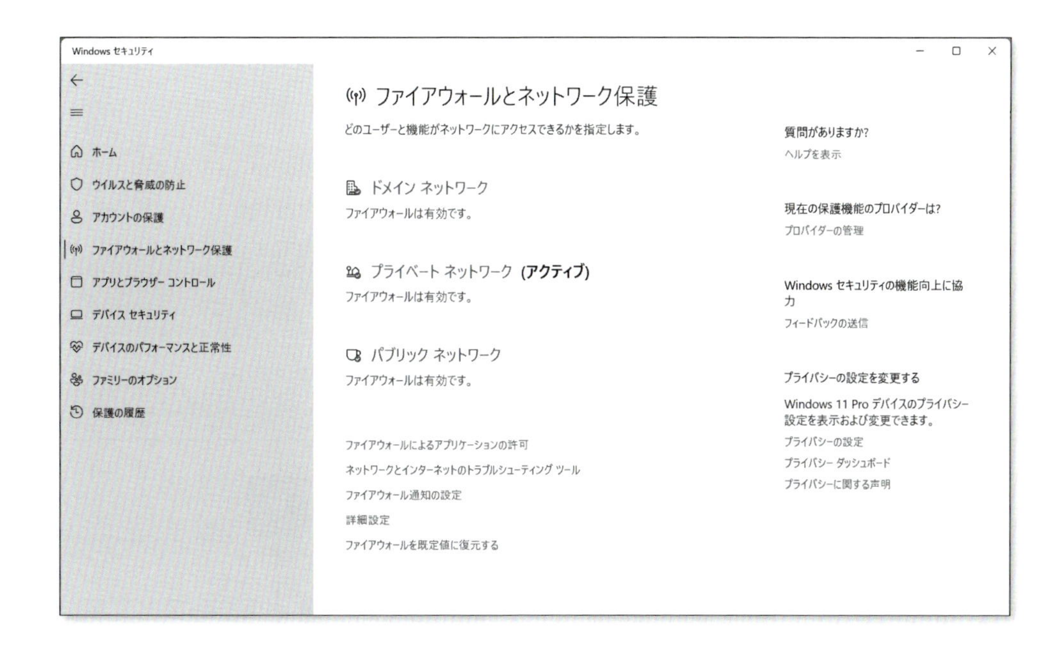

仮に、プライベートネットワークのファイアウォールをオフにすると、次のように、「ファイアウォールは無効です」というメッセージが表示されますので、「オンにする」をクリックして安全性を保ってください。

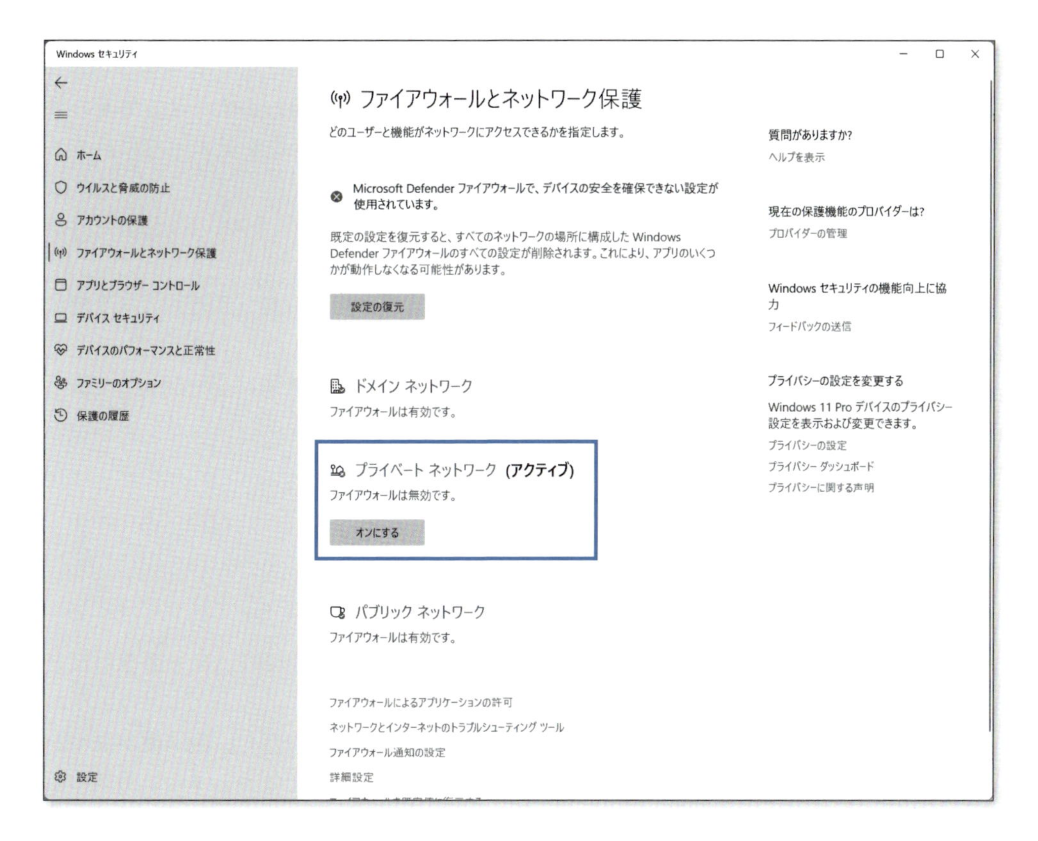

ファイアウォールは特別な場合を除いてオフにすることはありません。インターネットからの侵入を許してしまう危険な状態にならないように、常にファイアウォールを有効にしておきましょう。

ファイアウォールのフィルタリングにはどのような方式があるか調べましょう。

1-4-3 暗号技術

インターネットの通信は、いわばハガキのようなものです。通信を傍受されると読み取られてしまいます。そこで、盗聴を防ぐために使われているのが暗号技術です。

● 暗号化と復号

暗号の基本的な仕組みを図示すると次のようになります。

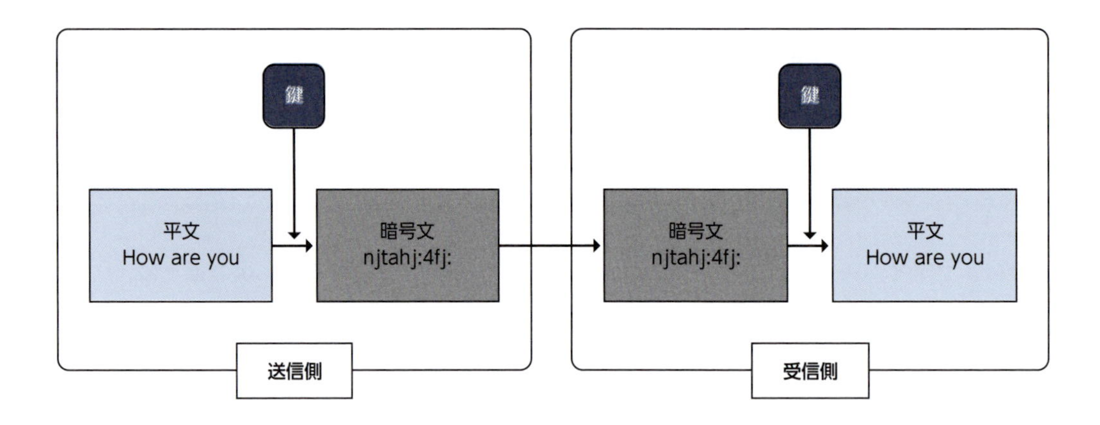

初めに送信側で、元の文をある法則で別の判読できない分に変換します。ここで元の文を「平文」、変換された文を「暗号文」、変換規則を鍵といいます。暗号文を元の平文に戻すことを、「復号」といいます。

インターネット上には暗号文を送信しますので、鍵を持っている人、つまり受信者だけが復号して平文に戻して元の文を読み取ることができます。

現在、WebにおいてはSSL/TLSという暗号のプロトコルが用いられ、私たちの送受信する情報を守っています。

SSL/TLSを用いたサイトでは、鍵のアイコンとともに、URLの先頭に「https://」と表示されますので確認しましょう。

● 無線LANの暗号化

テレワークやリモート授業で無線LANの利用が進んでいます。無線LANも盗聴対策としてルーターの設定で暗号化を行っておく必要があります。

無線LANの暗号化は、WPA3という規格が推奨されています。ただし、脆弱性が見つかると新しい規格に変更していく必要がありますので、設定に注意しましょう。また、最新の暗号化規格に対応したルーターを利用しましょう。

暗号化の仕組みには大きく分けて共通鍵暗号方式と公開鍵暗号方式があります。それぞれの仕組みを調べて、図で表してみましょう。

第2章　式の入力と基本操作

第２章から第８章までは、Excel の使い方についての実習を行います。
まず、この章では、セルに計算式を入力することによる四則演算や、セルを参照しての計算を行います。また、SUM 関数を使って和を求めます。その際、オートフィルの使い方も確認しましょう。

2-1 Excelの基本画面

Excel2021の画面は次のように構成されます。縦横にセルという升目が並んだワークシートという編集画面に数値や文字を入力していきます。セルは"A2"のように行と列の位置をセル番地で表します。ワークシートは複数作成することができます。ファイル全体をExcelブックという形式で保存することができます。

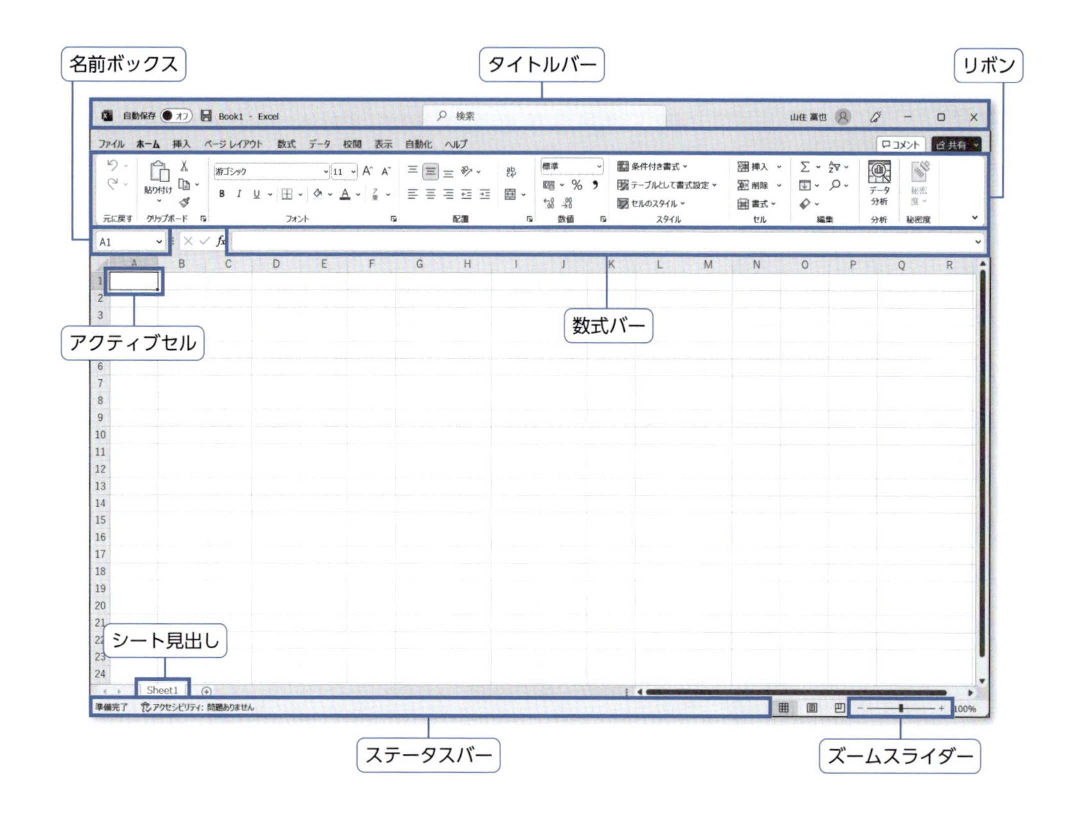

• タイトルバー

最上部はタイトルバーです。編集中のファイル名が表示されます。タイトルバーをドラッグすると、ウィンドウを移動できます。

• リボン

リボンは編集に使用するアイコンが並んだパネルです。タブをクリックすると、カテゴリごとにまとめられたアイコンが表示されます。Excel2021では9つのタブがデフォルトで表示されます。編集内容に応じて、タブが追加で表示されます。

• 名前ボックスとアクティブセル

選択中のセルをアクティブセルといいます。名前ボックスにはアクティブセルの位置が表示されます。

・数式バー

アクティブセルに入力された値や式が表示されます。

・シート見出し

ワークシート名が表示されます。見出しの右横の⊕ボタンをクリックするとワークシートを追加することができます。また見出しのタブをドラッグして、ワークシートの順序を変更することもできます。

・ステータスバー

編集中の文書や実行中の操作に関する情報が表示されます。

ステータスバーを右クリックするとメニューが表示されますので、ステータスバーに常時表示させたい項目を選択します。

・ズームスライダー

表示倍率をスライダーで調整することができます。スライダーの右のズーム（デフォルトは「100%」と表示）をクリックすると、「ズーム」ダイアログボックスが表示されますので、倍率などを指定します。

・[ファイル] タブ

クリックすると、次のバックステージビューが表示されます。ファイルの保存や印刷、オプションの設定などを行います。

編集画面に戻るには［ESC］キーを押すか、㊀ボタンをクリックします。

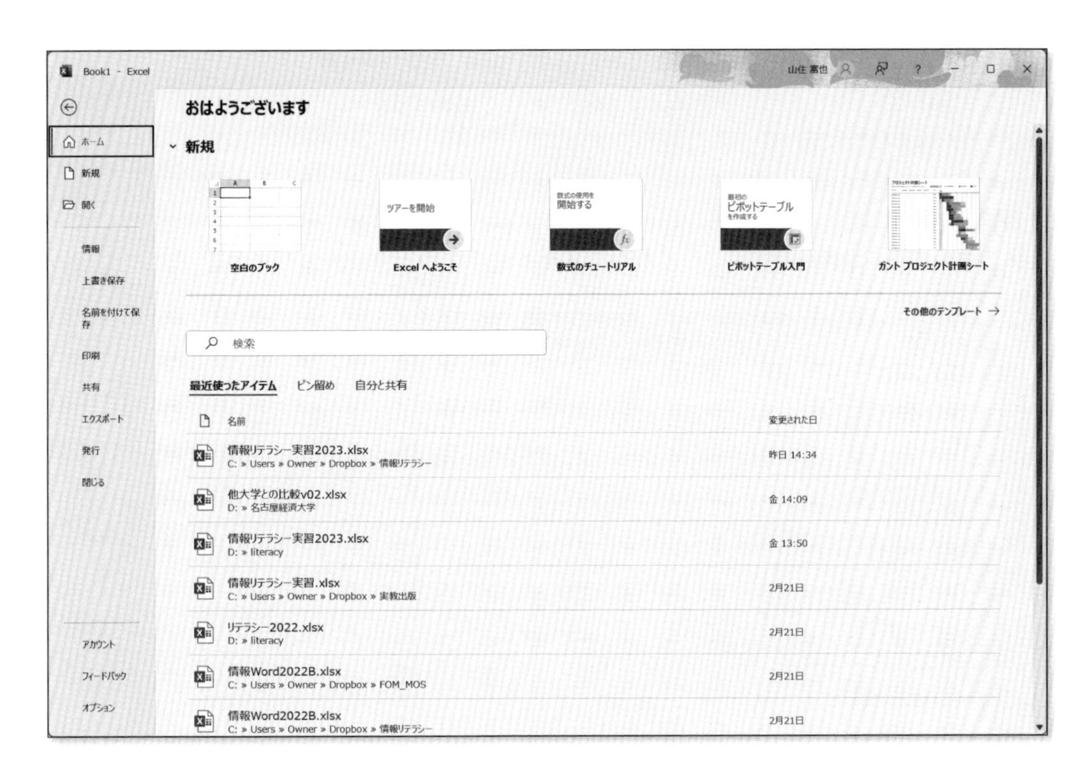

2-2 四則演算、表示桁数

セルに計算式を入力して、四則演算を行います。いろいろな式を入力して、計算式に慣れていきましょう。また、数値の表示桁数の調整も行います。

Excelに計算式を入力する際には、次のようにします。

- 入力モードを「半角英数字」にして、半角で入力します。
- 最初に「=」を入力してから数式を入力します。
- 「×」は「*」と入力し、「÷」は「/」と入力します。分数も「/」で表します。
- たとえば「2^3」は「2^3」と入力します。
- たとえば「$\frac{4+5}{8}$」は「(4+5)/8」と入力し、かっこが必要です。

例題 2-1

Excelに計算式を入力することによって、次の計算を行いましょう。(1) はセルA1に、(2) はセルA2に、…、(10) はセルA10に求めましょう。また、小数第2位まででわり切れなかった結果は小数第2位までの値の表示にしましょう。

(1) $9-12+10$　(2) $9-(12+10)$　(3) $14-10\div19$
(4) $(14-10)\div19$　(5) $75\div2\times11$　(6) $75\div(2\times11)$
(7) $16-2^{16}$　(8) $16+(-2)^{16}$　(9) $85\div12\div25$
(10) $85\div(12\div25)$

▶解説

入力モードを「半角英数字」にしてから、各セルにはこのように入力します。

	A	B	C
1	=9-12+10		
2	=9-(12+10)		
3	=14-10/19		
4	=(14-10)/19		
5	=75/2*11		
6	=75/(2*11)		
7	=16-2^16		
8	=16+(-2)^16		
9	=85/12/25		
10	=85/(12/25)		
11			

注　意

入力モードを切り替えるには、キーボードの左上にある［半角/全角］キーを押します。［半角/全角］キーを押すたびに、「ひらがな」→「半角英数字」→「ひらがな」の順に入力モードが切り替わります。

このような結果が得られます。

	A	B	C	D	E	F
1	7					
2	-13					
3	13.47368					
4	0.210526					
5	412.5					
6	3.409091					
7	-65520					
8	65552					
9	0.283333					
10	177.0833					
11						

注　意

もしセルの表示形式が「日付」になってしまったら、ホームタブの（数値グループにある）［数値の書式］を「標準」に変更しましょう。

次に、小数第2位まででわり切れなかった結果（セルA3、A4、A6、A9、A10）を小数第2位までの値の表示にしましょう。そのために、まず、セル範囲A3:A4を選択したあと、［Ctrl］キーを押しながらセルA6、セル範囲A9:A10を選択します。

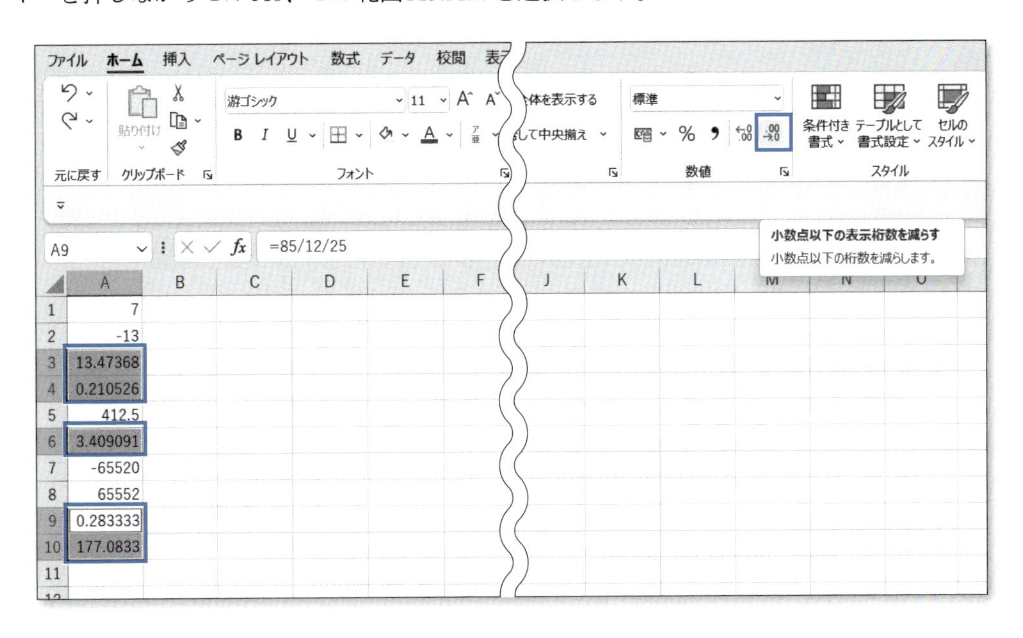

そして、ホームタブの（数値グループにある）［小数点以下の表示桁数を減らす］ボタンを、値が小数第2位までの値の表示になるまでクリックします。すると、このような結果が得られます（ただし、この場合は見た目が四捨五入されているだけで、セルにはもともとの値が保持されています）。

	A	B	C	D	E
1	7				
2	-13				
3	13.47				
4	0.21				
5	412.5				
6	3.41				
7	-65520				
8	65552				
9	0.28				
10	177.08				
11					

例題 2-2

Excelに計算式を入力することによって、次の計算を行いましょう。(1) はセルA1に、(2) はセルA2に、…、(10) はセルA10に求めましょう。また、小数第3位まででわり切れなかった結果は小数第3位までの値の表示にしましょう。

(1) $\frac{85}{34}$　(2) $\frac{1}{2}+\frac{1}{4}+\frac{1}{8}$　(3) $\frac{75+90+69+63+51}{5}$

(4) $\frac{50}{150^2}\times 10000$　(5) $\frac{2}{3}\div\frac{5}{4}$　(6) $\frac{2}{3}\div 5\div 4$

(7) $39-\frac{92}{9}+20$　(8) $\frac{39-92}{9+20}$　(9) 3000×0.1

(10) 3000の10%

▶解説

入力モードを「半角英数字」にしてから、各セルにはこのように入力します。

	A	B	C
1	=85/34		
2	=1/2+1/4+1/8		
3	=(75+90+69+63+51)/5		
4	=50/150^2*10000		
5	=2/3/(5/4)		
6	=2/3/5/4		
7	=39-92/9+20		
8	=(39-92)/(9+20)		
9	=3000*0.1		
10	=3000*10%		
11			

このような結果が得られます。

	A	B	C	D	E	F
1	2.5					
2	0.875					
3	69.6					
4	22.22222					
5	0.533333					
6	0.033333					
7	48.77778					
8	-1.82759					
9	300					
10	300					
11						
12						

そして、小数第3位まででわり切れなかった結果を小数第3位までの値の表示にすると、このような結果になります。

	A	B	C	D	E	F
1	2.5					
2	0.875					
3	69.6					
4	22.222					
5	0.533					
6	0.033					
7	48.778					
8	-1.828					
9	300					
10	300					
11						
12						

2-3 セルを参照しての計算、オートフィル

データが入力されているセル番地を使って計算式を入力することをセルの参照といいます。セルの参照を使った計算を行ってみましょう。また、入力されたデータや計算式を連続コピーできるオートフィルという機能についても理解しましょう。

例題 2-3

3名それぞれの身長と体重のデータを入力し、BMIを求めましょう。ただし、BMIは「体重÷［身長の2乗］×10000」で求め、小数第1位までの値の表示にします。次の手順にしたがって作業をします。

1 次のように入力します。

	A	B	C	D	E	F
1		身長	体重	BMI		
2	A	163	54			
3	B	170	78			
4	C	175	57			
5						
6						

2 セルD2に「=」を入力し、Aの体重の値のセル（C2）をクリックします。

	A	B	C	D	E	F
1		身長	体重	BMI		
2	A	163	54	=C2		
3	B	170	78			
4	C	175	57			
5						
6						

続けて、「/」を入力し、Aの身長が入力されているセル（B2）をクリックします。さらに、「^2*10000」を入力し、［Enter］キーを押します。すると、AのBMIが計算され、セルには「=C2/B2^2*10000」と入力されていることが確認できます。

	A	B	C	D	E	F
1		身長	体重	BMI		
2	A	163	54	=C2/B2^2*10000		
3	B	170	78			
4	C	175	57			
5						
6						

そして、ふたたびセル D2 を選択し、ホームタブの（数値グループにある）［小数点以下の表示桁数を減らす］ボタンを、値が小数第 1 位までの値の表示になるまでクリックします。次に、セル D2 の右下あたりにマウスポインタを合わせ、+の形にします。この状態のままセル D4 まで下へドラッグする（またはダブルクリックする）と、B と C のそれぞれの BMI も求めることができます。

	A	B	C	D	E	F
1		身長	体重	BMI		
2	A	163	54	20.3		
3	B	170	78			
4	C	175	57			
5						
6						

	A	B	C	D	E	F
1		身長	体重	BMI		
2	A	163	54	20.3		
3	B	170	78	27.0		
4	C	175	57	18.6		
5						
6						

このような、すでに入力されているセルを参考に、自動的に連続した値や数式などをコピーする機能を**オートフィル**といいます。

ためしに、たとえばセル D3 をダブルクリックして、何が入力されているか確認すると、「=C3/B3^2*10000」となっています。たしかに、B の BMI になっています。

	A	B	C	D	E	F
1		身長	体重	BMI		
2	A	163	54	20.3		
3	B	170	78	=C3/B3^2*10000		
4	C	175	57	18.6		
5						
6						

2-4 SUM関数、割合と絶対参照

この節から関数を学習します。まずは、合計を求めるSUM関数を使ってみましょう。また、参照されているセルの番地に「$」マークを付ける絶対参照について理解しましょう。絶対参照を使うと、オートフィルする際にそのセルの番地が固定されます。

例題 2-4

ある店舗における商品別の月ごとの売上個数についてのデータを入力し、商品ごとの売上個数の合計を計算しましょう。また、月ごとの売上個数の合計も計算しましょう。さらに、各商品について、売上個数の合計が総合計に占める割合も求めましょう。ただし、割合は小数第1位までのパーセント表示にします。次の手順にしたがって作業をします。

1 セルA2に「商品1」と入力します。

2 セルA2が選択されている状態で、そのセルの右下あたりにマウスポインタを合わせると、マウスポインタが＋の形になります。この状態のままセルA6まで下にドラッグすると、「商品2」から「商品5」までがオートフィルされます。

	A	B	C	D	E
1					
2	商品 1				
3					
4					
5					
6		商品 5			
7					
8					

	A	B	C	D	E
1					
2	商品 1				
3	商品 2				
4	商品 3				
5	商品 4				
6	商品 5				
7					
8					

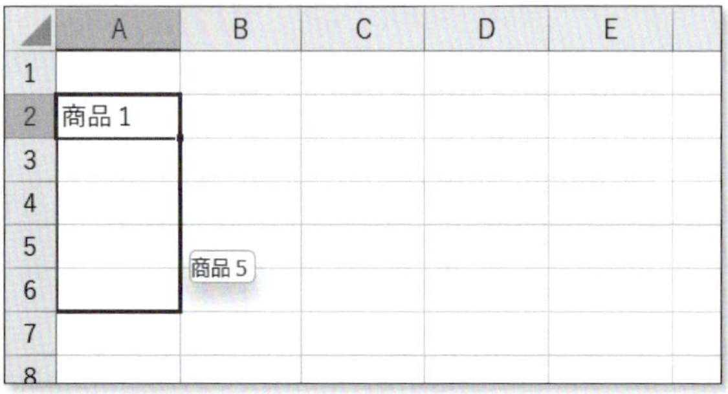

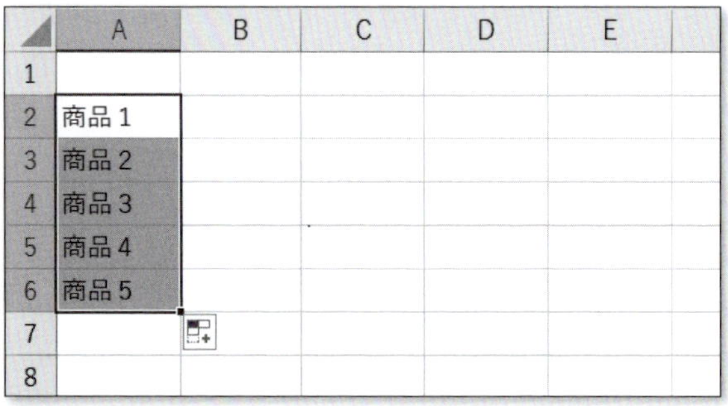

3 セルB1に「1月」と入力します。

4 セルB1が選択されている状態で、そのセルの右下あたりにマウスポインタを合わせると、マウスポインタが＋の形になります。この状態のままセルG1まで右にドラッグすると、「2月」から「6月」までがオートフィルされます。

	A	B	C	D	E	F	G	H	I
1		1月							
2	商品 1					6月			
3	商品 2								
4	商品 3								
5	商品 4								
6	商品 5								
7									

	A	B	C	D	E	F	G	H	I
1		1月	2月	3月	4月	5月	6月		
2	商品 1								
3	商品 2								
4	商品 3								
5	商品 4								
6	商品 5								
7									

5 次のように入力します。

	A	B	C	D	E	F	G	H	I
1		1月	2月	3月	4月	5月	6月	合計	
2	商品 1	347	354	355	362	379	346		
3	商品 2	549	631	437	230	124	53		
4	商品 3	576	573	580	543	555	563		
5	商品 4	1029	1201	1146	1254	1212	1082		
6	商品 5	359	369	438	480	539	723		
7									

6 各商品についての売上個数の合計を、次の手順で H 列に求めます。
入力モードを「半角英数字」にし、セル H2 に「=su」（半角）などと入力すると、下記のように、予測変換で関数の候補の一覧が出てきます。そこから「SUM」をダブルクリックして選択します。

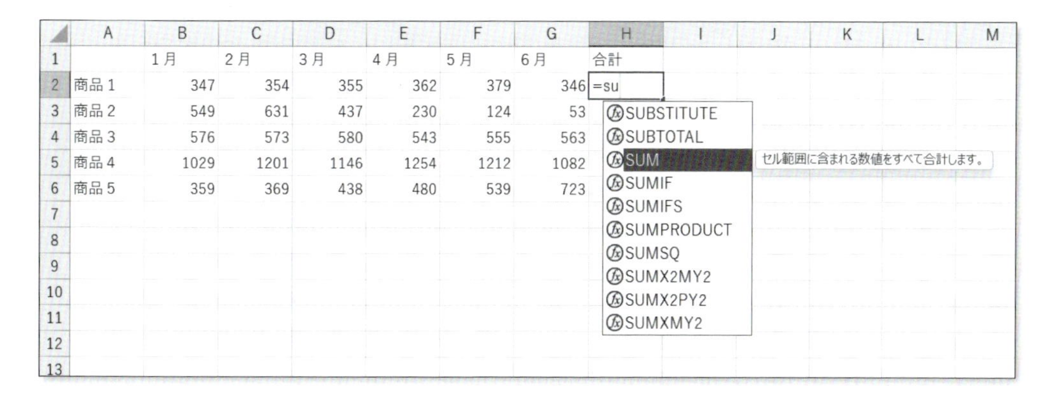

すると、「=SUM(」と入力されるので、合計をとるデータの範囲（B2:G2）をドラッグして選択します。

	A	B	C	D	E	F	G	H	I	J
1		1月	2月	3月	4月	5月	6月	合計		
2	商品1	347	354	355	362	379	346	=SUM(B2:G2		
3	商品2	549	631	437	230	124	53	SUM(**数値1**, [数値2], ...)		
4	商品3	576	573	580	543	555	563			
5	商品4	1029	1201	1146	1254	1212	1082			
6	商品5	359	369	438	480	539	723			
7										

[Enter] キーを押すと、合計 2143 (個) が計算されます。このときセルには「=SUM(B2:G2)」と入力されていることが確認できます。
ふたたびセル H2 を選択し、そのセルの右下あたりにマウスポインタを合わせると、マウスポインタが✚の形になります。この状態のままセル H6 まで下へドラッグする (またはダブルクリックする) と、オートフィルされ、商品 2 から商品 5 のそれぞれの売上個数の合計も SUM 関数で求められます。

	A	B	C	D	E	F	G	H	I	J
1		1月	2月	3月	4月	5月	6月	合計		
2	商品1	347	354	355	362	379	346	2143		
3	商品2	549	631	437	230	124	53			
4	商品3	576	573	580	543	555	563			
5	商品4	1029	1201	1146	1254	1212	1082			
6	商品5	359	369	438	480	539	723			
7										

	A	B	C	D	E	F	G	H	I	J
1		1月	2月	3月	4月	5月	6月	合計		
2	商品1	347	354	355	362	379	346	2143		
3	商品2	549	631	437	230	124	53	2024		
4	商品3	576	573	580	543	555	563	3390		
5	商品4	1029	1201	1146	1254	1212	1082	6924		
6	商品5	359	369	438	480	539	723	2908		
7										
8										

7 セル A7 に「合計」と入力し、**6** と同様に、各月についての売上個数の合計を、7 行目に求めましょう (横方向の場合はダブルクリックではオートフィルできません)。

	A	B	C	D	E	F	G	H	I	J
1		1月	2月	3月	4月	5月	6月	合計		
2	商品1	347	354	355	362	379	346	2143		
3	商品2	549	631	437	230	124	53	2024		
4	商品3	576	573	580	543	555	563	3390		
5	商品4	1029	1201	1146	1254	1212	1082	6924		
6	商品5	359	369	438	480	539	723	2908		
7	合計	=sum(B2:B6								
8		SUM(**数値1**, [数値2], ...)								
9										
10										

	A	B	C	D	E	F	G	H	I	J
1		1月	2月	3月	4月	5月	6月	合計		
2	商品1	347	354	355	362	379	346	2143		
3	商品2	549	631	437	230	124	53	2024		
4	商品3	576	573	580	543	555	563	3390		
5	商品4	1029	1201	1146	1254	1212	1082	6924		
6	商品5	359	369	438	480	539	723	2908		
7	合計	2860	3128	2956	2869	2809	2767	17389		
8										
9										

8 セルI1に「割合」と入力し、各商品について売上個数の合計が総合計に占める割合をI列に求めます（セルI7は総合計を総合計でわることになります）。
そのため、セルI2に「=」を入力し、商品1についての売上個数の合計が計算されたセル（H2）をクリックします。

	A	B	C	D	E	F	G	H	I	J
1		1月	2月	3月	4月	5月	6月	合計	割合	
2	商品1	347	354	355	362	379	346	2143	=H2	
3	商品2	549	631	437	230	124	53	2024		
4	商品3	576	573	580	543	555	563	3390		
5	商品4	1029	1201	1146	1254	1212	1082	6924		
6	商品5	359	369	438	480	539	723	2908		
7	合計	2860	3128	2956	2869	2809	2767	17389		
8										
9										
10										

続けて、「/」を入力し、総合計が計算されたセル（H7）をクリックします。

	A	B	C	D	E	F	G	H	I	J
1		1月	2月	3月	4月	5月	6月	合計	割合	
2	商品1	347	354	355	362	379	346	2143	=H2/H7	
3	商品2	549	631	437	230	124	53	2024		
4	商品3	576	573	580	543	555	563	3390		
5	商品4	1029	1201	1146	1254	1212	1082	6924		
6	商品5	359	369	438	480	539	723	2908		
7	合計	2860	3128	2956	2869	2809	2767	17389		
8										
9										
10										

[Enter] キーを押したあと、ふたたびセルI2を選択し、ホームタブの（数値グループにある）[パーセントスタイル] ボタン（%）をクリックします。そして、[小数点以下の表示桁数を増やす] ボタンを、値が小数第1位までの値の表示になるまでクリックします。
なお、この割合を求めたセル（I2）をこのまま下にオートフィルすると、「#DIV/0!」と表示されてしまいます。

	A	B	C	D	E	F	G	H	I	J
1		1月	2月	3月	4月	5月	6月	合計	割合	
2	商品1	347	354	355	362	379	346	2143	12.3%	
3	商品2	549	631	437	230	124	53	2024	#DIV/0!	
4	商品3	576	573	580	543	555	563	3390	#DIV/0!	
5	商品4	1029	1201	1146	1254	1212	1082	6924	#DIV/0!	
6	商品5	359	369	438	480	539	723	2908	#DIV/0!	
7	合計	2860	3128	2956	2869	2809	2767	17389	#DIV/0!	
8										
9										

たとえばセルI3をクリックして、何が入力されているかを確認すると、「=H3/H8」となっていることがわかります。

	A	B	C	D	E	F	G	H	I	J
1		1月	2月	3月	4月	5月	6月	合計	割合	
2	商品1	347	354	355	362	379	346	2143	12.3%	
3	商品2	549	631	437	230	124	53	2024	=H3/H8	
4	商品3	576	573	580	543	555	563	3390	#DIV/0!	
5	商品4	1029	1201	1146	1254	1212	1082	6924	#DIV/0!	
6	商品5	359	369	438	480	539	723	2908	#DIV/0!	
7	合計	2860	3128	2956	2869	2809	2767	17389	#DIV/0!	
8										
9										
10										

オートフィルにより、分子はひとつ下にずれてセルH3になり都合がいいのですが、分母までひとつ下にずれてセルH8になってしまい、空白のセルを指定してしまっているのです。ほんとうは、どの商品についての割合も、分母は「総合計（H7）」にしなくてはいけません。そのために、セルI2をダブルクリックして選択し、入力されている数式中の「H7」の部分のどこか（Hの前後でも7の前後でもいい）にカーソルを置き、[F4] キーを押します。すると、「=H2/$H$7」となります。

	A	B	C	D	E	F	G	H	I	J
1		1月	2月	3月	4月	5月	6月	合計	割合	
2	商品1	347	354	355	362	379	346	2143	=H2/$H$7	
3	商品2	549	631	437	230	124	53	2024	#DIV/0!	
4	商品3	576	573	580	543	555	563	3390	#DIV/0!	
5	商品4	1029	1201	1146	1254	1212	1082	6924	#DIV/0!	
6	商品5	359	369	438	480	539	723	2908	#DIV/0!	
7	合計	2860	3128	2956	2869	2809	2767	17389	#DIV/0!	
8										
9										
10										

注　意

[F4] キーを押しても「$」が付かない場合は、[Fn] キー＋ [F4] キーを押しましょう。

これを下にオートフィルすると、分母が固定され、正しく求められます。

	A	B	C	D	E	F	G	H	I	J
1		1月	2月	3月	4月	5月	6月	合計	割合	
2	商品1	347	354	355	362	379	346	2143	12.3%	
3	商品2	549	631	437	230	124	53	2024	11.6%	
4	商品3	576	573	580	543	555	563	3390	19.5%	
5	商品4	1029	1201	1146	1254	1212	1082	6924	39.8%	
6	商品5	359	369	438	480	539	723	2908	16.7%	
7	合計	2860	3128	2956	2869	2809	2767	17389	100.0%	
8										
9										
10										

ためしに、たとえばセルI3をダブルクリックして、何が入力されているか確認すると、「=H3/$H$7」となっていることがわかります。たしかに、商品Bの売上金額の合計が総合計に占める割合が求められています。

	A	B	C	D	E	F	G	H	I	J
1		1月	2月	3月	4月	5月	6月	合計	割合	
2	商品1	347	354	355	362	379	346	2143	12.3%	
3	商品2	549	631	437	230	124	53	2024	=H3/$H$7	
4	商品3	576	573	580	543	555	563	3390	19.5%	
5	商品4	1029	1201	1146	1254	1212	1082	6924	39.8%	
6	商品5	359	369	438	480	539	723	2908	16.7%	
7	合計	2860	3128	2956	2869	2809	2767	17389	100.0%	
8										
9										
10										

2-5 第2章の演習問題

演習問題 2-1

Excelに計算式を入力することによって、次の計算を行いましょう。(1)はセルA1に、(2)はセルA2に、…、(10)はセルA10に求めましょう。また、小数第2位まででわり切れなかった結果は小数第2位までの値の表示にしましょう。

(1) $\frac{12}{10}-\frac{10}{19}+\frac{2}{16}$　(2) $3-(23-9)$　(3) $\frac{24}{3+9}$

(4) $111-37\times3$　(5) $\frac{333-29}{3}$　(6) $\frac{171}{47^2}\times10000$

(7) $3\div\frac{6}{9}$　(8) $21\div5\div\frac{3}{16}$　(9) $\frac{78813+75211}{4^5+4^8}$

(10) 19800の10%

演習問題 2-2

5名のテストの点数のデータを下記のように入力し、それぞれの偏差値を求めましょう。ここで、平均点はセルB7に「[点数の合計]÷5」で求め、それぞれの偏差値はセルC2からセルC6に「(点数－平均点)÷標準偏差×10+50」で求めます。

	A	B	C	D	E
1		点数	偏差値		
2	A	84			
3	B	48			
4	C	60			
5	D	66			
6	E	72			
7	平均点				
8	標準偏差	12			
9					
10					

演習問題 2-3

3つの店舗の商品別の売上個数のデータを下記のように入力し、商品ごとに、また、店舗ごとに売上個数の合計を計算しましょう。そして、商品ごとの売上個数合計が全体の売上個数合計に占めるそれぞれの割合と、店舗ごとの売上個数合計が全体の売上個数合計に占めるそれぞれの割合についても求めましょう。ただし、割合は小数第1位までのパーセント表示にします。

	A	B	C	D	E	F	G	H	I
1		商品 1	商品 2	商品 3	商品 4	商品 5	合計	割合	
2	A店	854	690	561	609	421			
3	B店	658	578	601	480	215			
4	C店	1260	1056	890	780	621			
5	合計								
6	割合								
7									

第3章 統計関数と表の見た目の整え方

この章では統計関数のなかでも代表的な、平均値、最大値、最小値それぞれを求める各関数について学習します。また、書式や列幅などを変更し、表の見た目を整える演習も行います。

3-1 複合参照

計算式のなかで参照されているセルの番地について、行番号または列番号のどちらか一方の直前に「$」を付けることによって、行のみを固定、または、列のみを固定してオートフィルすることができます。このような参照方法を複合参照といいます。この節では、複合参照にするための方法を学習します。

例題 3-1

ある大学におけるオープンキャンパス5回分の男女別来場者数についてのデータを入力し、各回の男女合計を計算しましょう。また、男女別の合計と総合計もそれぞれ求めます。さらに、男性の来場者数の割合と女性の来場者数の割合もそれぞれ求めましょう。ただし、割合は小数第1位までのパーセント表示にします。次の手順にしたがって作業をします。

1 次のように入力します。ただし、「1 回目」のみ入力し、「2 回目」から「5 回目」はオートフィルで入力します。

	A	B	C	D	E	F	G	H	I	J
1		1 回目	2 回目	3 回目	4 回目	5 回目	合計			
2	男性	53	43	38	30	57				
3	女性	24	26	15	13	22				
4	合計									
5	男性割合									
6	女性割合									
7										

2 1 回目の来場者数の男女合計を、セル B4 に SUM 関数で求め、セル F4 まで右にオートフィルします。セル B4 には「＝SUM(B2:B3)」と入力されます。

	A	B	C	D	E	F	G	H	I	J
1		1 回目	2 回目	3 回目	4 回目	5 回目	合計			
2	男性	53	43	38	30	57				
3	女性	24	26	15	13	22				
4	合計	77	69	53	43	79				
5	男性割合									
6	女性割合									
7										

3 男性の来場者数の合計を、セル G2 に SUM 関数で求め、セル G4 まで下にオートフィルします。セル G2 には「=SUM(B2:F2)」と入力されます。

	A	B	C	D	E	F	G	H	I	J
1		1 回目	2 回目	3 回目	4 回目	5 回目	合計			
2	男性	53	43	38	30	57	221			
3	女性	24	26	15	13	22	100			
4	合計	77	69	53	43	79	321			
5	男性割合									
6	女性割合									
7										

4 1 回目の来場者数についての男性の割合を、セル B5 に求めます。最初に「=」を入力し、男性の入場者数が入力されたセル（B2）をクリックします。続けて、「/」を入力し、合計が計算されたセル（B4）をクリックします。そのまま［F4］キーを 2 回押します。このとき「=B2/B$4」と入力されていることが確認できます。これで、数式中の「B4」の「4（行目）」が固定されたので、下にオートフィルしても分母（合計）が変わりません。

注 意

計算式「=B2/B$4」のなかの「B$4」の直前には「$」は不要です。もしここに「$」を付けた状態で、そのまま右にオートフィルすると、計算式「=B2/$B$4（1回目の男性/1回目の合計)」のなかの「B4（1回目の合計)」が固定されてしまい、2回目以降でも1回目の合計でわることになってしまいます。「B$4」の直前に「$」がなければ、右にオートフィルするときに分母も右にずれ、「2回目の合計」、「3回目の合計」、…と変化してくれます。

	A	B	C	D	E	F	G	H	I	J
1		1 回目	2 回目	3 回目	4 回目	5 回目	合計			
2	男性	53	43	38	30	57	221			
3	女性	24	26	15	13	22	100			
4	合計	77	69	53	43	79	321			
5	男性割合	=B2/B$4								
6	女性割合									
7										

［Enter］キーを押したあと、ふたたびセル B5 を選択し、ホームタブの（数値グループにある）「パーセントスタイル」ボタン（%）をクリックします。そして、［小数点以下の表示桁数を増やす］ボタンを、値が小数第 1 位までの値の表示になるまでクリックします。セル B6 まで下にオートフィルし、そのまま（セル範囲 B5:B6 が選択されている状態で）セル範囲の右下あたりにマウスポインタを合わせると、マウスポインタが ✚ の形になります。この状態のまま G 列まで右にドラッグしオートフィルすれば、正しく求められます。

	A	B	C	D	E	F	G	H	I	J
1		1回目	2回目	3回目	4回目	5回目	合計			
2	男性	53	43	38	30	57	221			
3	女性	24	26	15	13	22	100			
4	合計	77	69	53	43	79	321			
5	男性割合	68.8%								
6	女性割合	31.2%								
7										
8										

	A	B	C	D	E	F	G	H	I	J
1		1回目	2回目	3回目	4回目	5回目	合計			
2	男性	53	43	38	30	57	221			
3	女性	24	26	15	13	22	100			
4	合計	77	69	53	43	79	321			
5	男性割合	68.8%	62.3%	71.7%	69.8%	72.2%	68.8%			
6	女性割合	31.2%	37.7%	28.3%	30.2%	27.8%	31.2%			
7										

ためしに、たとえばセルF6をダブルクリックして、何が入力されているか確認すると、「=F3/F$4」となっていることがわかります。たしかに、5回目の来場者数についての女性の割合が求められています。

	A	B	C	D	E	F	G	H	I	J
1		1回目	2回目	3回目	4回目	5回目	合計			
2	男性	53	43	38	30	57	221			
3	女性	24	26	15	13	22	100			
4	合計	77	69	53	43	79	321			
5	男性割合	68.8%	62.3%	71.7%	69.8%	72.2%	68.8%			
6	女性割合	31.2%	37.7%	28.3%	30.2%	=F3/F$4	31.2%			
7										

3-2 AVERAGE関数

この節では、データの平均値を返すAVERAGE関数について学習します。また、文字を太字にしたり、セル内で中央揃えにしたりして、見やすくなるよう編集します。さらに、表に罫線を付け、セルの背景に色を付けることによって、表の見た目を整えましょう。

例題 3-2

「例題2−3」(P.30) のファイルを開き、3名の身長、体重、および、BMIについてのそれぞれの平均値を求めましょう。ただし、平均値が小数第1位まででわり切れない場合は小数第1位までの値の表示にします。さらに、表の見た目を整えます。次の手順にしたがって作業をします。

1 セル A5 に「平均値」と入力します。身長の平均値を、次の手順で5行目に求めます。セル B5 に「=av」(半角) などと入力すると、予測変換で関数の候補の一覧が出てきます。そこから「AVERAGE」をダブルクリックして選択します。

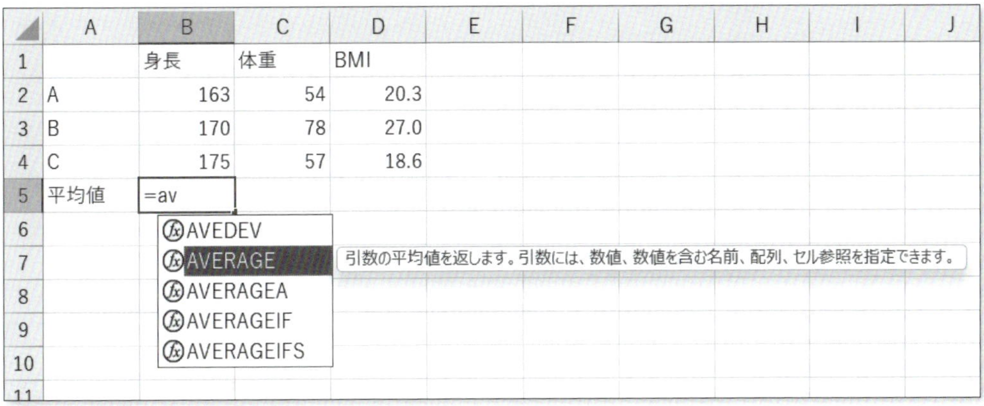

	A	B	C	D	E	F	G	H	I	J
1		身長	体重	BMI						
2	A	163	54	20.3						
3	B	170	78	27.0						
4	C	175	57	18.6						
5	平均値	=av								
6		AVEDEV								
7		AVERAGE	引数の平均値を返します。引数には、数値、数値を含む名前、配列、セル参照を指定できます。							
8		AVERAGEA								
9		AVERAGEIF								
10		AVERAGEIFS								
11										

すると、「=AVERAGE(」と入力されるので、平均をとるデータの範囲 (B2:B4) をドラッグして選択します。

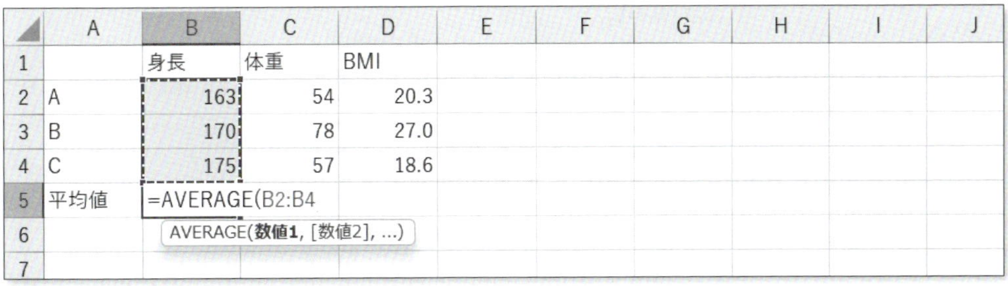

	A	B	C	D	E	F	G	H	I	J
1		身長	体重	BMI						
2	A	163	54	20.3						
3	B	170	78	27.0						
4	C	175	57	18.6						
5	平均値	=AVERAGE(B2:B4								
6		AVERAGE(**数値1**, [数値2], ...)								
7										

[Enter] キーを押すと、身長の平均値が計算されます。このときセルには

「＝AVERAGE(B2:B4)」と入力されていることが確認できます。
このセル（B5）をセル D5 まで右へオートフィルすると、体重と BMI についてのそれぞれの平均値も AVERAGE 関数で求められます。

	A	B	C	D	E	F	G	H	I	J
1		身長	体重	BMI						
2	A	163	54	20.3						
3	B	170	78	27.0						
4	C	175	57	18.6						
5	平均値	169.3333	63	21.97543						
6										

2 わり切れなかった結果（セル B5 とセル D5）を小数第 1 位までの値の表示にしましょう。そのために、まず、セル範囲 B5 を選択したあと、［Ctrl］キーを押しながらセル D5 を選択します。そして、ホームタブの（数値グループにある）［小数点以下の表示桁数を減らす］ボタンを、値が小数第 1 位までの値の表示になるまでクリックします。すると、このような結果が得られます。

	A	B	C	D	E	F	G	H	I	J
1		身長	体重	BMI						
2	A	163	54	20.3						
3	B	170	78	27.0						
4	C	175	57	18.6						
5	平均値	169.3	63	22.0						
6										

3 1 行目と A 列の各項目名を太字にしましょう。そのために、セル範囲 B1:D1 を選択したあと、［Ctrl］キーを押しながらセル範囲 A2:A5 を選択します。そして、ホームタブの（フォントグループにある）［太字］ボタン（B）をクリックします。

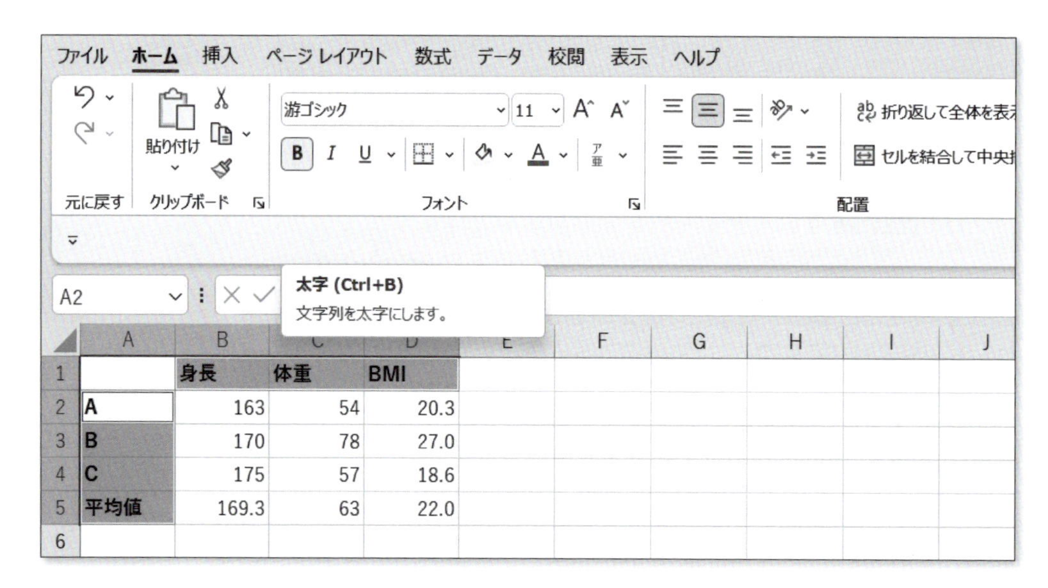

	A	B	C	D	E	F	G	H	I	J
1		**身長**	**体重**	**BMI**						
2	**A**	163	54	20.3						
3	**B**	170	78	27.0						
4	**C**	175	57	18.6						
5	**平均値**	169.3	63	22.0						
6										

4 表全体に格子の罫線を付けましょう。セル範囲 A1:D5 を選択したあと、ホームタブの（フォントグループにある）［罫線］ボタンのドロップダウンリストから「格子」を選択します。

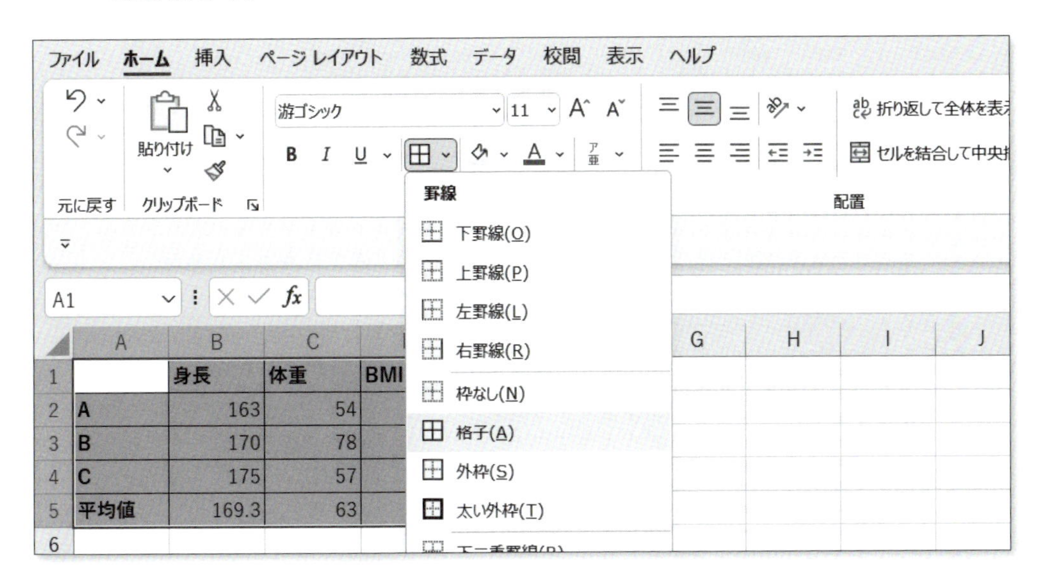

例題 3-3

「例題2−4」（P.32）のファイルを開き、月ごとの売上個数の平均値と、商品ごとの売上個数の平均値をそれぞれ計算しましょう。ただし、平均値が小数第1位まででわり切れない場合は小数第1位までの値の表示にします。さらに、表の見た目を整えます。次の手順にしたがって作業をします。

1 セル A8 に「平均値」と入力します。月ごとの売上個数の平均値を、次の手順で 8 行目に求めます。
セル B8 に「=av」（半角）などと入力し、関数の候補の一覧から「AVERAGE」をダブルクリックして選択します。すると、「=AVERAGE(」と入力されるので、平均をとるデータの範囲（B2:B6）をドラッグして選択します。

	A	B	C	D	E	F	G	H	I	J	K	L	M
1		1月	2月	3月	4月	5月	6月	合計	割合				
2	商品1	347	354	355	362	379	346	2143	12.3%				
3	商品2	549	631	437	230	124	53	2024	11.6%				
4	商品3	576	573	580	543	555	563	3390	19.5%				
5	商品4	1029	1201	1146	1254	1212	1082	6924	39.8%				
6	商品5	359	369	438	480	539	723	2908	16.7%				
7	合計	2860	3128	2956	2869	2809	2767	17389	100.0%				
8	平均値	=AVERAGE(B2:B6											
9		AVERAGE(数値1, [数値2], ...)											
10													

［Enter］キーを押すと、1月の売上個数の平均値が計算されます。このときセルには「=AVERAGE(B2:B6)」と入力されていることが確認できます。
このセル（B8）をセル H8 まで右にオートフィルしましょう。

	A	B	C	D	E	F	G	H	I	J	K	L	M
1		1月	2月	3月	4月	5月	6月	合計	割合				
2	商品1	347	354	355	362	379	346	2143	12.3%				
3	商品2	549	631	437	230	124	53	2024	11.6%				
4	商品3	576	573	580	543	555	563	3390	19.5%				
5	商品4	1029	1201	1146	1254	1212	1082	6924	39.8%				
6	商品5	359	369	438	480	539	723	2908	16.7%				
7	合計	2860	3128	2956	2869	2809	2767	17389	100.0%				
8	平均値	572	625.6	591.2	573.8	561.8	553.4	3477.8					
9													

2 H列（合計）とI列（割合）の間に新しい列を挿入しましょう。そのために、上部にあるI列の列番号「I」のあたりで右クリックし、「挿入」を選択します。

I1　fx　割合

游ゴシック　11　A^ A^ % ,
B I

メニューの検索
切り取り(T)
コピー(C)
貼り付けのオプション:
形式を選択して貼り付け(S)...
挿入(I)
削除(D)

	A	B	C	D	E	F	G	H	I
1		1月	2月	3月	4月	5月	6月	合計	割合
2	商品1	347	354	355	362	379	346	2143	12
3	商品2	549	631	437	230	124	53	2024	11
4	商品3	576	573	580	543	555	563	3390	19
5	商品4	1029	1201	1146	1254	1212	1082	6924	39
6	商品5	359	369	438	480	539	723	2908	16
7	合計	2860	3128	2956	2869	2809	2767	17389	100
8	平均値	572	625.6	591.2	573.8	561.8	553.4	3477.8	
9									
10									

3 挿入された新しいI列に、商品ごとの売上個数の平均値を求めます。セルI1に「平均値」と入力し、セル範囲I2:I7にAVERAGE関数を使って平均値を計算しましょう。そして、小数第1位まででわり切れなかった結果（I2、I3、I6、I7）を小数第1位までの値の表示にしましょう。

	A	B	C	D	E	F	G	H	I	J	K	L	M
1		1月	2月	3月	4月	5月	6月	合計	平均値	割合			
2	商品1	347	354	355	362	379	346	2143	357.2	12.3%			
3	商品2	549	631	437	230	124	53	2024	337.3	11.6%			
4	商品3	576	573	580	543	555	563	3390	565	19.5%			
5	商品4	1029	1201	1146	1254	1212	1082	6924	1154	39.8%			
6	商品5	359	369	438	480	539	723	2908	484.7	16.7%			
7	合計	2860	3128	2956	2869	2809	2767	17389	2898.2	100.0%			
8	平均値	572	625.6	591.2	573.8	561.8	553.4	3477.8					
9													
10													

4 1行目とA列の各項目名を太字にし、中央揃えにしましょう。そのために、セル範囲B1:J1を選択したあと、[Ctrl] キーを押しながらセル範囲A2:A8を選択します。そして、ホームタブの（フォントグループにある）[太字] ボタンをクリックします。さらに、（配置グループにある）[中央揃え] ボタンもクリックします。

	A	B	C	D	E	F	G	H	I	J
1		1月	2月	3月	4月	5月	6月	合計	平均値	割合
2	商品1	347	354	355	362	379	346	2143	357.2	12.3%
3	商品2	549	631	437	230	124	53	2024	337.3	11.6%
4	商品3	576	573	580	543	555	563	3390	565	19.5%
5	商品4	1029	1201	1146	1254	1212	1082	6924	1154	39.8%
6	商品5	359	369	438	480	539	723	2908	484.7	16.7%
7	合計	2860	3128	2956	2869	2809	2767	17389	2898.2	100.0%
8	平均値	572	625.6	591.2	573.8	561.8	553.4	3477.8		

5 表の1行目に下罫線、A列に右罫線を付けましょう。セル範囲A1:J1を選択後、ホームタブの（フォントグループにある）［罫線］ボタンのドロップダウンリストから「下罫線」を選択します。また、セル範囲A1:A8を選択後、［罫線］ボタンのドロップダウンリストから「右罫線」を選択します。

6 合計についてのセル範囲（A7:H7とH1:H6）の背景に色を付けましょう。そのために、これらのセル範囲を選択してから、ホームタブの（フォントグループにある）［塗りつぶしの色］ボタンのドロップダウンリストから任意の色を選択します。

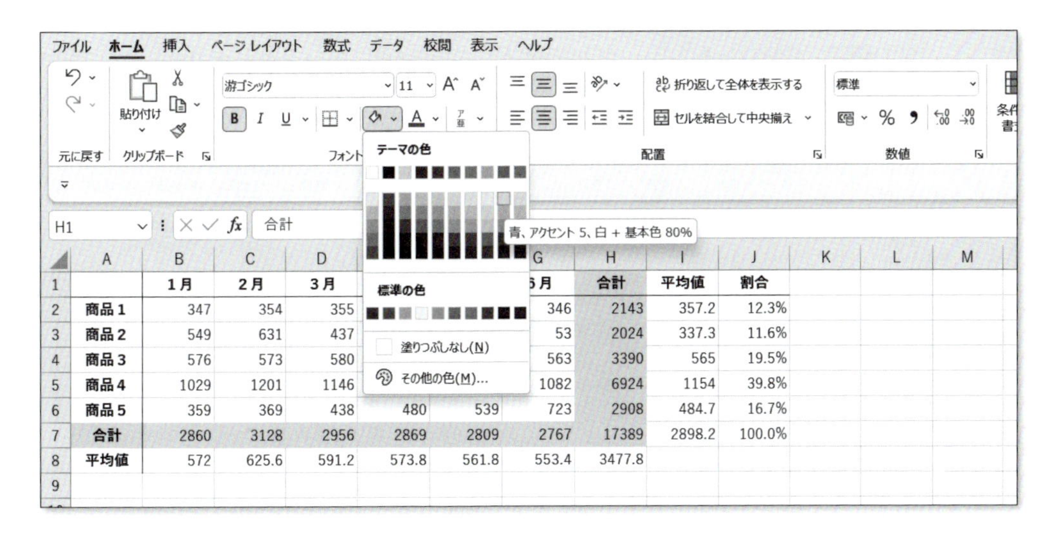

3-3 MAX関数、MIN関数

この節では、データのなかで最大の数値を返すMAX関数、および、最小の数値を返すMIN関数について学習します。セルに入力する文字数が多く隠れて見えなくなるときは、列幅をひろげて見えるようにしましょう。

例題 3-4

「例題3－3」(P.47) のファイルを開き、商品ごとの売上個数の最大値、最小値、および、レンジをそれぞれ計算しましょう。さらに、表の見た目を整えます。次の手順にしたがって作業をします。

1 セルK1に「最大値」、セルL1に「最小値」、セルM1に「レンジ」と入力します。セルK2に「=ma」（半角）などと入力し、関数の候補の一覧から「MAX」をダブルクリックして選択します。すると、「=MAX(」と入力されるので、最大値をとるデータの範囲（B2:G2）をドラッグして選択し、[Enter] キーを押します。このときセルには「=MAX(B2:G2)」と入力されていることが確認できます。

	A	B	C	D	E	F	G	H	I	J	K	L	M	N
1		1月	2月	3月	4月	5月	6月	合計	平均値	割合	最大値	最小値	レンジ	
2	商品1	347	354	355	362	379	346	2143	357.2	12.3%	=MAX(B2:G2			
3	商品2	549	631	437	230	124	53	2024	337.3	11.6%	MAX(数値1, [数値2], ...)			
4	商品3	576	573	580	543	555	563	3390	565	19.5%				
5	商品4	1029	1201	1146	1254	1212	1082	6924	1154	39.8%				
6	商品5	359	369	438	480	539	723	2908	484.7	16.7%				
7	合計	2860	3128	2956	2869	2809	2767	17389	2898.2	100.0%				
8	平均値	572	625.6	591.2	573.8	561.8	553.4	3477.8						
9														

このセル（K2）をセルK6まで下にオートフィルしましょう。

	A	B	C	D	E	F	G	H	I	J	K	L	M	N
1		1月	2月	3月	4月	5月	6月	合計	平均値	割合	最大値	最小値	レンジ	
2	商品1	347	354	355	362	379	346	2143	357.2	12.3%	379			
3	商品2	549	631	437	230	124	53	2024	337.3	11.6%	631			
4	商品3	576	573	580	543	555	563	3390	565	19.5%	580			
5	商品4	1029	1201	1146	1254	1212	1082	6924	1154	39.8%	1254			
6	商品5	359	369	438	480	539	723	2908	484.7	16.7%	723			
7	合計	2860	3128	2956	2869	2809	2767	17389	2898.2	100.0%				
8	平均値	572	625.6	591.2	573.8	561.8	553.4	3477.8						
9														

2 最小値についてはMIN関数で求めます。最大値と同様、オートフィルを使って求めましょう。セルL2には「=MIN(B2:G2)」と入力されます。

3 レンジは「最大値－最小値」で求めます。セルM2に「=」を入力し、商品1についての売上金額の最大値が計算されたセル（K2）をクリックします。続けて、「-」を入力し、最小値が計算されたセル（L2）をクリックし、[Enter] キー押します。

	A	B	C	D	E	F	G	H	I	J	K	L	M	N
1		1月	2月	3月	4月	5月	6月	合計	平均値	割合	最大値	最小値	レンジ	
2	商品1	347	354	355	362	379	346	2143	357.2	12.3%	379	346	=K2-L2	
3	商品2	549	631	437	230	124	53	2024	337.3	11.6%	631	53		
4	商品3	576	573	580	543	555	563	3390	565	19.5%	580	543		
5	商品4	1029	1201	1146	1254	1212	1082	6924	1154	39.8%	1254	1029		
6	商品5	359	369	438	480	539	723	2908	484.7	16.7%	723	359		
7	合計	2860	3128	2956	2869	2809	2767	17389	2898.2	100.0%				
8	平均値	572	625.6	591.2	573.8	561.8	553.4	3477.8						
9														
10														

これを下にオートフィルし、商品5までのレンジを求めましょう。

4 表の1行目のセル範囲K1:M1にも下罫線を付けましょう。セル範囲K1:M1を選択後、ホームタブの（フォントグループにある）［罫線］ボタンのドロップダウンリストから「下罫線」を選択します。

5 最大値についてのセル範囲（K1:K6）の背景に色を付けましょう。そのために、このセル範囲を選択してから、ホームタブの（フォントグループにある）［塗りつぶしの色］ボタンのドロップダウンリストから任意の色を選択します。同様に、最小値についてのセル範囲（L1:L6）の背景にも任意の色を付けましょう。

	A	B	C	D	E	F	G	H	I	J	K	L	M	N
1		1月	2月	3月	4月	5月	6月	合計	平均値	割合	最大値	最小値	レンジ	
2	商品1	347	354	355	362	379	346	2143	357.2	12.3%	379	346	33	
3	商品2	549	631	437	230	124	53	2024	337.3	11.6%	631	53	578	
4	商品3	576	573	580	543	555	563	3390	565	19.5%	580	543	37	
5	商品4	1029	1201	1146	1254	1212	1082	6924	1154	39.8%	1254	1029	225	
6	商品5	359	369	438	480	539	723	2908	484.7	16.7%	723	359	364	
7	合計	2860	3128	2956	2869	2809	2767	17389	2898.2	100.0%				
8	平均値	572	625.6	591.2	573.8	561.8	553.4	3477.8						
9														

例題 3-5

AクラスとBクラスについてのテストの点数をそれぞれ入力し、各クラスの点数についての平均点、分散、標準偏差、最高点、最低点、そして、レンジを求めましょう。次の手順にしたがって作業をします。

1 次のように入力します。ここで、セルA2には「Aクラスの点数」、セルA3には「Bクラスの点数」と入力されています（一部が隠れて見えなくなっています）。

	A	B	C	D	E	F	G	H	I	J	K	L	M	N	O	P	Q
1													平均点	分散	標準偏差	最高点	最低点
2	Aクラスの	60	57	51	54	63	60	57	54	48	51						
3	Bクラスの	90	39	78	42	33	9	81	78	45	60						
4																	
5	偏差																
6	Aクラスの点数																
7	Bクラスの点数																
8																	
9	偏差の2乗																
10	Aクラスの点数																
11	Bクラスの点数																
12																	

2 列の幅を変更します。上部にある、列番号「A」と「B」の間の境界線の上にマウスポインタを合わせ、マウスポインタの形が✚の形に変わったら、ダブルクリックをします。すると、A 列の幅が文字の幅に合った大きさになります。
続いて、列番号「B」から「L」をドラッグして右クリックをし、「列の幅」を選択し、列の幅を「6.55」に変更します。

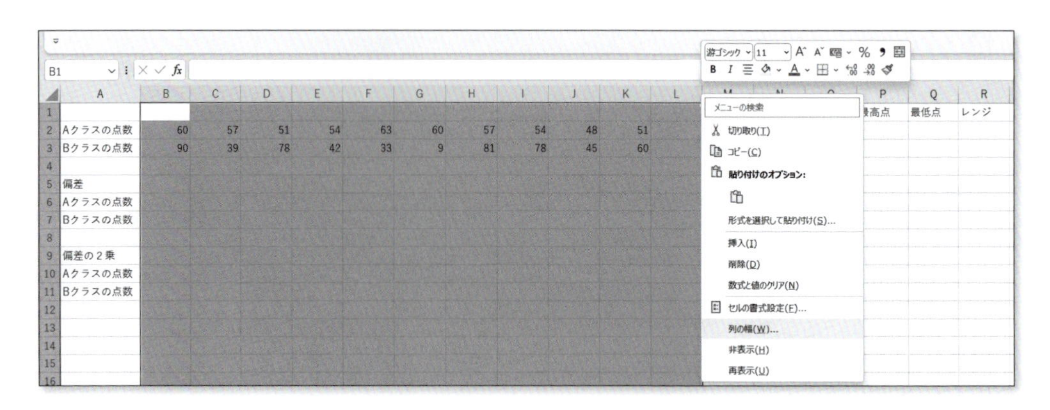

同様に、列番号「M」から「R」の列の幅を「7.64」に変更します。

3 セル範囲 A5:K5 を選択し、ホームタブの配置グループの右下の端にある小さな矢印 ↘、つまり、配置グループのダイアログボックスランチャーをクリックします。

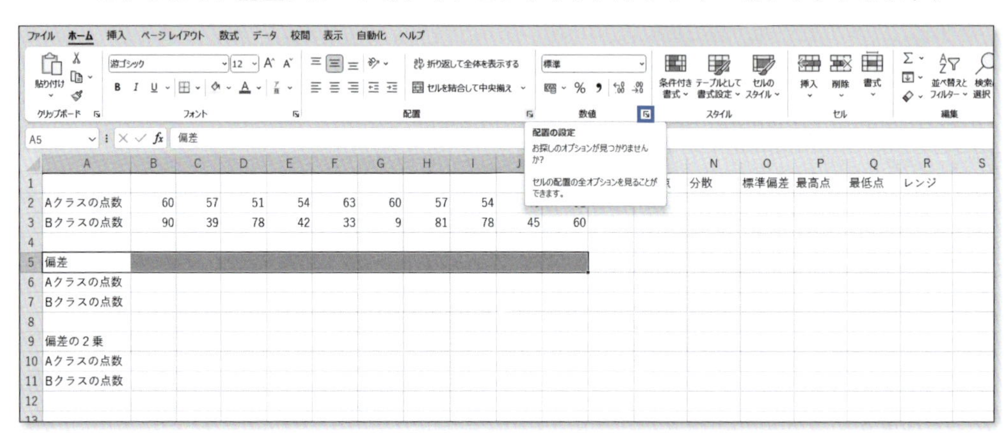

「セルの書式設定」ダイアログボックスが出てくるので、「文字の配置」の「横位置」を「選択範囲内で中央」にします。

そのまま［太字］にもしましょう。セル範囲 A9:K9 についても同様の作業を行います。
1 行目と A 列の各項目名については［中央揃え］かつ［太字］にしましょう。
また、下記のように、罫線を引きましょう。

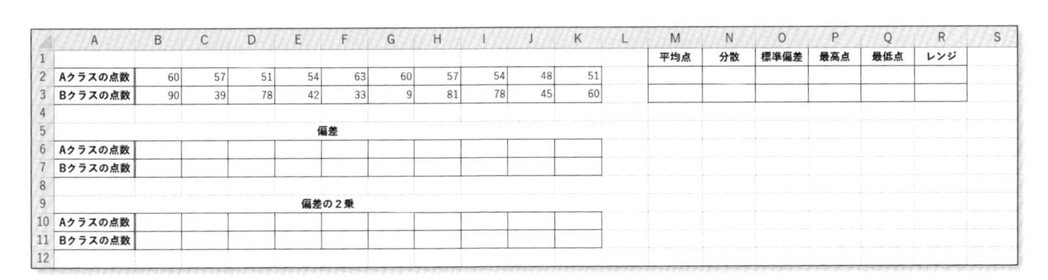

	A	B	C	D	E	F	G	H	I	J	K	L	M	N	O	P	Q	R
1													平均点	分散	標準偏差	最高点	最低点	レンジ
2	Aクラスの点数	60	57	51	54	63	60	57	54	48	51							
3	Bクラスの点数	90	39	78	42	33	9	81	78	45	60							
4																		
5						偏差												
6	Aクラスの点数																	
7	Bクラスの点数																	
8																		
9						偏差の２乗												
10	Aクラスの点数																	
11	Bクラスの点数																	
12																		

ここで、二重線を引くためには、ホームタブの（フォントグループにある）［罫線］ボタンのドロップダウンリストの「線のスタイル」から「二重線」（上から 7 番目）を選びます。マウスポインタが鉛筆の形に変わるので、セル範囲 A2:A3 の右側の罫線、A6:A7 の右側の罫線、A10:A11 の右側の罫線をそれぞれドラッグします。終わったら［Esc］キーを押しましょう。

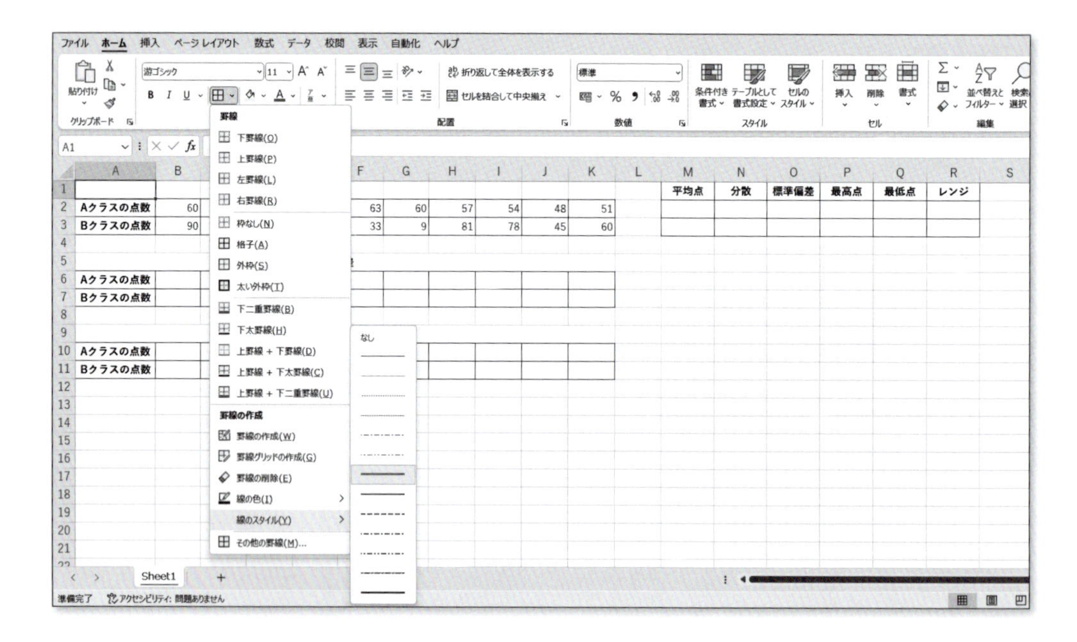

4 セル M2 とセル M3 に、A クラスの平均点と B クラスの平均点を AVERAGE 関数でそれぞれ求めます。

5 偏差（データ－平均値）を計算します。セル B6 に「＝」を入力し、セル B2 をクリックします。続けて、「-」を入力し、A クラスの平均点が計算されたセル M2 をクリックします。そのまま［F4］キーを 3 回押し、数式中の「M2」の「M（列）」を固定します。このとき「＝B2－$M2」と入力されていることが確認できます。
セル B6 をセル B7 まで下にオートフィルし、そのまま（セル範囲 B6:B7 が選択されている状態で）セル範囲の右下あたりにマウスポインタを合わせると、マウスポインタが＋の形になります。この状態のまま K 列まで右にドラッグし、オートフィルします。

6 「偏差の 2 乗」を計算します。セル B10 に「＝」を入力し、セル B6 をクリックします。続けて、「^2」を入力します。このとき、セル B10 には「＝B6^2」と入力されます。
セル B10 をセル B11 まで下にオートフィルし、この範囲（B10:B11）を K 列まで右にオートフィルします。

7 「偏差の 2 乗」の平均値（つまり分散）を計算します。セル N2 に、A クラスの「偏差の 2 乗」の平均値を AVERAGE 関数で求めます。このとき、セル N2 には「＝AVERAGE(B10:K10)」と入力されます。
これを下にオートフィルすると、セル N3 に、B クラスの「偏差の 2 乗」の平均値が求められます。

8 7で求めた分散について、その 1/2 乗（つまり標準偏差）を計算します。セル O2 に「＝N2^(1/2)」と入力し、下にオートフィルします。ここで、B クラスについての値（セル O3）は小数第 2 位までの値の表示にしましょう。

9 最高点はMAX関数で、最低点はMIN関数で、また、レンジは計算式（最高点−最低点）を入力することにより求めましょう。セルP2には「=MAX(B2:K2)」、セルQ2には「=MIN(B2:K2)」、セルR2には「=P2−Q2」と入力されます。

	A	B	C	D	E	F	G	H	I	J	K	L	M	N	O	P	Q	R
1													平均点	分散	標準偏差	最高点	最低点	レンジ
2	Aクラスの点数	60	57	51	54	63	60	57	54	48	51		55.5	20.25	4.5	63	48	15
3	Bクラスの点数	90	39	78	42	33	9	81	78	45	60		55.5	610.65	24.71	90	9	81
4																		
5						偏差												
6	Aクラスの点数	4.5	1.5	-4.5	-1.5	7.5	4.5	1.5	-1.5	-7.5	-4.5							
7	Bクラスの点数	34.5	-16.5	22.5	-13.5	-22.5	-46.5	25.5	22.5	-10.5	4.5							
8																		
9						偏差の２乗												
10	Aクラスの点数	20.25	2.25	20.25	2.25	56.25	20.25	2.25	2.25	56.25	20.25							
11	Bクラスの点数	1190.25	272.25	506.25	182.25	506.25	2162.25	650.25	506.25	110.25	20.25							
12																		

コラム

第2章と第3章の関数一覧

関数名	構造	説明
SUM関数	=SUM(数値1, 数値2, ...)	引数を合計します。
AVERAGE関数	=AVERAGE(数値1, 数値2, ...)	引数の平均値を返します。
MAX関数	=MAX(数値1, 数値2, ...)	引数のうち最大の数値を返します。
MIN関数	=MIN(数値1, 数値2, ...)	引数のうち最小の数値を返します。

3-4 第3章の演習問題

演習問題 3-1

「例題3−5」(P.51) のファイルを開き、表の見た目を次のように整えましょう。

1 1行目とA列の各項目名、セルA5(「偏差」)とセルA9(「偏差の2乗」)について、ホームタブの(フォントグループにある)フォントサイズを「12pt」に変更します。A列の幅は文字の幅に合った大きさにしましょう。

2 セル範囲M1:M3の背景に緑系の任意の色を付けましょう。また、セル範囲P1:P3、セルF2とセルB3のそれぞれの背景に青系の任意の色を付け、セル範囲Q1:Q3、セルJ2とセルG3のそれぞれの背景に赤系の任意の色を付けましょう。

	A	B	C	D	E	F	G	H	I	J	K	L	M	N	O	P	Q	R
1													平均点	分散	標準偏差	最高点	最低点	レンジ
2	Aクラスの点数	60	57	51	54	63	60	57	54	48	51		55.5	20.25	4.5	63	48	15
3	Bクラスの点数	90	39	78	42	33	9	81	78	45	60		55.5	610.65	24.71	90	9	81
4																		
5						偏差												
6	Aクラスの点数	4.5	1.5	-4.5	-1.5	7.5	4.5	1.5	-1.5	-7.5	-4.5							
7	Bクラスの点数	34.5	-16.5	22.5	-13.5	-22.5	-46.5	25.5	22.5	-10.5	4.5							
8																		
9						偏差の2乗												
10	Aクラスの点数	20.25	2.25	20.25	2.25	56.25	20.25	2.25	2.25	56.25	20.25							
11	Bクラスの点数	1190.25	272.25	506.25	182.25	506.25	2162.25	650.25	506.25	110.25	20.25							
12																		

演習問題 3-2

「例題3−1」(P.42) のファイルを開き、次のように、平均値、最大値および最小値をそれぞれ求め、表の見た目を整えましょう。

1 セルH1、セルI1、セルJ1にそれぞれ「平均値」、「最大値」、「最小値」と入力します。それらの下に、男性、女性、合計についての平均値、最大値、最小値を関数によりそれぞれ求めます。

2 1行目とA列の各項目名について[中央揃え]かつ[太字]にします。

3 表の1行目に下罫線、A列に右罫線を付けます。

4 表の2行目(A2:J2)の背景と5行目(A5:G5)の背景に青系の任意の色を付けましょう。また、表の3行目(A3:J3)の背景と6行目(A6:G6)の背景に任意の色を付けましょう。

5 A列の幅を「9」、B列からF列までの列の幅を「7.7」、G列からJ列までの列の幅を「8.3」にそれぞれ変更しましょう。

	A	B	C	D	E	F	G	H	I	J
1		1回目	2回目	3回目	4回目	5回目	合計	平均値	最大値	最小値
2	男性	53	43	38	30	57	221	44.2	57	30
3	女性	24	26	15	13	22	100	20	26	13
4	合計	77	69	53	43	79	321	64.2	79	43
5	男性割合	68.8%	62.3%	71.7%	69.8%	72.2%	68.8%			
6	女性割合	31.2%	37.7%	28.3%	30.2%	27.8%	31.2%			
7										

演習問題 3-3

各国の月別の最高気温についてのデータ（単位：℃）について下記のように入力し、平均値、最大値、最小値、レンジ、そして、分散を各国についてそれぞれ求めましょう。ここで、レンジは計算式（最大値－最小値）を入力することにより求めます。また、分散は「偏差の2乗」の平均値として求めます。そのために、まず、偏差（データ－平均値）とその2乗をそれぞれ計算します。そして、「偏差の2乗」の平均値（つまり分散）を、関数を使って求め、小数第2位が四捨五入された小数第1位までの値の表示にします。

	A	B	C	D	E	F	G	H	I	J	K	L	M	N	O	P	Q	R	S
1		1月	2月	3月	4月	5月	6月	7月	8月	9月	10月	11月	12月		平均	最高	最低	レンジ	分散
2	H国	18	19	22	23	28	30	30	29	29	26	24	22						
3	S国	29	28	29	28	29	29	30	30	29	29	29	29						
4	F国	8	9	11	15	18	21	22	24	19	14	10	9						
5	I国	12	13	15	19	23	28	31	31	28	22	17	13						
6	J国	10	11	12	20	23	24	30	32	27	22	17	12						
7																			
8							偏差												
9		1月	2月	3月	4月	5月	6月	7月	8月	9月	10月	11月	12月						
10	H国																		
11	S国																		
12	F国																		
13	I国																		
14	J国																		
15																			
16							偏差の2乗												
17		1月	2月	3月	4月	5月	6月	7月	8月	9月	10月	11月	12月						
18	H国																		
19	S国																		
20	F国																		
21	I国																		
22	J国																		
23																			

第4章 論理関数

この章では、条件に応じて返す値を決められる関数について学習します。選択構造を組み合わせることによって、複雑な判断も自動でできるようになります。

4-1 IF関数、IFS関数

この節では、論理式の結果（真または偽）に応じて、指定された値を返すIF関数を学習します。さらに、複数の条件が満たされているかどうかを順にチェックして、その結果（真または偽）に応じて、指定された値を返すIFS関数についても使い方を理解しましょう。

例題 4-1

「例題3－2」（P.45）のファイルを開き、3名のBMIについて、25以上の場合は「肥満」と表示し、そうでない場合は何も表示しないように、それぞれIF関数を使って判定しましょう。次の手順にしたがって作業をします。

1 セルE1に「判定」と入力します。
セルE2に「=i」（半角）などと入力し、関数の候補の一覧から「IF」をダブルクリックして選択します。「=IF(」と入力された状態で、（数式バーの左にある）［関数の挿入］ボタン（fx）をクリックします。

IF ⌄ ⋮ × ✓ fx =IF(

関数の挿入

	A	B	C	D	E	F	G	H	I	J
1		身長	体重	BMI	判定					
2	A	163	54	20.3	=IF(					
3	B	170	78	27.0	IF(**論理式**, [値が真の場合], [値が偽の場合])					
4	C	175	57	18.6						
5	平均値	169.3	63	22.0						
6										

すると、「関数の引数」ダイアログボックスが出てきます。
「論理式」のところに場合分けの基準となる論理式（記号化された命題）を入力します。まず、AのBMIのセル（D2）をクリックし、続けて「>=25」と入力します。すると、「D2>=25」と入力され、「セルD2（AのBMI）が25以上」という意味になります。

「>」は「左辺は右辺より大きい」という意味であり、「=」は「左辺と右辺は等しい」という意味です。両者を並べると「左辺は右辺より大きい」かつ「左辺と右辺は等しい」ということになり、「左辺は右辺以上である」ということになります。

「値が真の場合」のところには「論理式」に入力した論理式が真である場合に表示させるものを入れます。ここでは、「肥満」と入力します。

関数の引数 ? ×

IF

論理式 D2>=25 = FALSE

値が真の場合 肥満 =

値が偽の場合 = すべて

= FALSE

論理式の結果 (真または偽) に応じて、指定された値を返します

値が真の場合 には論理式の結果が真であった場合に返される値を指定します。省略された場合、TRUE が返されます。最大 7 つまでの IF 関数をネストすることができます

数式の結果 = FALSE

この関数のヘルプ(H) OK キャンセル

そして、「値が偽の場合」のところには、「論理式」に入力した論理式が偽である場合に表示させるものを入れます。ここでは、何も表示させないように「""」(半角)と入力します。

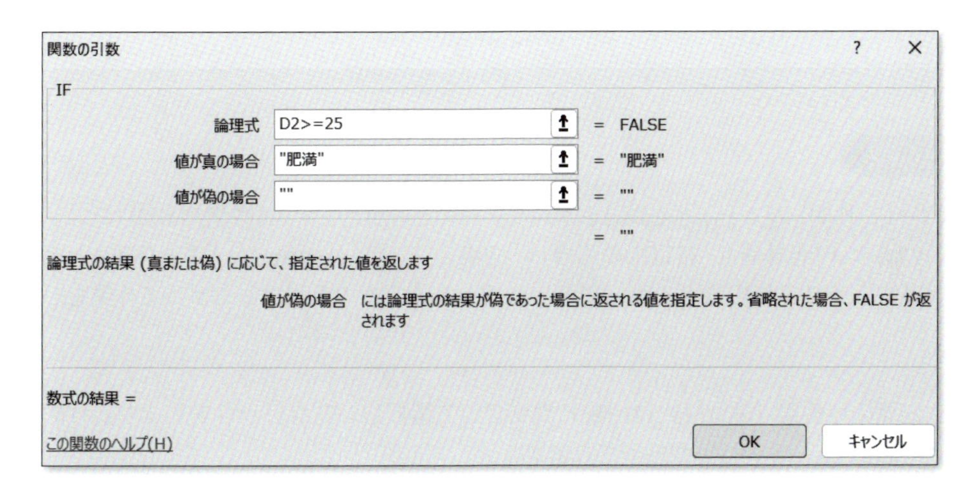

OK ボタンを押すと、このセルには「=IF(D2>=25,"肥満","")」と入力されます。「関数の引数」ダイアログボックスを使わずに、これを直接セルに入力することもできます。このセルを下に(セル E4 まで)オートフィルします。

2 下記のように、表全体(A1:E5)に「格子」の罫線を付け、セル E5 には斜線を引きましょう。

	A	B	C	D	E	F	G	H	I	J
1		身長	体重	BMI	判定					
2	A	163	54	20.3						
3	B	170	78	27.0	肥満					
4	C	175	57	18.6						
5	平均値	169.3	63	22.0						
6										

ここで、斜線を引くには、セル E5 を選択後、ホームタブの（フォントグループにある）［罫線］ボタンのドロップダウンリストから「その他の罫線」を選択し、「斜線」☑を選択します。

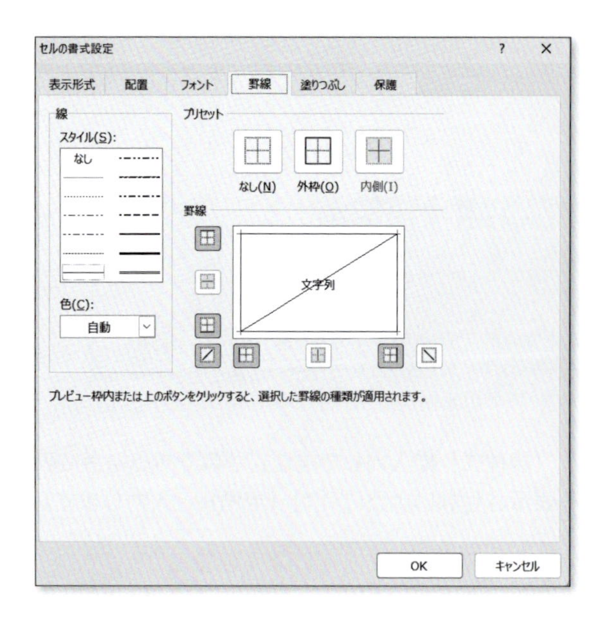

例題 4-2

「例題4－1」(P.60) のファイルを開き、4名のデータを追加します。計7名のBMIについて、18.5未満の場合は「低体重」、25以上の場合は「肥満」、それ以外の場合は「普通体重」と表示されるように、それぞれIF関数を使って判定しましょう。次の手順にしたがって作業をします。

1 左側の行番号「5」から「8」をドラッグして選択し、右クリックをします。「挿入」を選択すると、4行分が挿入されます。

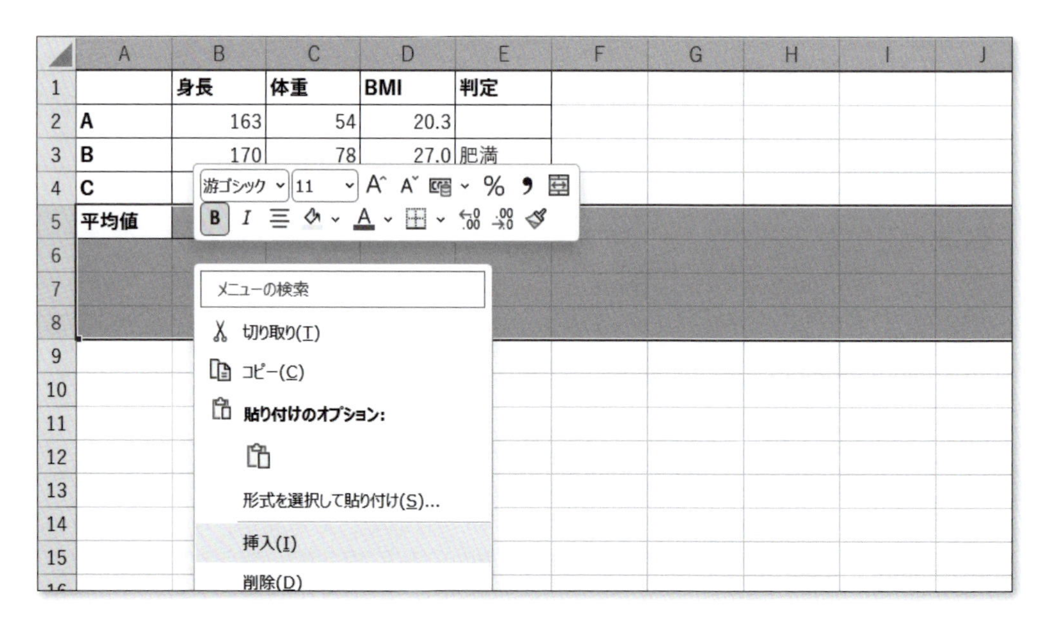

2 新たに追加された行について、A 列、B 列、C 列には下記のように入力します。数値は上から順番に入力しましょう。
そして、セル D4 を下に（セル D8 まで）オートフィルします。

	A	B	C	D	E	F	G	H	I	J
1		身長	体重	BMI	判定					
2	A	163	54	20.3						
3	B	170	78	27.0	肥満					
4	C	175	57	18.6						
5	D	159	72							
6	E	173	54							
7	F	177	58							
8	G	175	75							
9	平均値	170.3	64	22.0						
10										
11										

ここで、9 行目の、身長と体重についてのそれぞれの平均値における AVERAGE 関数の範囲に、新たに追加されたデータも含まれていることを確認します。もし含まれていなかったら範囲を修正しましょう。
また、セル D9 の、BMI についての平均値における AVERAGE 関数の範囲に、新たに追加されたデータも含まれるように修正しましょう。セル D9 には「=AVERAGE(D2:D8)」と入力されます。

3 セル E2 を選択し、IF 関数の「関数の引数」ダイアログボックスを出します。
「論理式」のところに「D2<18.5」と入力します（このなかの「D2」は、セル D2 をクリックすることで表示させます）。「セル D2（A の BMI）が 18.5 未満」という意味になります。
「値が真の場合」のところには「低体重」と入力します。
「値が偽の場合」のところには「セル D2（A の BMI）が 25 以上なら肥満と表示し、そうでなければ普通体重と表示する」という意味の IF 関数を入れます。つまり、「IF(D2>=25," 肥満 "," 普通体重 ")」と入力します（「"」は半角で入力します）。

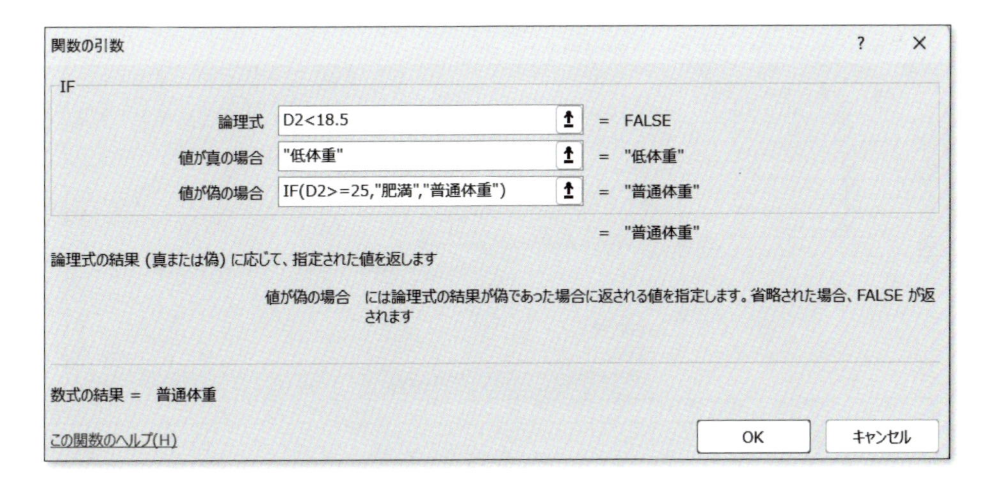

4

OK ボタンを押すと、このセルには「=IF(D2<18.5," 低体重 ",IF(D2>=25," 肥満 "," 普通体重 "))」と入力されます。このセルを下に（セル E8 まで）オートフィルします。

	A	B	C	D	E	F	G	H	I	J
1		**身長**	**体重**	**BMI**	**判定**					
2	**A**	163	54	20.3	普通体重					
3	**B**	170	78	27.0	肥満					
4	**C**	175	57	18.6	普通体重					
5	**D**	159	72	28.5	肥満					
6	**E**	173	54	18.0	低体重					
7	**F**	177	58	18.5	普通体重					
8	**G**	175	75	24.5	普通体重					
9	**平均値**	170.3	64	22.2						
10										
11										

補　足

「関数の引数」ダイアログボックスの「値が偽の場合」にカーソルがある状態で、画面左上（「ファイル」という文字の下あたり）の関数を選択するところから「IF」を選択し、

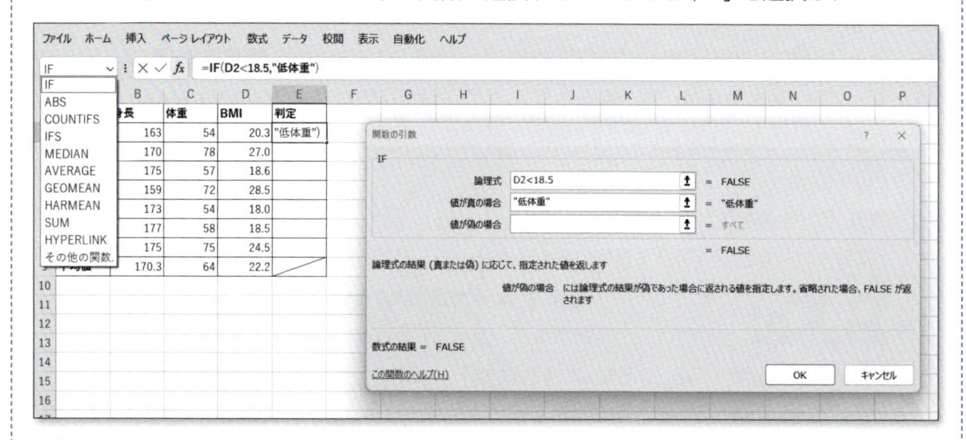

IF関数の「関数の引数」ダイアログボックスを出して、下記のように入力して求めることもできます。

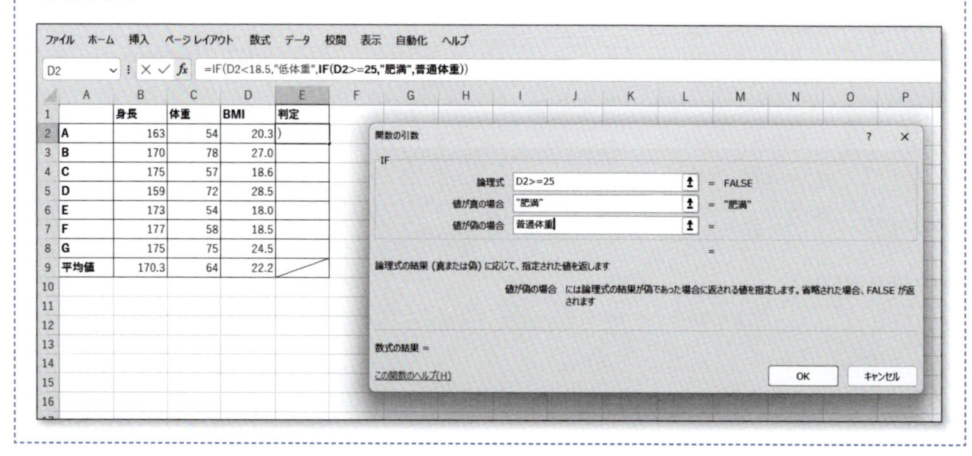

例題 4-3

「例題4－2」(P.62) のファイルを開き、E列にIF関数で求めた結果を、IFS関数を使って求めなおしましょう。つまり、7名のBMIについて、18.5未満の場合は「低体重」、25以上の場合は「肥満」、それ以外の場合は「普通体重」と表示されるように、それぞれIFS関数を使って判定しましょう。次の手順にしたがって作業をします。

1 セルE2を(1回クリックで)選択し、「=i」などと入力し、関数の候補の一覧から「IFS」をダブルクリックして選択します。「=IFS(」と入力された状態で、［関数の挿入］ボタン（*fx*）をクリックします。すると、「関数の引数」ダイアログボックスが出てきます。
「論理式1」のところに、場合分けの最も優先される基準となる論理式を入力します。ここでは、「D2<18.5」と入力します。「セルD2（AのBMI）が18.5未満」という意味になります。
「値が真の場合1」のところには、「論理式1」に入力した論理式が真である場合に表示させるものを入れます。ここでは、「低体重」と入力します。
「論理式2」のところに、場合分けの2番目に優先される基準となる論理式を入力します。ここでは、「D2>=25」と入力します。「セルD2（AのBMI）が25以上」という意味になります。
「値が真の場合2」のところには、「論理式2」に入力した論理式が真であり、かつ、「論理式1」に入力した論理式が偽である場合に表示させるものを入れます。ここでは、「肥満」と入力します。
いままでの論理式（この場合は「論理式1」と「論理式2」）のどれについても偽の場合に表示されるものを指定するときには、まず、最後の「論理式n」（この場合は「論理式3」）のところに、「TRUE」と入力します。

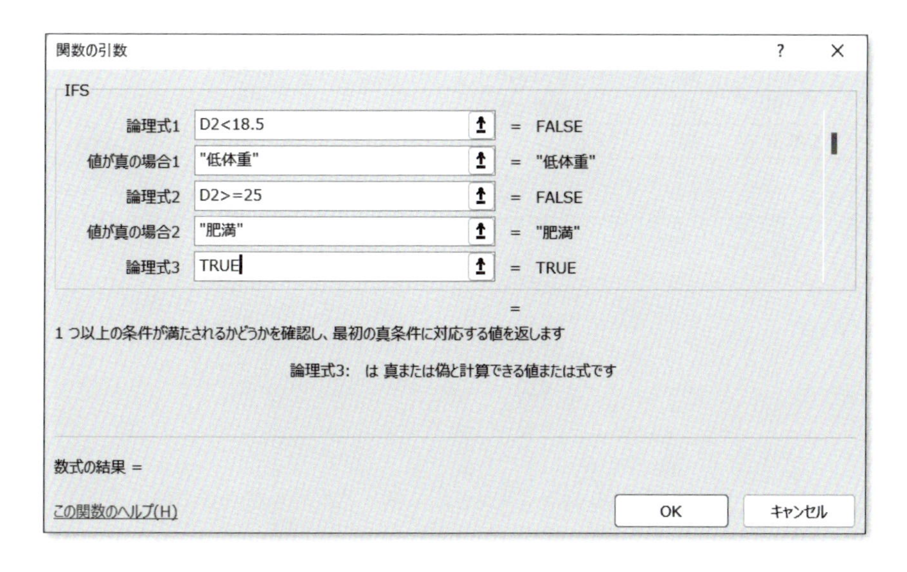

そして、「値が真の場合n」（この場合は「値が真の場合3」）のところに、いままでの論理式（この場合は「論理式1」と「論理式2」）のどれについても偽の場合に表示されるものを入れます。ここでは、「普通体重」と入力します。「値が真の場合3」が出ていないときは、[Tab]

キーを押しましょう（この例題の場合は、「論理式 3」「値が真の場合 3」までしか使っていませんが、もっと多くの場合分けをすることもできます）。

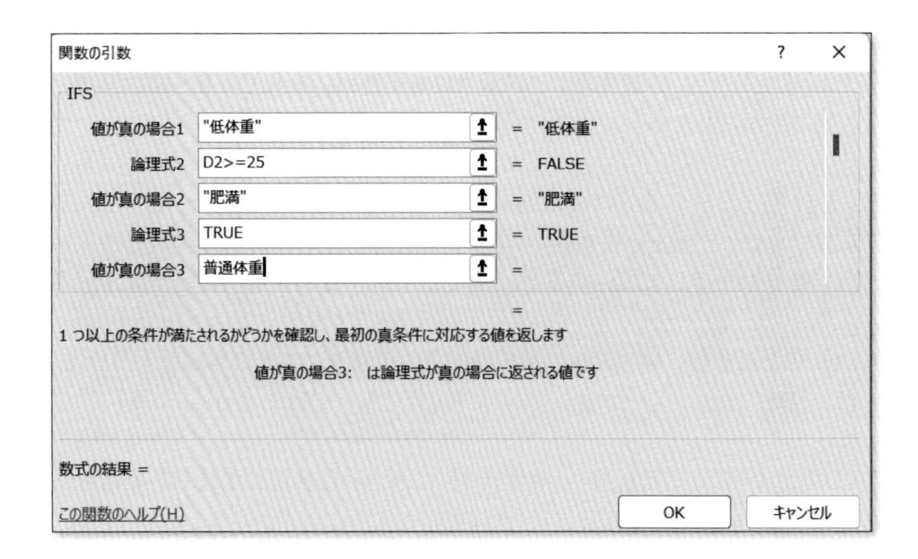

OK ボタンを押すと、このセルには「=IFS(D2<18.5,"低体重",D2>=25,"肥満",TRUE,"普通体重")」と入力されます。「関数の引数」ダイアログボックスを使わずに、これを直接セルに入力することもできます。このセルを下に（セル E8 まで）オートフィルします。

	A	B	C	D	E	F	G	H	I	J
1		**身長**	**体重**	**BMI**	**判定**					
2	**A**	163	54	20.3	普通体重					
3	**B**	170	78	27.0	肥満					
4	**C**	175	57	18.6	普通体重					
5	**D**	159	72	28.5	肥満					
6	**E**	173	54	18.0	低体重					
7	**F**	177	58	18.5	普通体重					
8	**G**	175	75	24.5	普通体重					
9	**平均値**	170.3	64	22.2						
10										
11										

4-2 AND関数、OR関数

この節では、AND関数、および、OR関数の使い方を理解し、これらをIFS関数、または、IF関数とあわせて使う演習を行います。

例題 4-4

「例題4−3」(P.65) のファイルを開き、7名についての性別と体脂肪率のデータを追加しましょう。そして、男性の場合は体脂肪率25%以上なら「体脂肪量過剰」、女性の場合は体脂肪率35%以上なら「体脂肪量過剰」と表示されるように、それぞれIFS関数を使って判定しましょう。次の手順にしたがって作業をします。

1 上部の列番号「B」を右クリックし、「挿入」を選択すると、その前に1列分が挿入されます。同様に、(新しい) 列番号「F」の前にも1列分を挿入しましょう。

2 新たに追加された列について、下記のように入力します。ここで、「%」はキーボードから入力できます。

	A	B	C	D	E	F	G	H	I	J
1		性別	身長	体重	BMI	体脂肪率	判定			
2	A	女性	163	54	20.3	23%	普通体重			
3	B	女性	170	78	27.0	34%	肥満			
4	C	男性	175	57	18.6	15%	普通体重			
5	D	女性	159	72	28.5	36%	肥満			
6	E	女性	173	54	18.0	17%	低体重			
7	F	男性	177	58	18.5	12%	普通体重			
8	G	男性	175	75	24.5	25%	普通体重			
9	平均値		170.3	64	22.2					
10										

注 意

F列の体脂肪率が%表示にならないときは、ホームタブの (数値グループにある) [パーセントスタイル] ボタン (%) をクリックしましょう。

3 セルH1に「判定 (体脂肪率)」と入力します。
セルH2を選択し、IFS関数の「関数の引数」ダイアログボックスを出します。
「論理式1」のところに、「AND(B2=" 男性 ",F2>=25%)」と入力します。「AND(命題1, 命題2)」で、「命題1かつ命題2」という意味になるので、ここでは、「性別が男性、かつ、体脂肪率が25%以上」という意味になります。
「値が真の場合1」のところには「体脂肪量過剰」と入力します。
「論理式2」のところに、「AND(B2=" 女性 ",F2>=35%)」と入力します。これは、「性別が女性、かつ、体脂肪率が 35% 以上」という意味になります。
「値が真の場合 2」のところには「体脂肪量過剰」と入力します。
「論理式 3」のところに、「TRUE」と入力します。
そして、「値が真の場合 3」のところには「""」と入力します。

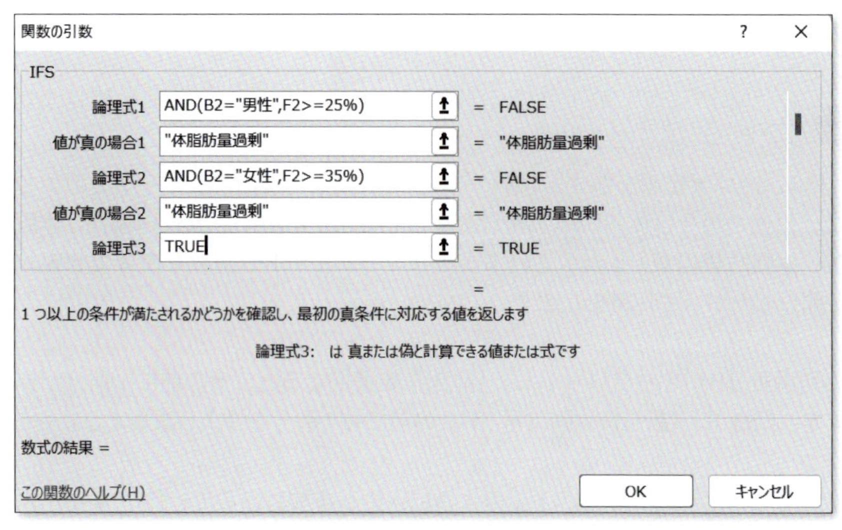

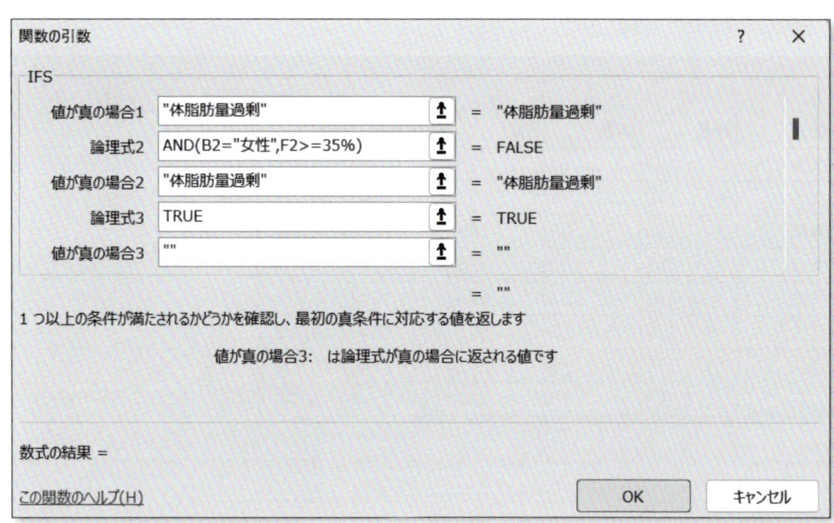

OK ボタンを押すと、このセルには「=IFS(AND(B2=" 男性 ",F2>=25%)," 体脂肪量過剰 ",AND(B2=" 女性 ",F2>=35%)," 体脂肪量過剰 ",TRUE,"")」と入力されます。このセルを下に（セル H8 まで）オートフィルします。

4 下記のように表の見た目を整えます。ここで、セル G1 は「判定（BMI）」に書き換え、G 列と H 列の列幅をそれぞれ文字の幅に合った大きさに変更しましょう。

	A	B	C	D	E	F	G	H	I
1		**性別**	**身長**	**体重**	**BMI**	**体脂肪率**	**判定（BMI）**	**判定（体脂肪率）**	
2	**A**	女性	163	54	20.3	23%	普通体重		
3	**B**	女性	170	78	27.0	34%	肥満		
4	**C**	男性	175	57	18.6	15%	普通体重		
5	**D**	女性	159	72	28.5	36%	肥満	体脂肪量過剰	
6	**E**	女性	173	54	18.0	17%	低体重		
7	**F**	男性	177	58	18.5	12%	普通体重		
8	**G**	男性	175	75	24.5	25%	普通体重	体脂肪量過剰	
9	**平均値**		170.3	64	22.2				
10									
11									

例題 4-5

「例題4−4」(P.67) のファイルを開き、再受診「あり」「なし」についての判定を、IF関数を用いて行いましょう。ここで、「判定 (BMI) が肥満」、または、「判定 (体脂肪率) が体脂肪量過剰」の場合は再受診「あり」とし、それ以外の場合は再受診「なし」と表示させます。セルI1に「再受診」と太字で入力し、その下に各受診者について判定しましょう。また、セル範囲I1:I9に「格子」の罫線を付け、セルI9に斜線を引きましょう。

▶解説

セルI2を選択し、IF関数の「関数の引数」ダイアログボックスを出します。

「論理式」のところに、「OR(G2="肥満",H2="体脂肪量過剰")」と入力します。「OR(命題1, 命題2)」で、「命題1または命題2」という意味になるので、ここでは、「判定 (BMI) が肥満」または「判定 (体脂肪率) が体脂肪量過剰」という意味になります。

「値が真の場合」のところには「あり」と入力します。

「値が偽の場合」のところには「なし」と入力します。

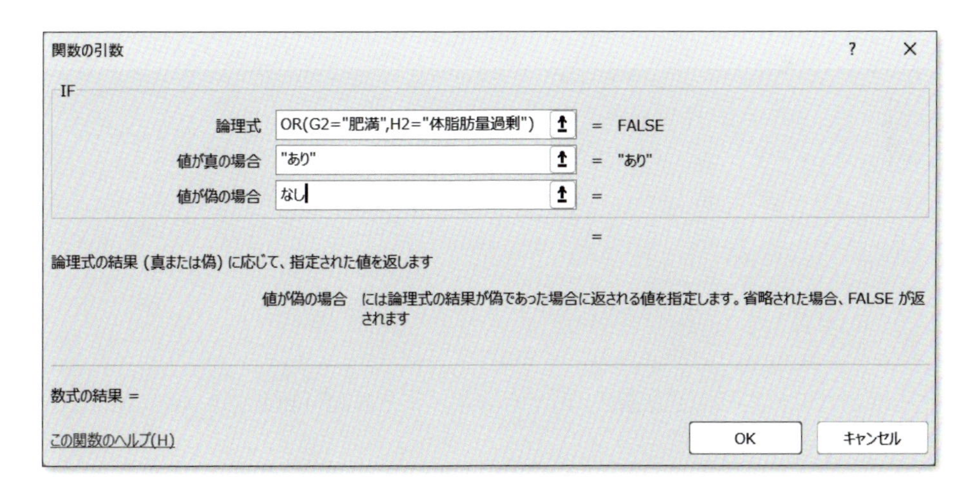

OKボタンを押すと、このセルには「=IF(OR(G2="肥満",H2="体脂肪量過剰"),"あり","なし")」と入力されます。このセルを下に (セルI8まで) オートフィルします。

下記のような結果になります。

	A	B	C	D	E	F	G	H	I	J
1		**性別**	**身長**	**体重**	**BMI**	**体脂肪率**	**判定（BMI）**	**判定（体脂肪率）**	**再受診**	
2	**A**	女性	163	54	20.3	23%	普通体重		なし	
3	**B**	女性	170	78	27.0	34%	肥満		あり	
4	**C**	男性	175	57	18.6	15%	普通体重		なし	
5	**D**	女性	159	72	28.5	36%	肥満	体脂肪量過剰	あり	
6	**E**	女性	173	54	18.0	17%	低体重		なし	
7	**F**	男性	177	58	18.5	12%	普通体重		なし	
8	**G**	男性	175	75	24.5	25%	普通体重	体脂肪量過剰	あり	
9	**平均値**		170.3	64	22.2					
10										

コラム

第 4 章の関数一覧

関数名	構造	説明
IF 関数	=IF(論理式, 値が真の場合, 値が偽の場合)	論理式の結果（真または偽）に応じて、指定された値を返します。
IFS 関数	=IF(論理式1, 値が真の場合1, 論理式2, 値が真の場合2, ...)	複数の条件が満たされているかどうかを順にチェックして、その結果（真または偽）に応じて、指定された値を返します。
AND 関数	=AND(論理式1, 論理式2, ...)	すべての引数がTRUEのとき、TRUEを返します。
OR 関数	=OR(論理式1, 論理式2, ...)	いずれかの引数がTRUEのとき、TRUEを返します。

4-3 第4章の演習問題

演習問題 4-1

「例題4−5」(P.69) のファイルを開き、H列にIFS関数で求めた結果を、IF関数を使って求めなおしましょう。つまり、男性の場合は体脂肪率25%以上なら「体脂肪量過剰」、女性の場合は体脂肪率35%以上なら「体脂肪量過剰」と表示されるように、それぞれIF関数を使って判定しましょう。

演習問題 4-2

下記のように、あるクラスについての微分積分と線形代数のテストの点数についてのデータを入力し、表の見た目を整えましょう。ここで、A列の番号については、セルA2に「1」、セルA3に「2」と入力し、このセル範囲(A2:A3)を下に(セルA20まで)オートフィルすることにより入力します。そして、各科目のそれぞれの点数について、60点に満たない場合または欠席の場合は、点数の右側のセルに「不合格」と表示されるように、関数を使って判定しましょう。

	A	B	C	D	E	F	G	H	I	J
1	番号	微分積分		線形代数						
2	1	54		63						
3	2	76		60						
4	3	78		59						
5	4	91		68						
6	5	76		74						
7	6	51		65						
8	7	36		43						
9	8	70		77						
10	9	67		55						
11	10	78		78						
12	11	42		欠席						
13	12	30		33						
14	13	60		欠席						
15	14	58		73						
16	15	81		86						
17	16	欠席		欠席						
18	17	63		53						
19	18	75		90						
20	19	66		63						
21										

演習問題 4-3

「演習問題4−2」(P.71)のファイルを開き、C列とE列に求めた判定を、もっと細かく求めなおしましょう。各科目のそれぞれの点数について、60点に満たない場合または欠席の場合は、点数の右側のセルに「不合格」と表示され、90点以上の場合は点数の右側のセルに「AA」と表示され、(それ以外で)80点以上の場合は点数の右側のセルに「A」と表示され、(それ以外で)70点以上の場合は点数の右側のセルに「B」と表示され、(それ以外で)60点以上の場合は点数の右側のセルに「C」と表示されるように、関数を使って判定しましょう。

	A	B	C	D	E	F	G	H	I	J
1	番号	微分積分		線形代数						
2	1	54	不合格	63	C					
3	2	76	B	60	C					
4	3	78	B	59	不合格					
5	4	91	AA	68	C					
6	5	76	B	74	B					
7	6	51	不合格	65	C					
8	7	36	不合格	43	不合格					
9	8	70	B	77	B					
10	9	67	C	55	不合格					
11	10	78	B	78	B					
12	11	42	不合格	欠席	不合格					
13	12	30	不合格	33	不合格					
14	13	60	C	欠席	不合格					
15	14	58	不合格	73	B					
16	15	81	A	86	A					
17	16	欠席	不合格	欠席	不合格					
18	17	63	C	53	不合格					
19	18	75	B	90	AA					
20	19	66	C	63	C					
21										
22										

第５章 数え上げの関数と条件付きの統計処理

この章では、セルの個数を数え上げる関数について学習します。空白でないセルの個数を数える関数、数値が入ったセルの個数を数える関数、そして、条件を満たすセルの個数を数える関数が登場します。また、条件を満たすセルだけを合計する関数、また、平均する関数についても学習します。

5-1 COUNTA関数、COUNT関数

この節では、空白ではないセルの個数を求めるCOUNTA関数と、数値が入力されているセルの個数を求めるCOUNT関数について学習します。

例題 5-1

A組、B組、C組についてのテストの点数をそれぞれ入力し、各組についての人数、受験者数、そして、平均点を求めましょう。ただし、平均点は小数第1位までの値の表示にします。次の手順にしたがって作業をします。

1 次のように入力します。ここで、A列の番号については、セルA2に「1」と入力し、このセルA2を下に（セルA18まで）オートフィルし、「オートフィル　オプション」を「連続データ」にすることにより入力します。

	A	B	C	D	E	F	G	H	I	J
1	番号	A組	B組	C組						
2	1	75	87	89						
3	2	82	90	54						
4	3	90	76	33						
5	4	43	65	90						
6	5	87	欠席	欠席						
7	6	90	98	90						
8	7	36	54	70						
9	8	96	76	欠席						
10	9	欠席	89	欠席						
11	10	70	43	87						
12	11	欠席	60	49						
13	12	80	90	90						
14	13	76	55	98						
15	14	88	76	90						
16	15	58	67	80						
17	16	欠席	70	欠席						
18	17	90								
19	クラスの人数									
20	受験者数									
21	平均点									

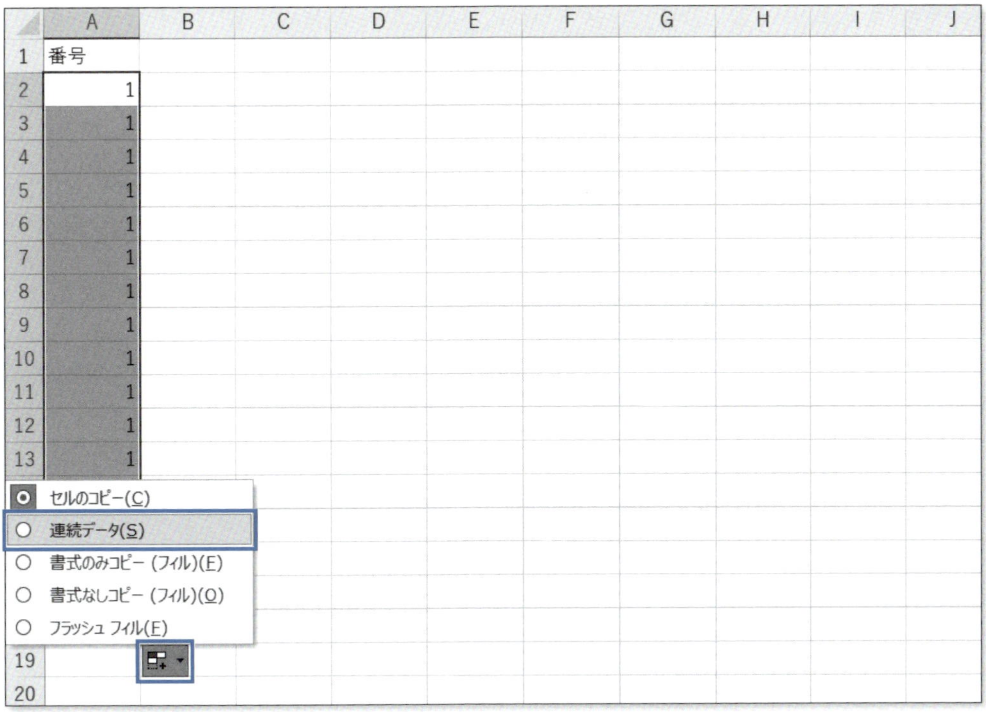

5

2 列の幅を変更します。上部の列番号「A」と「B」の間の境界線の上にマウスポインタを合わせ、ダブルクリックをします。
続いて、列番号「B」から「D」をドラッグしたあと、「B」と「C」の間の境界線（または、「C」と「D」の間の境界線、または、「D」と「E」の間の境界線）の上にマウスポインタを合わせ、「幅：9.00」になるまでドラッグします（右クリックをし、「列の幅」を選択して、列の幅を「9」に変更してもいいです）。

3 セル B19、C19、D19 に、クラスの人数（空白ではないセルの個数）を COUNTA 関数でそれぞれ求めます。まず、セル B19 に「=cou」（半角）などと入力し、関数の候補の一覧から「COUNTA」をダブルクリックして選択します。すると、「=COUNTA(」と入力されるので、データの範囲（B2:B18）をドラッグして選択します。
[Enter] キーを押すと、空白ではないセルの個数「17」が計算されます。このときセルには「=COUNTA(B2:B18)」と入力されていることが確認できます。
このセル（B19）をセル D19 まで右にオートフィルしましょう。

4 セル B20、C20、D20 に、受験者数（数値が入力されているセルの個数）を COUNT 関数でそれぞれ求めます。まず、セル B20 に「=cou」（半角）などと入力し、関数の候補の一覧から「COUNT」をダブルクリックして選択します。すると、「=COUNT(」と入力されるので、データの範囲（B2:B18）をドラッグして選択します。
[Enter] キーを押すと、数値が入力されているセルの個数「14」が計算されます。このときセルには「=COUNT(B2:B18)」と入力されていることが確認できます。
このセル（B20）をセル D20 まで右にオートフィルしましょう。

5 セルB21、C21、D21に、各クラスの平均点をAVERAGE関数でそれぞれ求め、小数第1位までの値の表示にします。

6 1行目とA列の各項目名と番号については［太字］にしましょう。
また､下記のように､表全体（A1:D21）に「格子」と「太い外枠」の罫線を付けましょう。表中のA列とB列の境界線、1行目と2行目の境界線、そして、18行目と19行目の境界線も太い線にしましょう。
ここで、太い罫線を引くためには、ホームタブの（フォントグループにある）［罫線］ボタンのドロップダウンリストの「線のスタイル」から「太い罫線」（上から8番目）を選びます。マウスポインタが鉛筆の形に変わったら、太い罫線をドラッグして引くことができます。終わったら［Esc］キーを押しましょう。
そして、表中の空白のセル（C18、D18）には斜線を引きましょう。

	A	B	C	D	E	F	G	H	I
1	**番号**	**A組**	**B組**	**C組**					
2	**1**	75	87	89					
3	**2**	82	90	54					
4	**3**	90	76	33					
5	**4**	43	65	90					
6	**5**	87	欠席	欠席					
7	**6**	90	98	90					
8	**7**	36	54	70					
9	**8**	96	76	欠席					
10	**9**	欠席	89	欠席					
11	**10**	70	43	87					
12	**11**	欠席	60	49					
13	**12**	80	90	90					
14	**13**	76	55	98					
15	**14**	88	76	90					
16	**15**	58	67	80					
17	**16**	欠席	70	欠席					
18	**17**	90							
19	**クラスの人数**	17	16	16					
20	**受験者数**	14	15	12					
21	**平均点**	75.8	73.1	76.7					
22									
23									

5-2 COUNTIF関数、COUNTIFS関数

この節では、指定されたセル範囲のうち、条件を満たすデータの個数を返すCOUNTIF関数、また、複数の条件を同時に満たすデータの個数を返すCOUNTIFS関数について学習します。COUNTIFS関数では、セル範囲と条件のペアを順番に指定しましょう。

例題 5-2

「例題5−1」(P.74) のファイルを開き、各組についての50点未満の人数、および、欠席の人数を求めます。次の手順にしたがって作業をします。

1 セル A22 に、「50 点未満の人数」と入力します（太字になります）。
セル B22、C22、D22 に、各組についての 50 点未満の人数を COUNTIF 関数でそれぞれ求めます。まず、セル B22 に「=cou」（半角）などと入力し、関数の候補の一覧から「COUNTIF」をダブルクリックして選択します。「=COUNTIF(」と入力された状態で、［関数の挿入］ボタン（*fx*）をクリックします。すると、「関数の引数」ダイアログボックスが出てきます。
「範囲」のところに、調べる範囲を指定します。ここでは、セル範囲 B2:B18 をドラッグし、指定します。
「検索条件」のところには、どのような条件を満たすセルの個数を調べるのか、その条件を指定します。ここでは、「<50」（半角）と入力します。

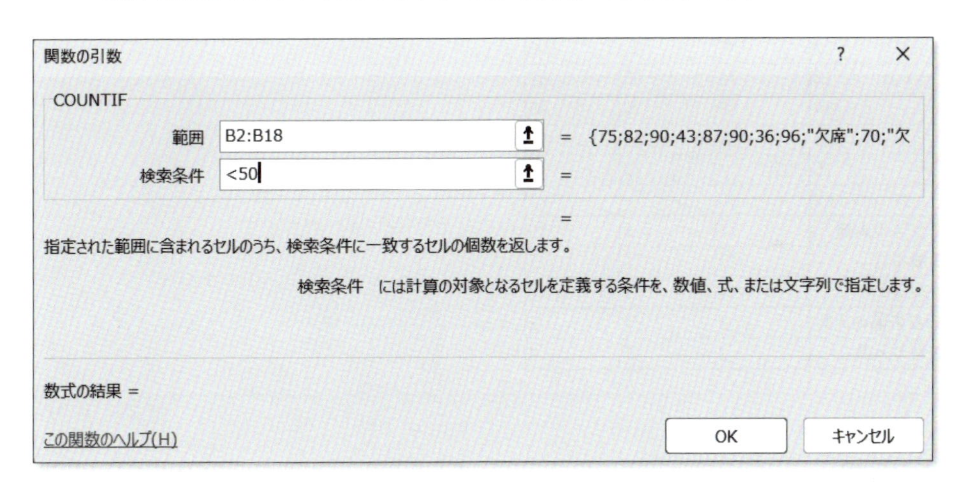

［Enter］キーを押すと、セル範囲 B2:B18 において 50 未満であるセルの個数「2」が計算されます。このときセルには「=COUNTIF(B2:B18,"<50")」と入力されていることが確認できます。「関数の引数」ダイアログボックスを使わずに、これを直接セルに入力することもできます。
このセル B22 を右へ（セル D22 まで）オートフィルしましょう。

2 セル A23 に、「欠席の人数」と入力します（太字になります）。
セル B23、C23、D23 に、各組についての欠席の人数を COUNTIF 関数でそれぞれ求めます。そのため、セル B23 に COUNTIF 関数の「関数の引数」ダイアログボックスを出します。
「範囲」のところには、セル範囲 B2:B18 をドラッグし、指定します。
「検索条件」のところに「欠席」と入力します。
[Enter] キーを押すと、セル範囲 B2:B18 において「欠席」と書かれているセルの個数「3」が計算されます。このときセルには「=COUNTIF(B2:B18," 欠席 ")」と入力されていることが確認できます。
このセル B23 を右へ（セル D23 まで）オートフィルしましょう。

3 下記のように罫線を引きます。また、A 列の列幅を文字の幅に合った大きさに変更しましょう。

	A	B	C	D	E	F	G	H	I	J
1	**番号**	**A組**	**B組**	**C組**						
2	**1**	75	87	89						
3	**2**	82	90	54						
4	**3**	90	76	33						
5	**4**	43	65	90						
6	**5**	87	欠席	欠席						
7	**6**	90	98	90						
8	**7**	36	54	70						
9	**8**	96	76	欠席						
10	**9**	欠席	89	欠席						
11	**10**	70	43	87						
12	**11**	欠席	60	49						
13	**12**	80	90	90						
14	**13**	76	55	98						
15	**14**	88	76	90						
16	**15**	58	67	80						
17	**16**	欠席	70	欠席						
18	**17**	90								
19	**クラスの人数**	17	16	16						
20	**受験者数**	14	15	12						
21	**平均点**	75.8	73.1	76.7						
22	**50点未満の人数**	2	1	2						
23	**欠席の人数**	3	1	4						
24										

例題 5-3

「例題4−5」(P.69) のファイルを開き、女性の人数、男性の人数、女性の肥満の人数、男性の肥満の人数を求めます。次の手順にしたがって作業をします。

1 次のように入力し、表の見た目を整えます。

	A	B	C	D	E	F	G	H	I	J	K	L	M
1		性別	身長	体重	BMI	体脂肪率	判定（BMI）	判定（体脂肪率）	再受診				
2	A	女性	163	54	20.3	23%	普通体重		なし		女性の人数		
3	B	女性	170	78	27.0	34%	肥満		あり		男性の人数		
4	C	男性	175	57	18.6	15%	普通体重		なし		女性の肥満の人数		
5	D	女性	159	72	28.5	36%	肥満	体脂肪量過剰	あり		男性の肥満の人数		
6	E	女性	173	54	18.0	17%	低体重		なし				
7	F	男性	177	58	18.5	12%	普通体重		なし				
8	G	男性	175	75	24.5	25%	普通体重	体脂肪量過剰	あり				
9	平均値		170.3	64	22.2								
10													

2 セルL2、L3に、女性の人数、男性の人数をCOUNTIF関数でそれぞれ求めます。セルL2は「=COUNTIF(B2:B8,"女性")」と入力され、セルL3は「=COUNTIF(B2:B8,"男性")」と入力されます。

3 セルL4、L5に、女性の肥満の人数、男性の肥満の人数をCOUNTIFS関数でそれぞれ求めます。そのため、まず、セルL4にCOUNTIFS関数の「関数の引数」ダイアログボックスを出します。
「検索条件範囲1」のところに、調べる範囲を指定します。ここでは、セル範囲B2:B8をドラッグし、指定します。
「検索条件1」のところには、この範囲においてどのような条件を満たすセルの個数を調べるのか、その条件を指定します。ここでは、「女性」と入力します。
「検索条件範囲2」のところに、あわせて調べる範囲を指定します。ここでは、セル範囲G2:G8をドラッグし、指定します。
「検索条件2」のところには、この範囲においてどのような条件を満たすセルの個数を調べるのか、その条件を指定します。ここでは、「肥満」と入力します。
[Enter]キーを押すと、セル範囲B2:B8において「女性」と表示されていて、かつ、セル範囲G2:G8において「肥満」と表示されているセルの個数「2」が計算されます。このときセルには「=COUNTIFS(B2:B8,"女性",G2:G8,"肥満")」と入力されていることが確認できます。「関数の引数」ダイアログボックスを使わずに、これを直接セルに入力することもできます。

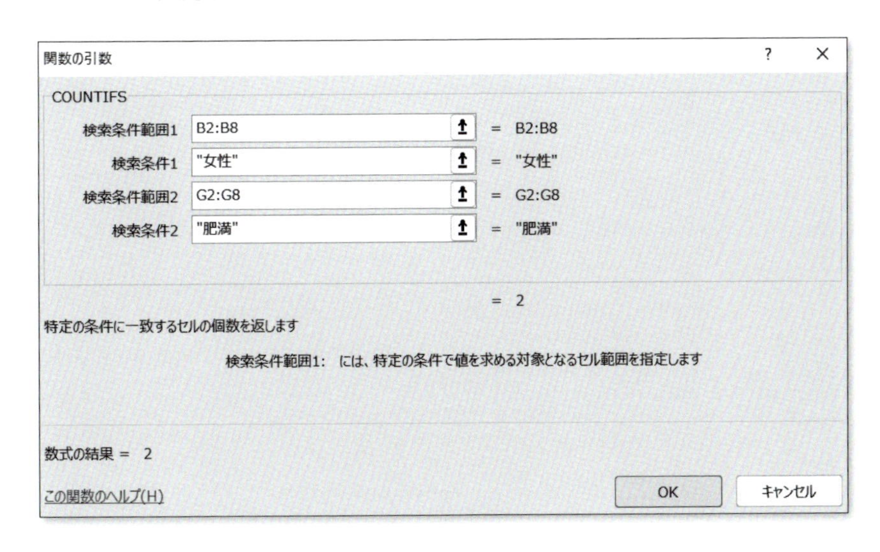

同様に、セルL5にもCOUNTIFS関数を使って男性の肥満の人数を求めると、

「=COUNTIFS(B2:B8," 男性 ",G2:G8," 肥満 ")」と入力されます。

	A	B	C	D	E	F	G	H	I	J	K	L
1		性別	身長	体重	BMI	体脂肪率	判定（BMI）	判定（体脂肪率）	再受診			
2	A	女性	163	54	20.3	23%	普通体重		なし		女性の人数	4
3	B	女性	170	78	27.0	34%	肥満		あり		男性の人数	3
4	C	男性	175	57	18.6	15%	普通体重		なし		女性の肥満の人数	2
5	D	女性	159	72	28.5	36%	肥満	体脂肪量過剰	あり		男性の肥満の人数	0
6	E	女性	173	54	18.0	17%	低体重		なし			
7	F	男性	177	58	18.5	12%	普通体重		なし			
8	G	男性	175	75	24.5	25%	普通体重	体脂肪量過剰	あり			
9	平均値		170.3	64	22.2							
10												

コラム

第5章の関数一覧

関数名	構造	説明
COUNTA関数	=COUNTA(値1, 値2, ...)	指定した範囲の、空白でないセルの個数を返します。
COUNT関数	=COUNT(値1, 値2, ...)	指定した範囲の、数値のセルの個数を返します。
COUNTIF関数	=COUNTIF(範囲, 検索条件)	指定した範囲に含まれるセルのうち、検索条件を満たすセルの個数を返します。
COUNTIFS関数	=COUNTIF(検索条件範囲1, 検索条件1, 検索条件範囲2, 検索条件2, ...)	指定した範囲に含まれるセルのうち、複数の検索条件を満たすセルの個数を返します。
SUMIF関数	=SUMIF(範囲, 検索条件, 合計範囲)	指定した範囲に含まれるセルのうち、検索条件を満たすセルの値を合計します。
AVERAGEIF関数	=AVERAGEIF(範囲, 条件, 平均対象範囲)	指定した範囲に含まれるセルのうち、条件を満たすセルの値の平均値を計算します。

5-3 SUMIF関数、AVERAGEIF関数

この節では、指定した条件に一致するセルに対応する値について、それらを合計するSUMIF関数、また、それらを平均するAVERAGEIF関数について学習します。

例題 5-4

ある店舗における、ある商品の日にち別の売上個数などのデータを下記のように入力し、曜日ごとの売上個数の合計をそれぞれ求めましょう。次の手順にしたがって作業をします。

1 次のように入力し、表の見た目を整えます。ここで、A列の日付については、セルA2に「12月1日」と入力し、このセルを下に（セルA22まで）オートフィルすることにより入力します。
同様に、B列の曜日についてもオートフィルで入力しましょう。

	A	B	C	D	E	F	G	H
1	日付	曜日	天気	売上個数				
2	12月1日	土	晴れ	369		月曜日の売上個数合計		
3	12月2日	日	晴れ	362		火曜日の売上個数合計		
4	12月3日	月	曇り	190		水曜日の売上個数合計		
5	12月4日	火	晴れ	210		木曜日の売上個数合計		
6	12月5日	水	晴れ	170		金曜日の売上個数合計		
7	12月6日	木	曇り	184		土曜日の売上個数合計		
8	12月7日	金	曇り	183		日曜日の売上個数合計		
9	12月8日	土	晴れ	339				
10	12月9日	日	雨	318				
11	12月10日	月	晴れ	173				
12	12月11日	火	雪	203				
13	12月12日	水	雪	184				
14	12月13日	木	晴れ	203				
15	12月14日	金	雨	198				
16	12月15日	土	晴れ	311				
17	12月16日	日	晴れ	271				
18	12月17日	月	晴れ	159				
19	12月18日	火	晴れ	163				
20	12月19日	水	曇り	173				
21	12月20日	木	雨	190				
22	12月21日	金	晴れ	187				
23								

2 セル範囲G2:G8に、曜日ごとの売上個数の合計をSUMIF関数でそれぞれ求めます。
そのため、まず、セルG2にSUMIF関数の「関数の引数」ダイアログボックスを出します。
「範囲」のところに、調べる範囲を指定します。ここでは、セル範囲B2:B22をドラッグして指定し、[F4] キーを押します。
「検索条件」のところには、どのような条件を満たすセルに対応する数値の合計を調べるのか、その条件を指定します。ここでは、「月」と入力します。

「合計範囲」のところに、上記の「範囲」に対応している数値のセル範囲であり、対応する「範囲」内のセルが「検索条件」を満たす場合に合計される数値セルの範囲を指定します。　ここでは、セル範囲 D2:D22 をドラッグして指定し、［F4］キーを押します。

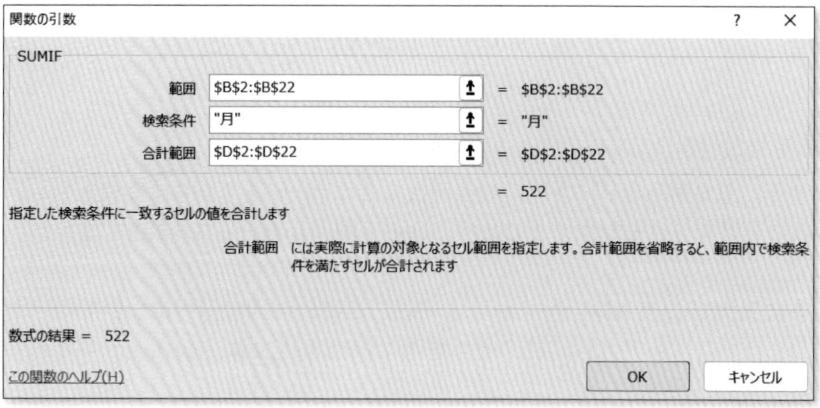

関数の引数　?　×

SUMIF

範囲　$B$2:$B$22　= $B$2:$B$22

検索条件　"月"　= "月"

合計範囲　$D$2:$D$22　= $D$2:$D$22

= 522

指定した検索条件に一致するセルの値を合計します

合計範囲　には実際に計算の対象となるセル範囲を指定します。合計範囲を省略すると、範囲内で検索条件を満たすセルが合計されます

数式の結果 =　522

この関数のヘルプ(H)　OK　キャンセル

［Enter］キーを押すと、セル範囲 B2:B22 において「月」と入力されているセル（つまり、セル B4、B11、B18）に対応する、セル範囲 D2:D22 内のセル（つまり、セル D4、D11、D18）の合計「522」が計算されます。このときセルには「=SUMIF($B$2:$B$22,"月",$D$2:$D$22)」と入力されていることが確認できます。「関数の引数」ダイアログボックスを使わずに、これを直接セルに入力することもできます。

このセル G2 を下へ（セル G8 まで）オートフィルすると、全部同じ式がコピーされます。その数式内の検索条件「月」の部分を、セル G3 から順番に「火」、「水」、「木」、「金」、「土」、「日」とそれぞれ修正しましょう。

	A	B	C	D	E	F	G	H
1	日付	曜日	天気	売上個数				
2	12月1日	土	晴れ	369		月曜日の売上個数合計	522	
3	12月2日	日	晴れ	362		火曜日の売上個数合計	576	
4	12月3日	月	曇り	190		水曜日の売上個数合計	527	
5	12月4日	火	晴れ	210		木曜日の売上個数合計	577	
6	12月5日	水	晴れ	170		金曜日の売上個数合計	568	
7	12月6日	木	曇り	184		土曜日の売上個数合計	1019	
8	12月7日	金	曇り	183		日曜日の売上個数合計	951	
9	12月8日	土	晴れ	339				
10	12月9日	日	雨	318				
11	12月10日	月	晴れ	173				
12	12月11日	火	雪	203				
13	12月12日	水	雪	184				
14	12月13日	木	晴れ	203				
15	12月14日	金	雨	198				
16	12月15日	土	晴れ	311				
17	12月16日	日	晴れ	271				
18	12月17日	月	晴れ	159				
19	12月18日	火	晴れ	163				
20	12月19日	水	曇り	173				
21	12月20日	木	雨	190				
22	12月21日	金	晴れ	187				
23								

例題 5-5

「例題5－4」(P.81)のファイルを開き、曜日ごとの売上個数の平均値をそれぞれ求めましょう。ただし、平均値は小数第1位までの表示にします。次の手順にしたがって作業をします。

1 セル範囲 F2:F8 の「合計」の部分をそれぞれ「平均」に修正しましょう。

2 セル範囲 G2:G8 の「SUM」の部分をそれぞれ「AVERAGE」に修正しましょう（つまり「AVERAGEIF」関数に修正します。セル G2 は「=AVERAGEIF($B$2:$B$22,"月",$D$2:$D$22)」と修正されることになります)。そのあと、セル範囲 G2:G8 を、小数第 1 位までの値の表示にします。

5

	A	B	C	D	E	F	G	H
1	日付	曜日	天気	売上個数				
2	12月1日	土	晴れ	369		月曜日の売上個数平均	174.0	
3	12月2日	日	晴れ	362		火曜日の売上個数平均	192.0	
4	12月3日	月	曇り	190		水曜日の売上個数平均	175.7	
5	12月4日	火	晴れ	210		木曜日の売上個数平均	192.3	
6	12月5日	水	晴れ	170		金曜日の売上個数平均	189.3	
7	12月6日	木	曇り	184		土曜日の売上個数平均	339.7	
8	12月7日	金	曇り	183		日曜日の売上個数平均	317.0	
9	12月8日	土	晴れ	339				
10	12月9日	日	雨	318				
11	12月10日	月	晴れ	173				
12	12月11日	火	雪	203				
13	12月12日	水	雪	184				
14	12月13日	木	晴れ	203				
15	12月14日	金	雨	198				
16	12月15日	土	晴れ	311				
17	12月16日	日	晴れ	271				
18	12月17日	月	晴れ	159				
19	12月18日	火	晴れ	163				
20	12月19日	水	曇り	173				
21	12月20日	木	雨	190				
22	12月21日	金	晴れ	187				
23								

補足

セルG2を選択し、「関数の挿入」ボタン（fx）を押し、AVERAGEIF関数の「関数の引数」ダイアログボックスを出して確認してみます。

「範囲」のところに、調べる範囲が指定されています。ここでは、セル範囲B2:B22をドラッグして［F4］キーを押しています。

「条件」のところには、どのような条件を満たすセルに対応する数値の平均値を調べるのか、その条件が指定されています。ここでは、「月」と入力しています。

「平均対象範囲」のところに、「範囲」に対応している数値のセル範囲であり、対応する「範囲」内のセルが「条件」を満たす場合に平均値をとられる数値セルの範囲が指定されています。ここでは、セル範囲D2:D22をドラッグして［F4］キーを押しています。

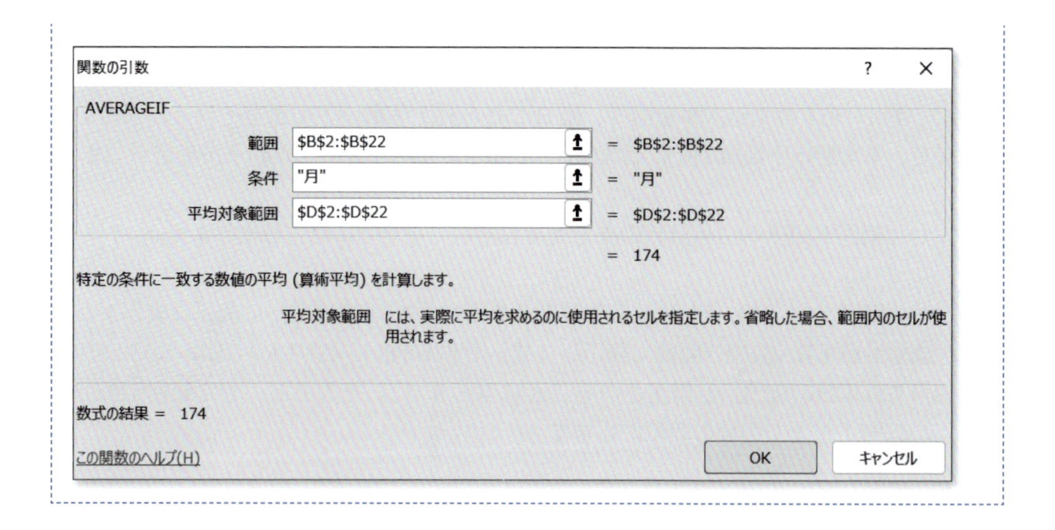

3 上記のようなSUMIF関数を修正する方法ではなく、一からはじめる方法でもやってみよう。つまり、セルG2にAVERAGEIF関数の「関数の引数」ダイアログボックスを出して、最初から入力する方法でもやってみよう。

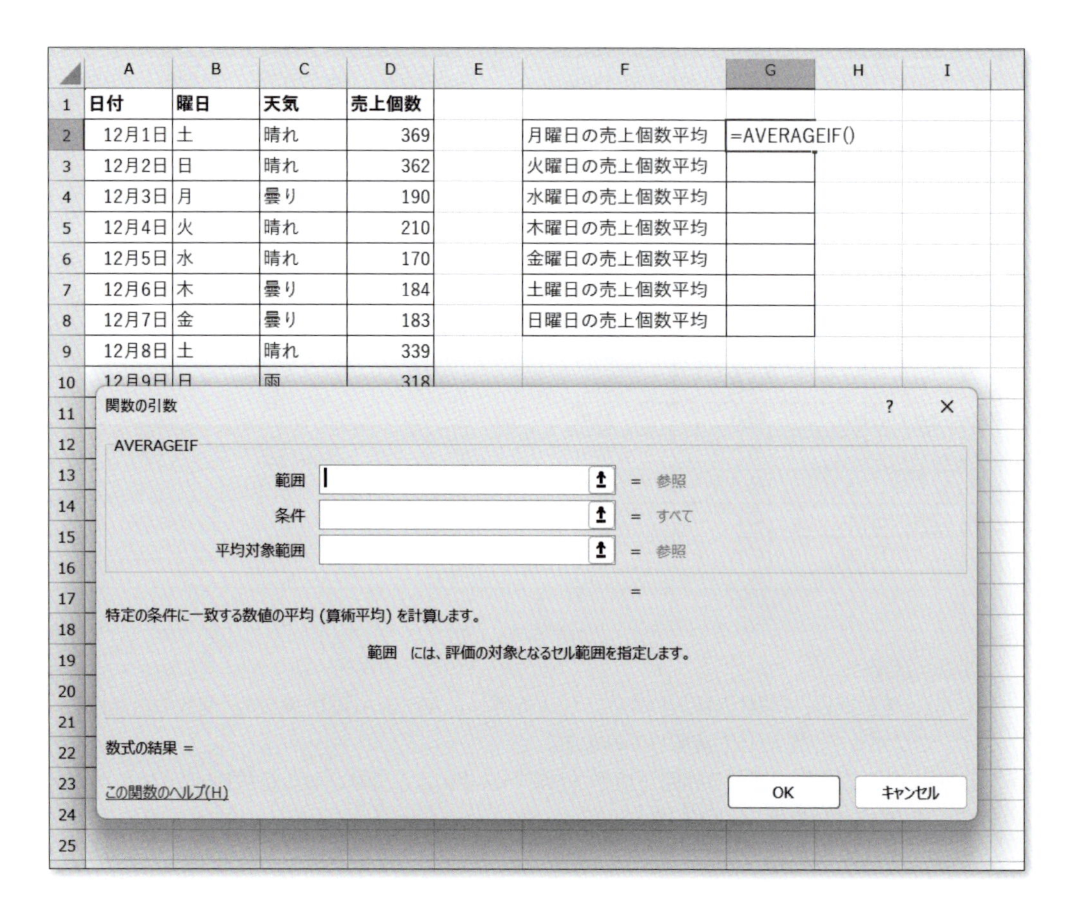

5-4 第5章の演習問題

演習問題 5-1

「例題5−5」(P.83)のファイルを開き、F列とG列を削除しましょう(列番号「F」、「G」をドラッグして右クリックし、「削除」を選択します)。そして、次のように入力し、天気が晴れの日の割合、曇りの日の割合、雨の日の割合、雪の日の割合をそれぞれ求めましょう。ここで、たとえば晴れの日の割合は、COUNTIF関数で求めた晴れの日数を、COUNTA関数で求めたデータの個数でわって求めましょう。ただし、割合は小数第1位までのパーセント表示にします。セルG2への入力は、下記の指示にしたがいましょう。

	A	B	C	D	E	F	G	H	I
1	日付	曜日	天気	売上個数					
2	12月1日	土	晴れ	369		晴れの日の割合			
3	12月2日	日	晴れ	362		曇りの日の割合			
4	12月3日	月	曇り	190		雨の日の割合			
5	12月4日	火	晴れ	210		雪の日の割合			
6	12月5日	水	晴れ	170					
7	12月6日	木	曇り	184					
8	12月7日	金	曇り	183					
9	12月8日	土	晴れ	339					

指示

セルG2に、まず、晴れの日数をCOUNTIF関数で求めます。

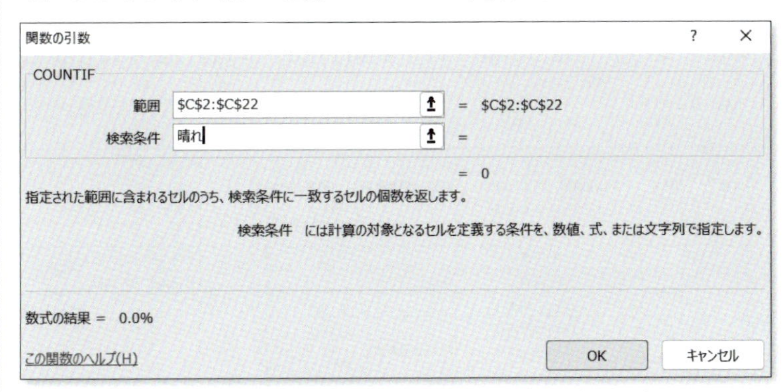

このときセルには「=COUNTIF($C$2:$C$22,"晴れ")」と入力されていることが確認できます。

これをデータの個数で割ります。セルG2に入力されている数式の直後(つまり、「)」の直後)にカーソルを置き、続けて、「/COUNTA(」と入力します。そして、セル範囲C2:C22をドラッグして[F4]キーを押し、「)」を入力します。つまり、セルG2には「=COUNTIF($C$2:$C$22,"晴れ")/COUNTA($C$2:$C$22)」と入力されることになります。

演習問題 5-2

「演習問題5−1」(P.85)のファイルを開き、セル範囲F7:G10について次のように入力しましょう。そして、セルG7、セルG8、セルG9、セルG10に、天気が晴れの日の売上個数の平均値、曇りの日の売上個数の平均値、雨の日の売上個数の平均値、雪の日の売上個数の平均値を、AVERAGEIF関数を使ってそれぞれ求めましょう。ただし、平均値は小数第1位までの表示にします。

	A	B	C	D	E	F	G	H
1	日付	曜日	天気	売上個数				
2	12月1日	土	晴れ	369		晴れの日の割合	57.1%	
3	12月2日	日	晴れ	362		曇りの日の割合	19.0%	
4	12月3日	月	曇り	190		雨の日の割合	14.3%	
5	12月4日	火	晴れ	210		雪の日の割合	9.5%	
6	12月5日	水	晴れ	170				
7	12月6日	木	曇り	184		晴れの日の売上個数平均		
8	12月7日	金	曇り	183		曇りの日の売上個数平均		
9	12月8日	土	晴れ	339		雨の日の売上個数平均		
10	12月9日	日	雨	318		雪の日の売上個数平均		
11	12月10日	月	晴れ	173				
12	12月11日	火	雪	203				

演習問題 5-3

「例題5−3」(P.78)のファイルを開き、下記のように、表に10行目と11行目を追加します。そして、身長、体重、BMIについて、「女性の平均値」と「男性の平均値」を、AVERAGEIF関数を使ってそれぞれ求めましょう。ただし、結果は小数第1位までの値の表示にしましょう。

	A	B	C	D	E	F	G	H	I	J	K	L
1		性別	身長	体重	BMI	体脂肪率	判定（BMI）	判定（体脂肪率）	再受診			
2	A	女性	163	54	20.3	23%	普通体重		なし		女性の人数	4
3	B	女性	170	78	27.0	34%	肥満		あり		男性の人数	3
4	C	男性	175	57	18.6	15%	普通体重		なし		女性の肥満の人数	2
5	D	女性	159	72	28.5	36%	肥満	体脂肪量過剰	あり		男性の肥満の人数	0
6	E	女性	173	54	18.0	17%	低体重		なし			
7	F	男性	177	58	18.5	12%	普通体重		なし			
8	G	男性	175	75	24.5	25%	普通体重	体脂肪量過剰	あり			
9	平均値		170.3	64	22.2							
10	女性の平均値											
11	男性の平均値											
12												
13												

第6章

数値の丸めを行う関数と並べ替え

この章では、四捨五入、切り上げ、切り捨てなど、数値のさまざまな丸めを行う関数について学習します。また、データを大きさの順に並べ替えるソート（整列）という機能について学習します。

6-1 ROUND関数、ROUNDUP関数、ROUNDDOWN関数、INT関数

この節では、まず、Excel関数を使わずに、指定された桁数に四捨五入する演習を行い、桁数について理解しているかを確認します。また、切り上げ、四捨五入、切り上げ、および、整数化のちがいを確認するために、自分で考えて、これらの値を求めてみます。そのうえで、ROUNDUP関数、ROUND関数、ROUNDDOWN関数、および、INT関数を使って求めなおしてみましょう。

例題 6-1

図のように入力し、セルA2に入力した数値（11111.1234）について、

① 小数第4位を四捨五入し小数第3位までにした値
② 小数第3位を四捨五入し小数第2位までにした値
③ 小数第2位を四捨五入し小数第1位までにした値
④ 小数第1位を四捨五入し1の位までにした値
⑤ 1の位を四捨五入し10の位までにした値
⑥ 10の位を四捨五入し100の位までにした値
⑦ 100の位を四捨五入し1000の位までにした値
⑧ 1000の位を四捨五入し10000の位までにした値

を、自分で考えて、セルB2からセルI2に入力しましょう。つまり、Excel関数を使わずに、四捨五入した数値を入力します。ここで、表示桁数は適宜調整しましょう。とくに、もし小数点以下（の一番右側）に0があったら、それを表示させないように調整します。また、A列からI列の列幅はそれぞれ「15」にします。

	A	B	C	D	E	F	G	H	I
1		小数第3位まで	小数第2位まで	小数第1位まで	1の位まで	10の位まで	100の位まで	1000の位まで	10000の位まで
2	11111.1234								
3									

▶解説

このようになります。

	A	B	C	D	E	F	G	H	I
1		小数第3位まで	小数第2位まで	小数第1位まで	1の位まで	10の位まで	100の位まで	1000の位まで	10000の位まで
2	11111.1234	11111.123	11111.12	11111.1	11111	11110	11100	11000	10000
3									

例題 6-2

「例題6－1」のファイルを開き、「例題6－1」において求めた値について、それぞれExcel関数を使って求めなおしましょう。次の手順にしたがって作業をします。

▶解説

セルB2に、小数第4位を四捨五入し小数第3位までにした値をROUND関数で求めます。まず、このセルに「=ro」などと入力し、関数の候補の一覧から「ROUND」をダブルクリックして選択します。すると、「=ROUND(」と入力されるので、四捨五入する数値のセル（A2）をクリックして選択し、[F4] キーを押します。続けて、「,」を入力し、四捨五入した結果の桁数「3」を入力します。これは、小数第4位を切り上げて、結果を小数第3位までの値にしたいので、桁数を3に指定しています。

注 意

ROUND関数の「桁数」は、四捨五入した結果が小数第何位までになるかに着目して指定します。つまり、小数第2位へと四捨五入するなら桁数は「2」、小数第1位へと四捨五入するなら桁数は「1」となります。これを続けて、1の位（整数値）へと四捨五入するなら桁数は「0」、10の位へと四捨五入するなら桁数は「-1」、…とすることになっています。

[Enter] キーを押すと、11111.1234を四捨五入し小数第3位までにした値「11111.123」が計算されます。このときセルには「=ROUND($A$2,3)」と入力されていることが確認できます。

なお、「関数の引数」ダイアログボックスを使って求めることもできます。

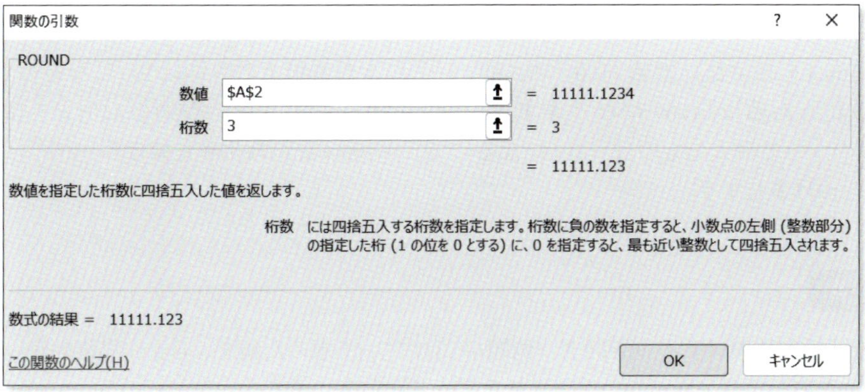

関数の引数 ? ×

ROUND

数値 $A$2 = 11111.1234

桁数 3 = 3

= 11111.123

数値を指定した桁数に四捨五入した値を返します。

桁数 には四捨五入する桁数を指定します。桁数に負の数を指定すると、小数点の左側（整数部分）の指定した桁（1の位を0とする）に、0を指定すると、最も近い整数として四捨五入されます。

数式の結果 = 11111.123

この関数のヘルプ(H) OK キャンセル

このセルB2を右へ（セルI2まで）オートフィルすると、全部同じ式がコピーされます。その数式内の桁数「3」の部分をセルC2から順番に「2」、「1」、「0」、「-1」、「-2」、「-3」、「-4」とそれぞれ修正しましょう。ここで、表示桁数は適宜調整しましょう。

例題 6-3

次のように入力し、A列に入力した各数値について、小数第1位を切り上げた値、四捨五入した値、切り下げた値、および、整数化した値を、自分で考えてそれぞれ入力しましょう。つまり、Excel関数を使わずに、数値を入力します。ここで、整数化とは「それを超えない最大の整数」にすることをいいます。

	A	B	C	D	E	F	G	H	I
1		切り上げ	四捨五入	切り下げ	整数化				
2	100.4								
3	100.5								
4	-100.4								
5	-100.5								
6									

▶解説

このようになります。

	A	B	C	D	E	F	G	H	I
1		切り上げ	四捨五入	切り下げ	整数化				
2	100.4	101	100	100	100				
3	100.5	101	101	100	100				
4	-100.4	-101	-100	-100	-101				
5	-100.5	-101	-101	-100	-101				
6									

ここで、100.4を超えない整数（100、99、98、…）のうちで最大のものは100になるので、100.4を整数化した値は「100」になります。一方、－100.4を超えない整数（－101、－102、－103、…）のうちで最大のものは－101になるので、－100.4を整数化した値は「－101」になることに気をつけましょう。

例題 6-4

「例題6－3」（P.89）のファイルを開き、例題6－3において求めた値を、Excel関数を使ってそれぞれ求めなおしましょう。次の手順にしたがって作業をします。

1 セル A2 に入力されている数値（100.4）の小数第 1 位を切り上げた値を、セル B2 に ROUNDUP 関数で求めます。そのため、セル B2 に「＝ro」などと入力し、関数の候補の一覧から「ROUNDUP」をダブルクリックして選択します。すると、「＝ROUNDUP(」と入力されるので、セル A2 をクリックして選択します。続けて、「,」を入力し、桁数「0」を入力します。これは、切り上げた結果を 1 の位までの値（整数値）にしたいので、桁数を 0 に指定しています。
[Enter] キーを押すと、100.4 を切り上げた値 101 が計算されます。このときセルには「＝ROUNDUP(A2,0)」と入力されていることが確認できます。
なお、「関数の引数」ダイアログボックスを使って求めることもできます。

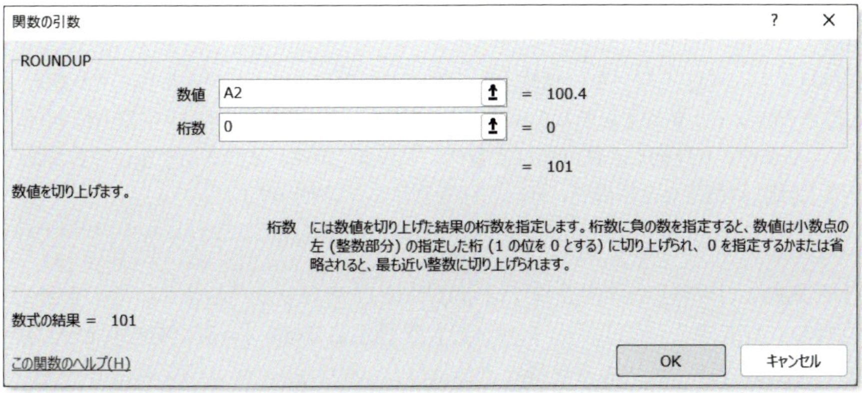

関数の引数 ? ×

ROUNDUP

数値 A2 = 100.4

桁数 0 = 0

= 101

数値を切り上げます。

桁数 には数値を切り上げた結果の桁数を指定します。桁数に負の数を指定すると、数値は小数点の左 (整数部分) の指定した桁 (1 の位を 0 とする) に切り上げられ、0 を指定するかまたは省略されると、最も近い整数に切り上げられます。

数式の結果 = 101

この関数のヘルプ(H) OK キャンセル

このセル B2 を下へ（セル B5）までオートフィルしましょう。

2 同様に、セル C2 に「=ROUND(A2,0)」と入力し、このセルを下へ（セル C5 まで）オートフィルしましょう。

3 さらに、セル D2 に「=ROUNDDOWN(A2,0)」と入力し、このセルを下へ（セル D5 まで）オートフィルしましょう。

4 最後に、セル E2 に「=INT(A2)」と入力し、このセルを下へ（セル E5 まで）オートフィルしましょう。整数化を行う INT 関数の場合は桁数の入力は不要です。

例題 6-5

ある店舗で販売している商品についての定価を下記のように入力し、それぞれ定価の2%引きの値段、3%引きの値段、5%引きの値段を計算しましょう。ただし、小数第1位を切り下げて整数値で求めます。次の手順にしたがって作業をします。

1 次のように入力します。

	A	B	C	D	E	F	G	H	I
1		定価（円）	98%	97%	95%				
2	商品A	1980							
3	商品B	2030							
4	商品C	3210							
5	商品D	3980							
6	商品E	2980							
7									

2 セル C2 に「=」を入力します。商品 A の定価が入力されているセル（B2）をクリックし、そのまま［F4］キーを 3 回押します。すると、「B」の前に「$」記号が付き、「B（列）」が固定されます。

注 意

もし「B (列)」の前に「$」を付けない状態 (「=B2*C$1」) で下にオートフィルし、それをそのまま右にオートフィルすると、セルC2の計算式「=B2*C$1 (定価×98%)」中の「B (列)」が右にずれてしまい、「C (列)」、「D (列)」と変化してしまいます。オートフィルしてもかけ算のなかの「定価」は固定したいので、「B (列)」を固定しないといけません。

続けて、「*」を入力し、「98%」が入力されているセル (C1) をクリックします。そのまま [F4] キーを 2 回押し、数式中の「C1」の「1 (行目)」を固定します。「=$B2*C$1」と入力されていることを確認し、[Enter] キーを押しましょう。

注 意

「C (列)」の前の「$」は不要です。もしここに「$」を付けた状態で下にオートフィルし、それをそのまま右にオートフィルすると、セルC2の計算式「=$B2*$C$1 (定価×98%)」中の「C1 (98%)」が固定されてしまい、D列でもE列でも定価に98%をかけることになってしまいます。「C (列)」の前の「$」がなければ、右にオートフィルするときに、定価にかけるものも右にずれ、「97%」、「95%」と変化してくれます。

ここでためしに、セル C2 を下にオートフィルし、そのまま (セル範囲 C2:C6 が選択されている状態で) この範囲を E 列まで右にオートフィルしてみます。

	A	B	C	D	E	F	G	H	I
1		定価 (円)	98%	97%	95%				
2	商品A	1980	1940.4	1920.6	1881				
3	商品B	2030	1989.4	1969.1	1928.5				
4	商品C	3210	3145.8	3113.7	3049.5				
5	商品D	3980	3900.4	3860.6	3781				
6	商品E	2980	2920.4	2890.6	2831				
7									

そして、たとえばセル D3 をダブルクリックして、何が入力されているか確認すると、「=$B3*D$1」となっていることがわかります。

	A	B	C	D	E	F	G	H	I
1		定価 (円)	98%	97%	95%				
2	商品A	1980	1940.4	1920.6	1881				
3	商品B	2030	1989.4	=$B3*D$1					
4	商品C	3210	3145.8	3113.7	3049.5				
5	商品D	3980	3900.4	3860.6	3781				
6	商品E	2980	2920.4	2890.6	2831				
7									

3 次に、2で求めた値の小数第 1 位を切り下げます。そのため、セル C2 に入力されている計算式を、「=ROUNDDOWN($B2*C$1,0)」と修正します。
そして、このセルを下にオートフィルし、そのまま（セル範囲 C2:C6 が選択されている状態で）この範囲を E 列まで右にオートフィルします。このように、計算式を入力するのはセル C2 のみにし、他はオートフィルによって求めましょう。

	A	B	C	D	E	F	G	H	I
1		**定価（円）**	**98%**	**97%**	**95%**				
2	**商品A**	1980	1940	1920	1881				
3	**商品B**	2030	1989	1969	1928				
4	**商品C**	3210	3145	3113	3049				
5	**商品D**	3980	3900	3860	3781				
6	**商品E**	2980	2920	2890	2831				
7									

なお、最初から ROUNDDOWN 関数の「関数の引数」ダイアログボックスを使って求めることもできます。

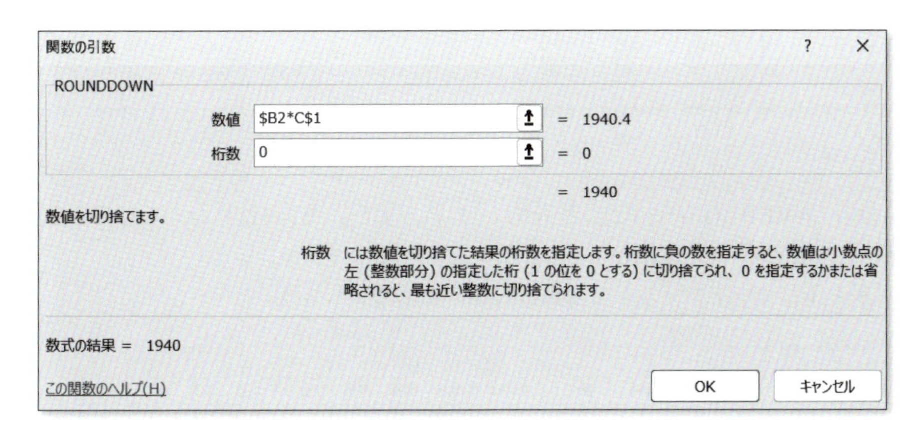

6

6-2 並べ替え

この節では、ホームタブの［並べ替えとフィルター］を使って、データを大きさの順に並べ替えます。

例題 6-6

学生AからFのテストの結果（単位：点）について下記のように入力し、学生ごとの「5科目の平均点」、「国語、英語、社会の平均点」、そして、「数学、理科の平均点」を、AVERAGE関数を使って求めましょう。

	A	B	C	D	E	F	G	H	I	J
1		国語	数学	英語	理科	社会	5科目の平均点	国語，英語，社会の平均点	数学，理科の平均点	
2	A	60	75	54	52	54				
3	B	86	71	88	61	51				
4	C	69	50	74	51	64				
5	D	41	76	86	83	62				
6	E	73	71	68	52	51				
7	F	81	60	74	85	88				
8										

▶解説

セルG2には「＝AVERAGE(B2:F2)」と入力します。また、セルH2には「＝AVERAGE(B2,D2,F2)」、セルI2には「＝AVERAGE(C2,E2)」と入力します。

これらの結果を下にオートフィルして全員分について求めましょう。

	A	B	C	D	E	F	G	H	I	J
1		国語	数学	英語	理科	社会	5科目の平均点	国語，英語，社会の平均点	数学，理科の平均点	
2	A	60	75	54	52	54	59	56	63.5	
3	B	86	71	88	61	51	71.4	75	66	
4	C	69	50	74	51	64	61.6	69	50.5	
5	D	41	76	86	83	62	69.6	63	79.5	
6	E	73	71	68	52	51	63	64	61.5	
7	F	81	60	74	85	88	77.6	81	72.5	
8										

例題 6-7

「例題6－6」のファイルを開き、G列に求めた「5科目の平均点」の値が大きい順になるようにデータを（行ごと）並べ替えましょう。

▶解説

「5科目の平均点」の値が求められているG列のどこかのセルを選択した状態で、ホームタブの（編集グループにある）［並べ替えとフィルター］をクリックし、「降順」を選択します。

	A	B	C	D	E	F	G	H	I	J
1		国語	数学	英語	理科	社会	5科目の平均点	国語，英語，社会の平均点	数学，理科の平均点	
2	F	81	60	74	85	88	77.6	81	72.5	
3	B	86	71	88	61	51	71.4	75	66	
4	D	41	76	86	83	62	69.6	63	79.5	
5	E	73	71	68	52	51	63	64	61.5	
6	C	69	50	74	51	64	61.6	69	50.5	
7	A	60	75	54	52	54	59	56	63.5	
8										

例題 6-8

「例題6−7」(P.94) のファイルを開き、H列に求めた「国語、英語、社会の平均点」の値が大きい順になるようにデータを（行ごと）並べ替えましょう。

▶解説

「国語、英語、社会の平均点」の値が求められているH列のどこかのセルを選択した状態で、ホームタブの（編集グループにある）[並べ替えとフィルター] をクリックし、「降順」を選択します。

	A	B	C	D	E	F	G	H	I	J
1		国語	数学	英語	理科	社会	5科目の平均点	国語，英語，社会の平均点	数学，理科の平均点	
2	F	81	60	74	85	88	77.6	81	72.5	
3	B	86	71	88	61	51	71.4	75	66	
4	C	69	50	74	51	64	61.6	69	50.5	
5	E	73	71	68	52	51	63	64	61.5	
6	D	41	76	86	83	62	69.6	63	79.5	
7	A	60	75	54	52	54	59	56	63.5	
8										

例題 6-9

「例題6−8」のファイルを開き、I列に求めた「数学、理科の平均点」の値が大きい順になるようにデータを（行ごと）並べ替えましょう。

▶解説

「数学、理科の平均点」の値が求められているI列のどこかのセルを選択した状態で、ホームタブの（編集グループにある）[並べ替えとフィルター] をクリックし、「降順」を選択します。

	A	B	C	D	E	F	G	H	I	J
1		国語	数学	英語	理科	社会	5科目の平均点	国語，英語，社会の平均点	数学，理科の平均点	
2	D	41	76	86	83	62	69.6	63	79.5	
3	F	81	60	74	85	88	77.6	81	72.5	
4	B	86	71	88	61	51	71.4	75	66	
5	A	60	75	54	52	54	59	56	63.5	
6	E	73	71	68	52	51	63	64	61.5	
7	C	69	50	74	51	64	61.6	69	50.5	
8										

6-3 第6章の演習問題

演習問題 6-1

下記のように、あるクラスにおける小テスト1の点数、小テスト2の点数、そして、定期試験の点数についてのデータを入力し、次の作業を行いましょう。

	A	B	C	D	E	F	G	H	I
1	番号	小テスト1	小テスト2	定期試験	20%	30%	50%	合計	
2	1	80	54	48					
3	2	70	72	40					
4	3	66	60	64					
5	4	100	27	52					
6	5	64	58	58					
7	6	72	45	24					
8	7	78	27	72					
9	8	100	57	88					
10	9	82	54	46					
11	10	70	45	44					
12	11	56	30	70					
13	12	98	54	60					
14	13	97	81	58					
15	14	72	68	40					
16	15	76	42	68					
17	16	66	58	90					
18	17	70	60	72					
19	18	84	90	100					
20	19	80	33	64					
21	20	78	54	76					
22	平均値								
23									
24									

1 「小テスト1の点数に20%（セルE1）をかけたもの」をE列（E2からE21）に、「小テスト2の点数に30%（セルF1）をかけたもの」をF列（F2からF21）に、そして、「定期試験の点数に50%（セルG1）をかけたもの」をG列（G2からG21）にそれぞれ計算しましょう。セルE2のみに計算式を入力し、他はオートフィルによって求めましょう。

ヒント

計算式中の「1」の前に「$」記号を付け、「1（行目）」を固定しましょう。あとは固定してはいけません。

2 「小テスト1の点数に20%をかけたもの」、「小テスト2の点数に30%をかけたもの」、そして、「定期試験の点数に50%（セルG1）をかけたもの」の合計をH列（H2からH21）にそれぞれ計算しましょう。

3 22行目（B22:H22）に、それぞれ（小テスト1、小テスト2、…、合計）の平均値の小数第2位を四捨五入した値を、関数を使って求めます。セルB22について、ROUND関数の「関数の引数」ダイアログボックスには下記のように入力しましょう。そして、小数第1位までの値の表示にしましょう。

関数の引数 ? ×

ROUND

数値 AVERAGE(B2:B21) = 77.95

桁数 1 = 1

= 78

数値を指定した桁数に四捨五入した値を返します。

桁数 には四捨五入する桁数を指定します。桁数に負の数を指定すると、小数点の左側（整数部分）の指定した桁（1の位を0とする）に、0を指定すると、最も近い整数として四捨五入されます。

数式の結果 = 78.0

この関数のヘルプ(H) OK キャンセル

演習問題 6-2

「演習問題6－1」(P.96) のファイルを開き、H列に求めた合計の値が大きい順になるようにデータを（行ごと）並べ替えましょう。ここで、セル範囲A1:H21を選択し（つまり、22行目の平均値の行は範囲に含めない）、ホームタブの（編集グループにある）[並べ替えとフィルター] から「ユーザー設定の並べ替え」を選択して行いましょう。

	A	B	C	D	E	F	G	H	I
1	番号	小テスト1	小テスト2	定期試験	20%	30%	50%	合計	
2	18	84	90	100	16.8	27	50	93.8	
3	8	100	57	88	20	17.1	44	81.1	
4	16	66	58	90	13.2	17.4	45	75.6	
5	13	97	81	58	19.4	24.3	29	72.7	
6	20	78	54	76	15.6	16.2	38	69.8	
7	17	70	60	72	14	18	36	68	
8	12	98	54	60	19.6	16.2	30	65.8	
9	3	66	60	64	13.2	18	32	63.2	
10	15	76	42	68	15.2	12.6	34	61.8	
11	7	78	27	72	15.6	8.1	36	59.7	
12	5	64	58	58	12.8	17.4	29	59.2	
13	19	80	33	64	16	9.9	32	57.9	
14	1	80	54	48	16	16.2	24	56.2	
15	9	82	54	46	16.4	16.2	23	55.6	
16	2	70	72	40	14	21.6	20	55.6	
17	11	56	30	70	11.2	9	35	55.2	
18	14	72	68	40	14.4	20.4	20	54.8	
19	4	100	27	52	20	8.1	26	54.1	
20	10	70	45	44	14	13.5	22	49.5	
21	6	72	45	24	14.4	13.5	12	39.9	
22	平均値	78.0	53.5	61.7	15.6	16.0	30.9	62.5	
23									
24									

コラム

第6章の関数一覧

関数名	構造	説明
ROUND関数	=ROUND(数値, 桁数)	指定された桁数で数値を四捨五入します。
ROUNDUP関数	=ROUNDUP(数値, 桁数)	指定された桁数で数値を切り上げます。
ROUNDDOWN関数	=ROUNDDOWN(数値, 桁数)	指定された桁数で数値を切り捨てます。
INT関数	=INT(数値)	指定した数値を超えない最大の整数を返します。

第7章 条件付き書式とグラフ作成

この章では、指定した条件を満たすセルの書式を変更することができる「条件付き書式」の使い方について学習します。また、棒グラフ、円グラフ、折れ線グラフ、散布図などのグラフの作成も行います。

7-1 条件付き書式

この節では、「条件付き書式」を使い、条件を満たすセルに自動的に書式を適用させる演習を行いましょう。

例題 7-1

「例題5−2」(P.77) のファイルを開き、「条件付き書式」を使って、各組についての50点未満の点数が入力されているセル、または、「欠席」と入力されているセルの書式を「明るい赤の背景」に設定しましょう。次の手順にしたがって作業をします。

1 セル範囲 B2:B18 をドラッグして選択し、[Ctrl] キーを押しながら、さらにセル範囲 C2:D17 をドラッグして選択します。そして、ホームタブの(スタイルグループにある)[条件付き書式] をクリックし、「セルの強調表示ルール」の「指定の値より小さい」を選択します。

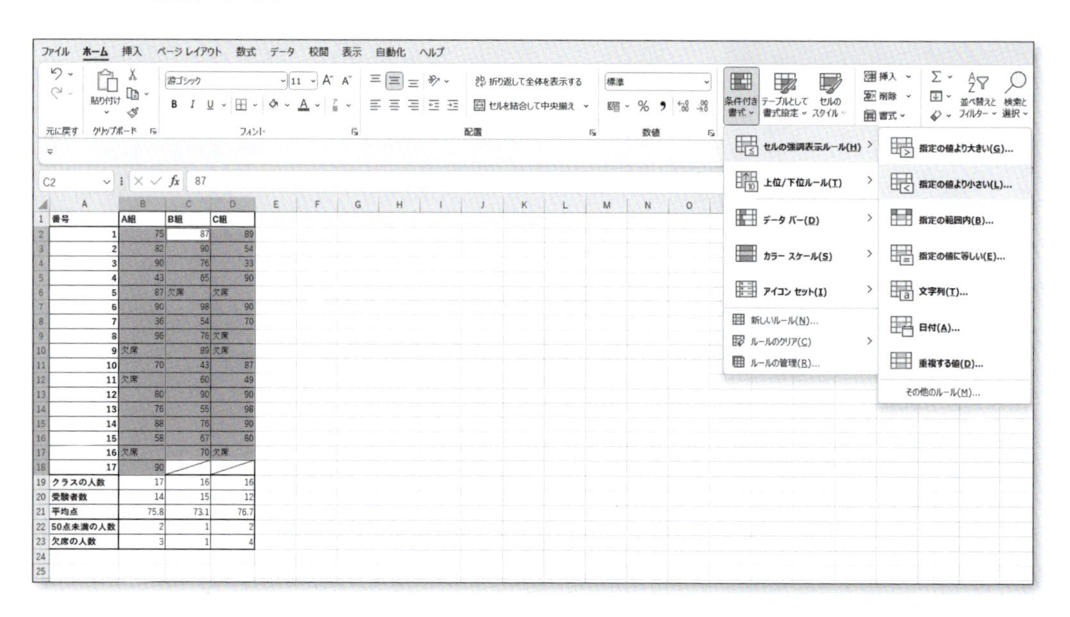

「指定の値より小さい」ダイアログボックスが出てくるので、「次の値より小さいセルを書式設定」に「50」と入力します。また、「書式」を「明るい赤の背景」に設定し、OK ボタンを押します。

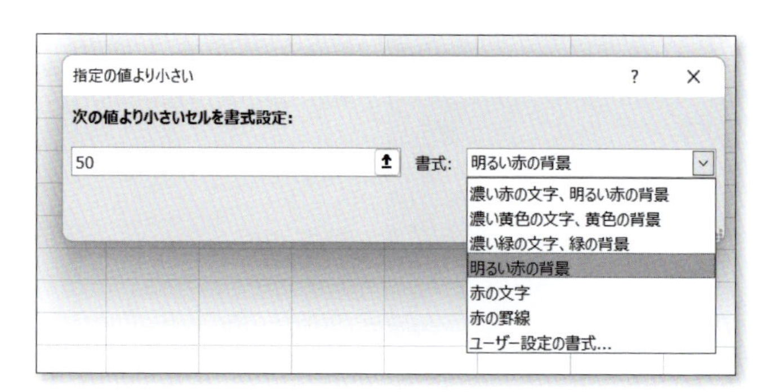

2 セル範囲 B2:B18 と C2:D17 が選択されたまま、ふたたび［条件付き書式］をクリックし、「セルの強調表示ルール」の「文字列」を選択します。

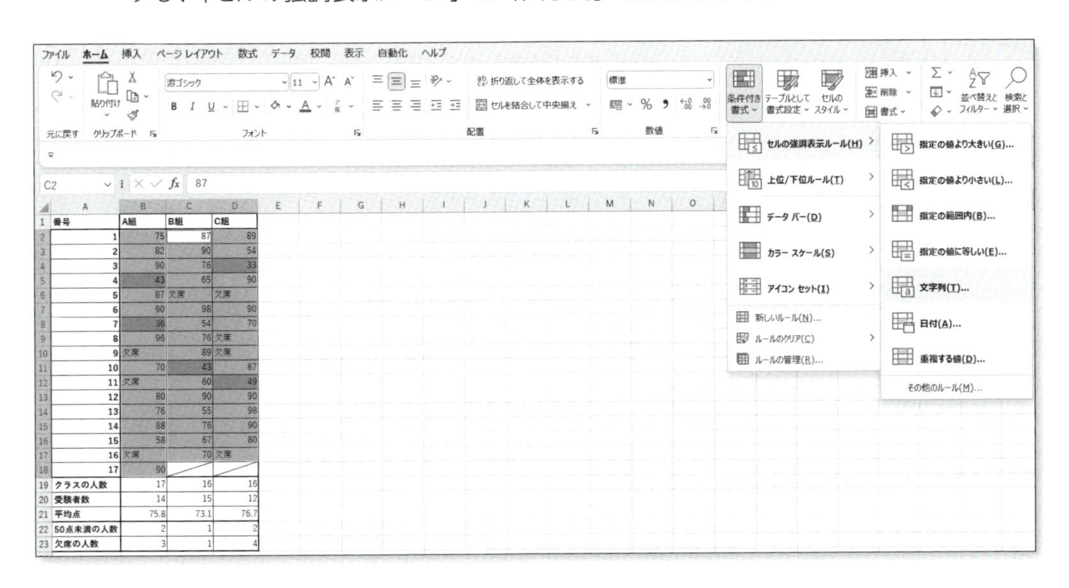

「文字列」ダイアログボックスが出てくるので、「次の文字列を含むセルを書式設定」に「欠席」と入力します。また、「書式」を「明るい赤の背景」に設定し、OK ボタンを押します。

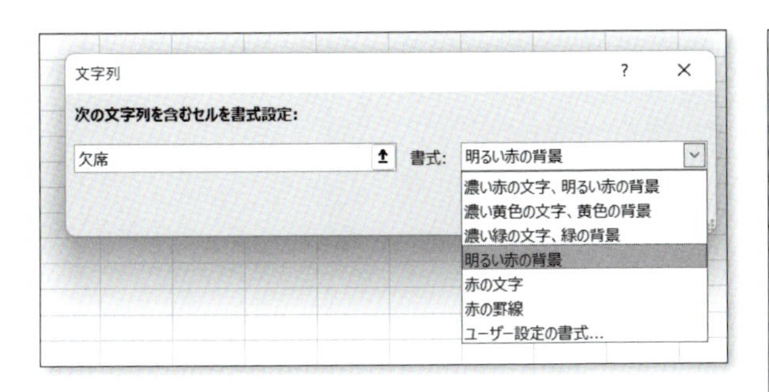

	A	B	C	D
1	番号	A組	B組	C組
2	1	75	87	89
3	2	82	90	54
4	3	90	76	33
5	4	43	65	90
6	5	87	欠席	欠席
7	6	90	98	90
8	7	36	54	70
9	8	96	76	欠席
10	9	欠席	89	欠席
11	10	70	43	87
12	11	欠席	60	49
13	12	80	90	90
14	13	76	55	98
15	14	88	76	90
16	15	58	67	80
17	16	欠席	70	欠席
18	17	90		
19	クラスの人数	17	16	16
20	受験者数	14	15	12
21	平均点	75.8	73.1	76.7
22	50点未満の人数	2	1	2
23	欠席の人数	3	1	4
24				

例題 7-2

下記のように、日にちごとの最高気温についてのデータを入力しましょう。そして、最高気温について、35℃以上の場合は右側のセルに「猛暑日」と表示され、（それ以外で）30℃以上の場合は右側のセルに「真夏日」と表示され、（それ以外で）25℃以上の場合は右側のセルに「夏日」と表示され、それ以外の場合は右側のセルに何も表示されないように、関数を使って判定しましょう。

	A	B	C	D	E	F
1	日付	最高気温（℃）				
2	7月23日	32				
3	7月24日	35				
4	7月25日	31				
5	7月26日	29				
6	7月27日	24				
7	7月28日	31				
8	7月29日	37				
9	7月30日	37				
10	7月31日	34				
11	8月1日	31				
12	8月2日	34				
13	8月3日	33				
14	8月4日	29				
15	8月5日	30				
16						

▶解説

セルC2にIFS関数の「関数の引数」ダイアログボックスを出し、下記のように指定します。

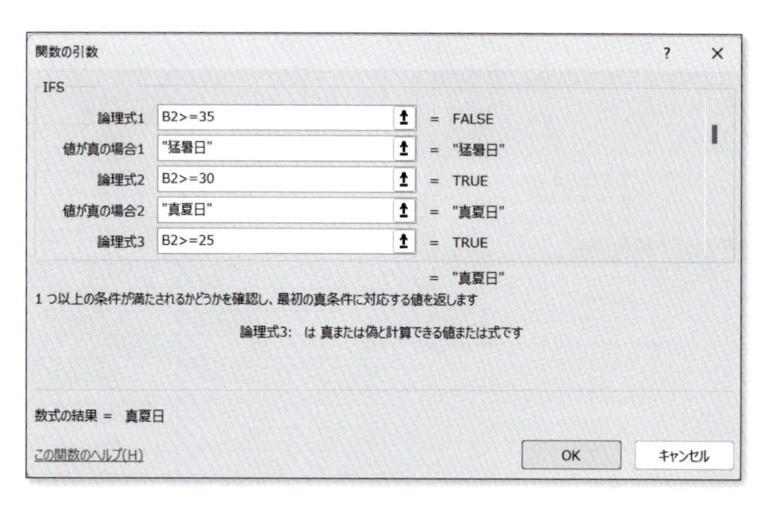

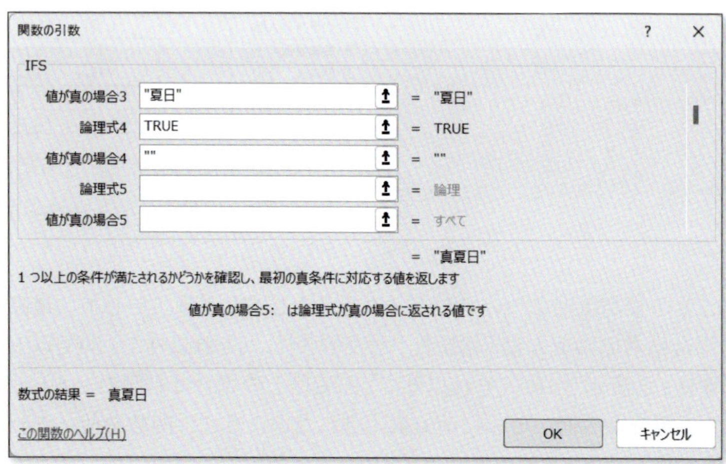

このときセルには「＝IFS(B2>＝35,"猛暑日",B2>＝30,"真夏日",B2>＝25,"夏日",TRUE,"")」と入力されていることが確認できます。このセルを下に（セルC15まで）オートフィルします。

	A	B	C	D	E	F
1	日付	最高気温（℃）				
2	7月23日	32	真夏日			
3	7月24日	35	猛暑日			
4	7月25日	31	真夏日			
5	7月26日	29	夏日			
6	7月27日	24				
7	7月28日	31	真夏日			
8	7月29日	37	猛暑日			
9	7月30日	37	猛暑日			
10	7月31日	34	真夏日			
11	8月1日	31	真夏日			
12	8月2日	34	真夏日			
13	8月3日	33	真夏日			
14	8月4日	29	夏日			
15	8月5日	30	真夏日			
16						

例題 7-3

「例題7－2」（P.101）のファイルを開き、「条件付き書式」を使って、「猛暑日」と入力されているセルの書式を「太字、濃い赤の文字、任意の色の背景」に、「真夏日」と入力されているセルの書式を「太字、緑の文字、任意の色の背景」に、「夏日」と入力されているセルの書式を「太字、濃い青の文字、任意の色の背景」に設定しましょう。

▶解説

セル範囲C2:C15をドラッグして選択します。そして、ホームタブの（スタイルグループにある）「条件付き書式」をクリックし、「セルの強調表示ルール」の「指定の値に等しい」を選択します。

「指定の値に等しい」ダイアログボックスが出てくるので、「次の値に等しいセルを書式設定」に「猛暑日」と入力します。また、「書式」を「ユーザー設定の書式」にします。

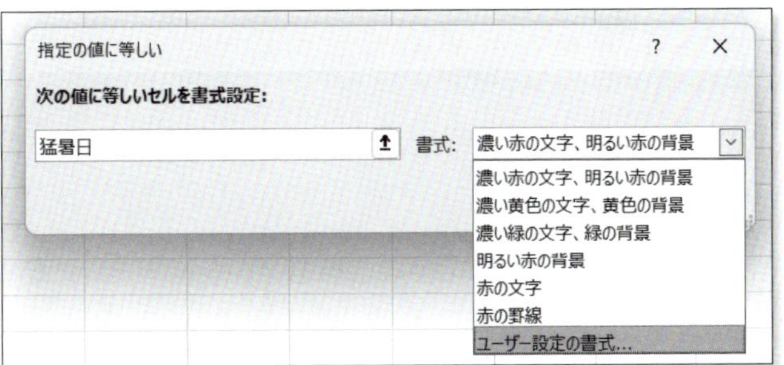

「セルの書式設定」ダイアログボックスのフォントタブの「スタイル」を「太字」にし、「色」を「濃い赤」にします。

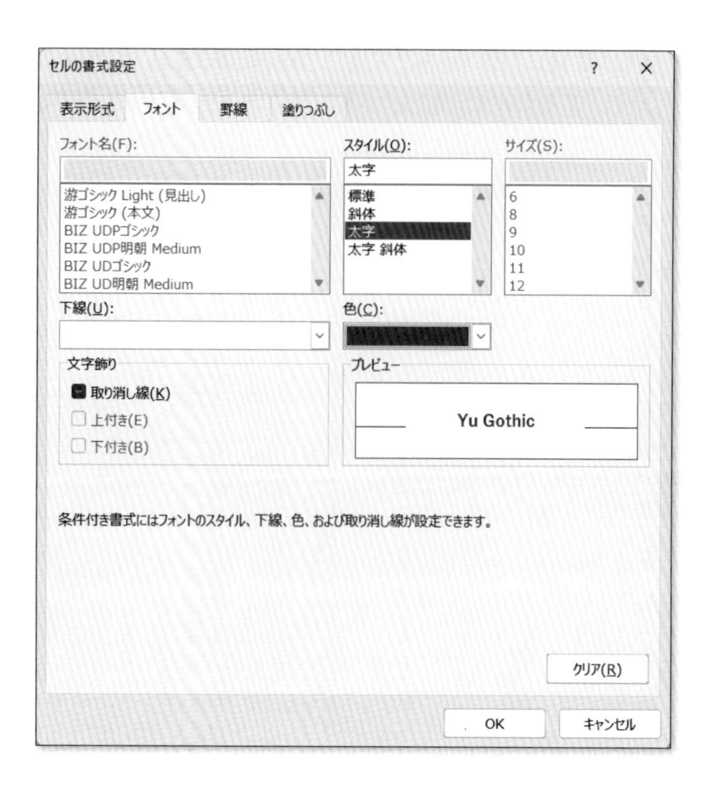

さらに、塗りつぶしタブの「背景色」から任意の色を選択しましょう。

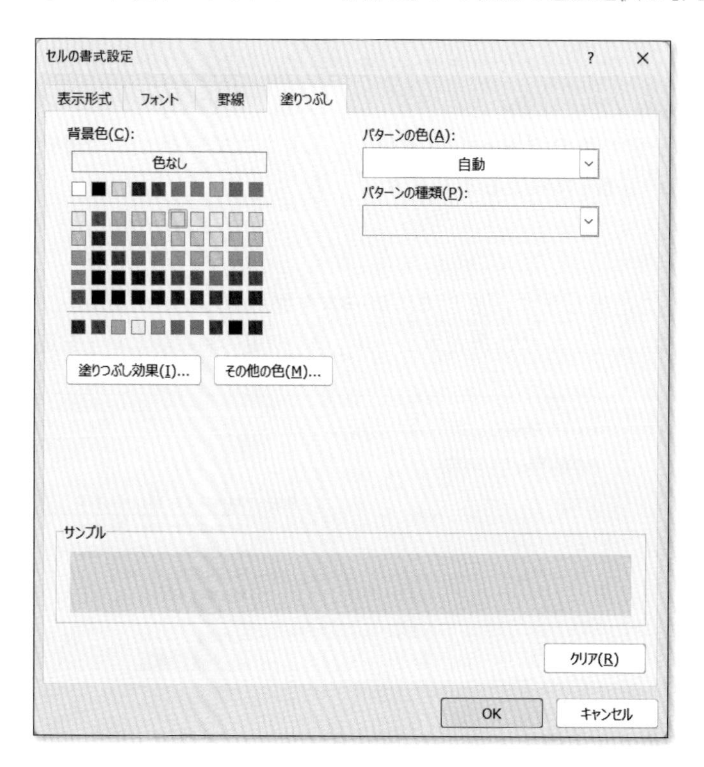

同様に、「真夏日」、「夏日」についてもそれぞれ設定しましょう。

	A	B	C	D	E	F
1	日付	最高気温（℃）				
2	7月23日	32	真夏日			
3	7月24日	35	猛暑日			
4	7月25日	31	真夏日			
5	7月26日	29	夏日			
6	7月27日	24				
7	7月28日	31	真夏日			
8	7月29日	37	猛暑日			
9	7月30日	37	猛暑日			
10	7月31日	34	真夏日			
11	8月1日	31	真夏日			
12	8月2日	34	真夏日			
13	8月3日	33	真夏日			
14	8月4日	29	夏日			
15	8月5日	30	真夏日			
16						
17						

注 意

「セルの強調表示ルール」の「文字列」を選択すると、「夏日」についての設定の際に「真夏日」についてまで設定されてしまいます。

7

7-2 グラフ作成

この節では、グラフを作成します。グラフタイトルの入れ方やデータラベルの追加の仕方も確認しましょう。

例題 7-4

右のように、月間売上個数（単位：個）についての表を入力し、商品別の各地の月間売上個数についての縦棒グラフを作成しましょう。また、商品Aと商品Bについて、各地の月間売上個数についての円グラフをそれぞれ作成しましょう。次の手順にしたがって作業をします。

	A	B	C	D
1		商品A	商品B	
2	名古屋	3291	2038	
3	東京	2239	2370	
4	大阪	1841	1779	
5				

1 表を入力し、見た目を整えます。
表全体（セル範囲 A1:C4）を選択した状態で、挿入タブの（グラフグループにある）［縦棒 / 横棒グラフの挿入］ボタンをクリックし、「集合縦棒」を選択します。
「商品別の各地の月間売上個数についての縦棒グラフ」ではなく、「各地の商品別の月間売上個数についての縦棒グラフ」が出てきます。

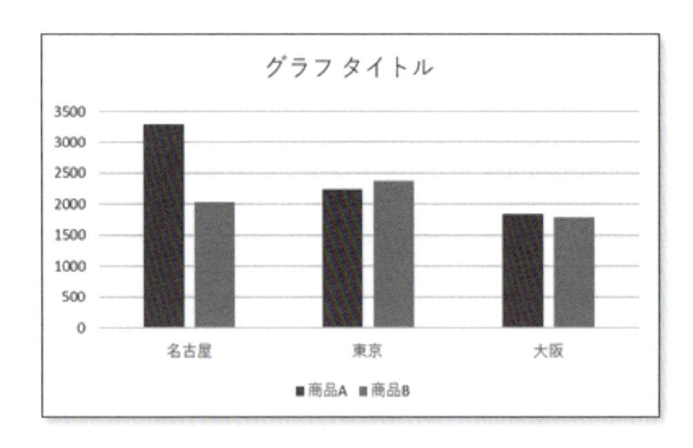

出てきた棒グラフを選択した状態で、グラフのデザインタブにある［行 / 列の切り替え］ボタンをクリックすると、行と列が入れ替わり、「商品別の各地の月間売上個数についての縦棒グラフ」になります。

注意
グラフのデザインタブは、作成したグラフを選択していないと出てきません。

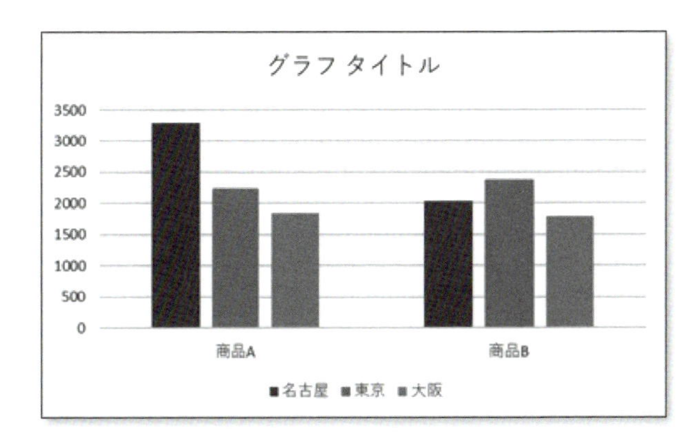

2 「グラフタイトル」をクリックし、「商品別の各地の月間売上個数（個）」と入力し、太字にします。

3 セル範囲（A1:B4）を選択した状態で、挿入タブの（グラフグループにある）［円またはドーナツグラフの挿入］ボタンをクリックし、「円」を選択します。

4 出てきた円グラフの「グラフタイトル」に「商品 A の各地の月間売上個数の割合」と入力し、太字にします。
さらに、円グラフを右クリックし、「データラベルの追加」を選びましょう。
ふたたび右クリックし、「データラベルの書式設定」を出し、（「ラベルオプション」にある）「パーセンテージ」にチェックを入れます。「値」のチェックは外しておきましょう。

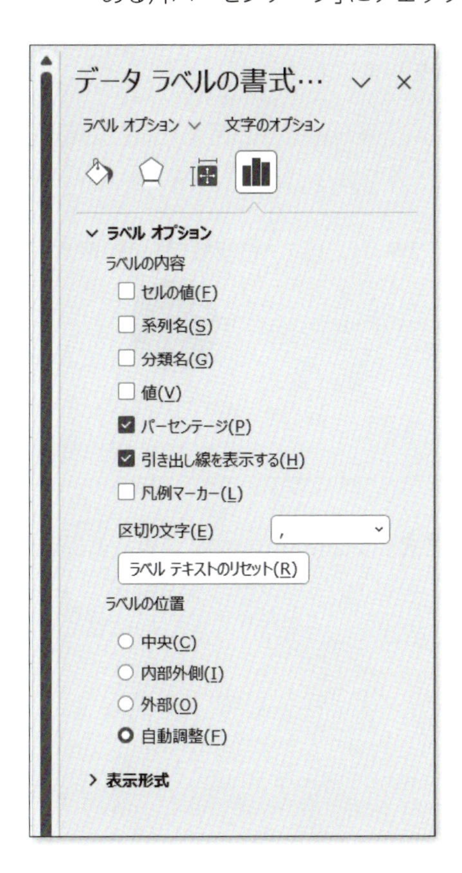

7

出てきたデータラベル（円のなかの「45%」、「30%」、「25%」）を選択し、ホームタブの（フォントグループにある）フォントサイズを 14pt にしましょう。

補　足

グラフの右上に表示される「+」をクリックすると、グラフ要素の一覧が表示されます。そこにある「データラベル」にチェックを入れてもデータラベルは追加できます。また、「データラベル」の右側にある「>」をクリックし、「その他のオプション…」を選択しても「データラベルの書式設定」を出すことができます。

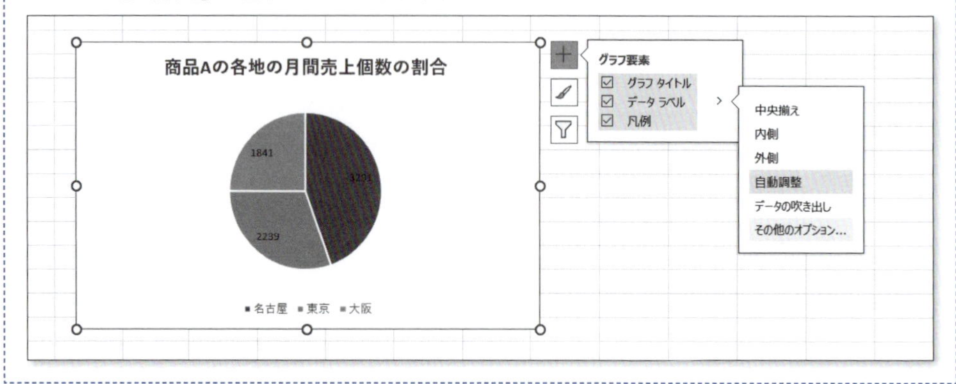

5　セル範囲 A1:A4 と C1:C4 を選択し、3 と同様に円グラフを挿入します（セル範囲 A1:A4 と C1:C4 を選択するには、セル範囲 A1:A4 を選択したあと、[Ctrl] キーを押しながらセル範囲 C1:C4 を選択します）。

6　出てきた円グラフについて、4 と同様の作業をしましょう。

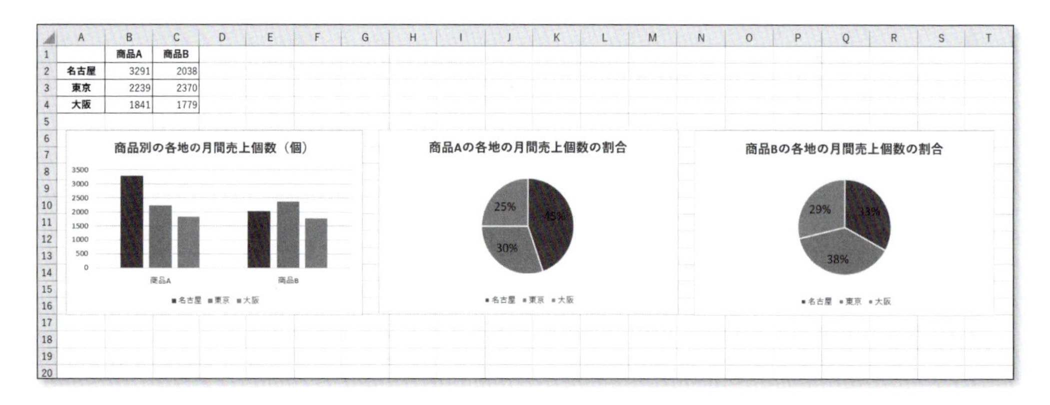

レイアウトやスタイルは、グラフのデザインタブと書式タブを使って自由に変更しましょう。

例題 7-5

下記のように月間売上個数（単位：個）についての表を入力し、商品別の売上個数についての折れ線グラフを作成しましょう。月（1行目）を横軸にします。次の手順にしたがって作業をします。

	A	B	C	D	E	F	G	H	I	J	K	L	M	N
1		1月	2月	3月	4月	5月	6月	7月	8月	9月	10月	11月	12月	
2	商品A	7371	7185	6894	5497	5739	3483	2489	2351	3481	4390	6911	7509	
3	商品B	6187	5738	7389	7839	8043	8320	11012	9840	7695	5492	5256	4109	
4														
5														
6														
7														

1 表を入力し、見た目を整えます。表全体（セル範囲 A1:M3）を選択した状態で、挿入タブの（グラフグループにある）［折れ線 / 面グラフの挿入］ボタンをクリックし、「折れ線」を選択します。

2 出てきた折れ線グラフの「グラフタイトル」に「商品別の月間売上個数（個）の推移」と入力し、太字にします。

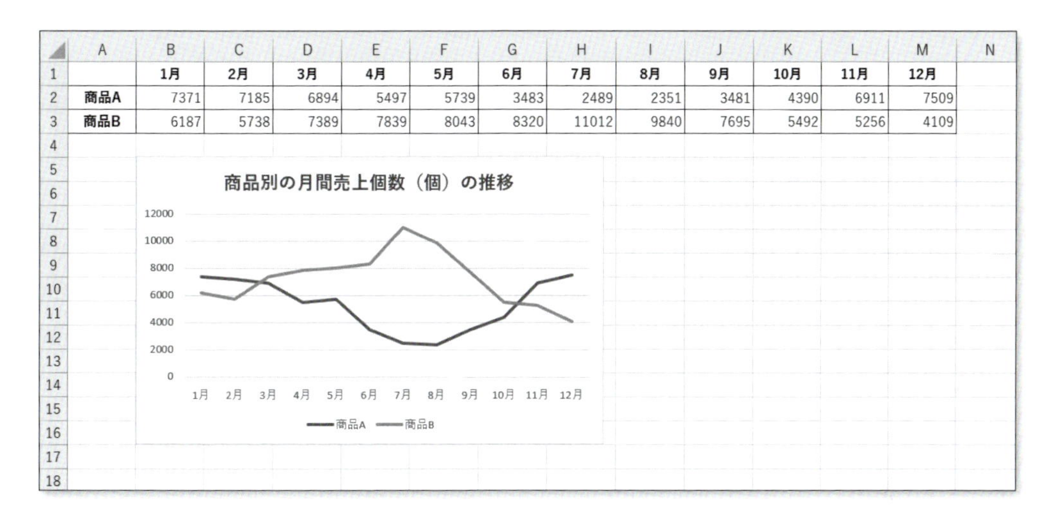

	A	B	C	D	E	F	G	H	I	J	K	L	M	N
1		1月	2月	3月	4月	5月	6月	7月	8月	9月	10月	11月	12月	
2	商品A	7371	7185	6894	5497	5739	3483	2489	2351	3481	4390	6911	7509	
3	商品B	6187	5738	7389	7839	8043	8320	11012	9840	7695	5492	5256	4109	

レイアウトやスタイルは、グラフのデザインタブと書式タブを使って自由に変更しましょう。

7-3 第7章の演習問題

演習問題 7-1

下記のように表を入力し、商品別の売上個数についての折れ線グラフを作成しましょう。日にち（1列目）を横軸にします。ここで、セルC1とセルD1は、ホームタブの（配置グループにある）［折り返して全体を表示する］にしましょう。

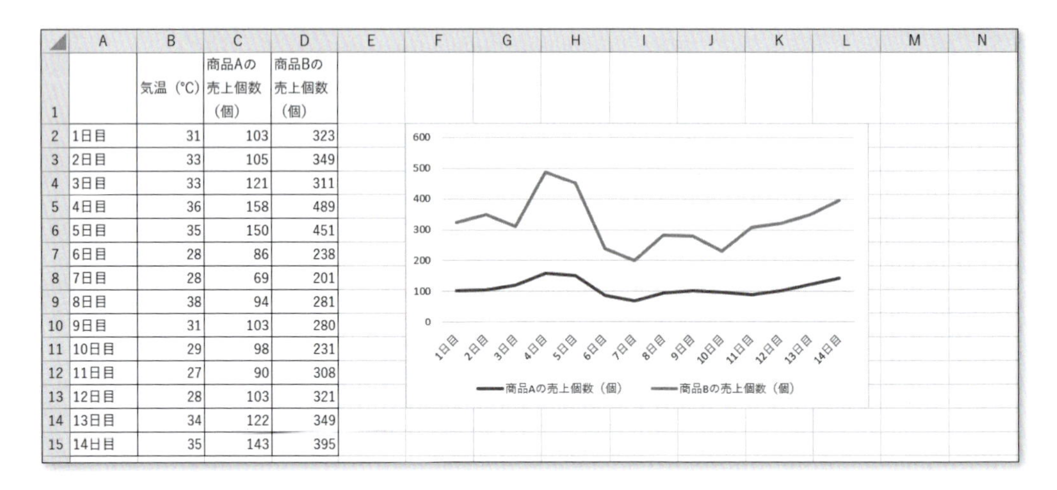

	A	B	C	D
1		気温（℃）	商品Aの売上個数（個）	商品Bの売上個数（個）
2	1日目	31	103	323
3	2日目	33	105	349
4	3日目	33	121	311
5	4日目	36	158	489
6	5日目	35	150	451
7	6日目	28	86	238
8	7日目	28	69	201
9	8日目	38	94	281
10	9日目	31	103	280
11	10日目	29	98	231
12	11日目	27	90	308
13	12日目	28	103	321
14	13日目	34	122	349
15	14日目	35	143	395

演習問題 7-2

「演習問題7−1」のファイルを開き、気温と商品Aの売上個数の2列分（B1:C15）を選択し、挿入タブの（グラフグループにある）［散布図(x, y)またはバブルチャートの挿入］の「散布図」を選んで、散布図を作成しましょう。同様に、気温（横軸）と商品Bの売上個数（縦軸）の散布図も作成しましょう。ここで、散布図には「気温（℃）」という横軸ラベルをそれぞれ追加します。このため、作成した散布図を選択した状態で、グラフのデザインタブの（グラフのレイアウトグループにある）［グラフ要素を追加］をクリックし、「軸ラベル」の「第1横軸」を挿入しましょう。

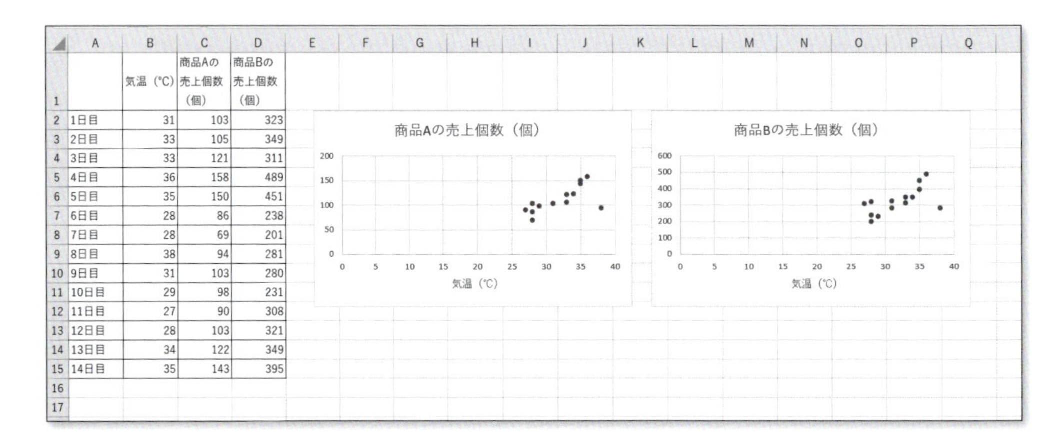

	A	B	C	D
1		気温（℃）	商品Aの売上個数（個）	商品Bの売上個数（個）
2	1日目	31	103	323
3	2日目	33	105	349
4	3日目	33	121	311
5	4日目	36	158	489
6	5日目	35	150	451
7	6日目	28	86	238
8	7日目	28	69	201
9	8日目	38	94	281
10	9日目	31	103	280
11	10日目	29	98	231
12	11日目	27	90	308
13	12日目	28	103	321
14	13日目	34	122	349
15	14日目	35	143	395

演習問題 7-3

「演習問題4−3」(P.72) のファイルを開き、下記のように21行目と22行目を入力しましょう。そして、各科目についての受験者数と平均点をセルB21、B22、D21、D22にそれぞれ関数で求めましょう。さらに、微分積分の点数 (B2:B20) について、「条件付き書式」の「データバー」の「塗りつぶし (グラデーション)」の「青のデータバー」を設定しましょう。線形代数の点数 (D2:D20) については「オレンジのデータバー」を設定しましょう。

	A	B	C	D	E	F	G
1	番号	微分積分		線形代数			
2	1	54	不合格	63	C		
3	2	76	B	60	C		
4	3	78	B	59	不合格		
5	4	91	AA	68	C		
6	5	76	B	74	B		
7	6	51	不合格	65	C		
8	7	36	不合格	43	不合格		
9	8	70	B	77	B		
10	9	67	C	55	不合格		
11	10	78	B	78	B		
12	11	42	不合格	欠席	不合格		
13	12	30	不合格	33	不合格		
14	13	60	C	欠席	不合格		
15	14	58	不合格	73	B		
16	15	81	A	86	A		
17	16	欠席	不合格	欠席	不合格		
18	17	63	C	53	不合格		
19	18	75	B	90	AA		
20	19	66	C	63	C		
21	受験者数						
22	平均点						
23							
24							

演習問題 7-4

「演習問題5−3」(P.86) のファイルを開き、「BMI」の値 (E2:E8) について、「条件付き書式」の「セルの強調表示ルール」の「その他のルール」で、「セルの値」が25以上のときにフォントが「太字」かつ「赤」になるように設定しましょう。また、「判定 (BMI)」(G2:G8) について、「条件付き書式」の「セルの強調表示ルール」の「文字列」で、「肥満」の文字列を含むセルのフォントが「太字」かつ「赤」になるように設定しましょう。

	A	B	C	D	E	F	G	H	I	J	K	L	M
1		性別	身長	体重	BMI	体脂肪率	判定 (BMI)	判定 (体脂肪率)	再受診				
2	A	女性	163	54	20.3	23%	普通体重		なし		女性の人数	4	
3	B	女性	170	78	**27.0**	34%	**肥満**		あり		男性の人数	3	
4	C	男性	175	57	18.6	15%	普通体重		なし		女性の肥満の人数	2	
5	D	女性	159	72	**28.5**	36%	**肥満**	体脂肪量過剰	あり		男性の肥満の人数	0	
6	E	女性	173	54	18.0	17%	低体重		なし				
7	F	男性	177	58	18.5	12%	普通体重		なし				
8	G	男性	175	75	24.5	25%	普通体重	体脂肪量過剰	あり				
9	平均値		170.3	64	22.2								
10	女性の平均値		166.3	64.5	23.5								
11	男性の平均値		175.7	63.3	20.5								
12													
13													

7

演習問題 7-5

「演習問題6−1」(P.96) のファイルを開き、合計の点数 (H2:H21) において、上位10%以上の値が入力されているセルの書式を「濃い緑の文字、緑の背景」に設定し、下位10%以下の値が入力されているセルの書式を「濃い赤の文字、明るい赤の背景」に設定しましょう。「条件付き書式」の「上位/下位ルール」の「上位10%」または「下位10%」を使いましょう。

	A	B	C	D	E	F	G	H	I
1	番号	小テスト1	小テスト2	定期試験	20%	30%	50%	合計	
2	1	80	54	48	16	16.2	24	56.2	
3	2	70	72	40	14	21.6	20	55.6	
4	3	66	60	64	13.2	18	32	63.2	
5	4	100	27	52	20	8.1	26	54.1	
6	5	64	58	58	12.8	17.4	29	59.2	
7	6	72	45	24	14.4	13.5	12	39.9	
8	7	78	27	72	15.6	8.1	36	59.7	
9	8	100	57	88	20	17.1	44	81.1	
10	9	82	54	46	16.4	16.2	23	55.6	
11	10	70	45	44	14	13.5	22	49.5	
12	11	56	30	70	11.2	9	35	55.2	
13	12	98	54	60	19.6	16.2	30	65.8	
14	13	97	81	58	19.4	24.3	29	72.7	
15	14	72	68	40	14.4	20.4	20	54.8	
16	15	76	42	68	15.2	12.6	34	61.8	
17	16	66	58	90	13.2	17.4	45	75.6	
18	17	70	60	72	14	18	36	68	
19	18	84	90	100	16.8	27	50	93.8	
20	19	80	33	64	16	9.9	32	57.9	
21	20	78	54	76	15.6	16.2	38	69.8	
22	平均値	78.0	53.5	61.7	15.6	16.0	30.9	62.5	
23									
24									

第 8 章

検索関数とエラー回避

この章では、検索条件を満たすセルを抽出する検索関数について学習します。うまく検索できない場合に生じるエラーを回避するための手段についてもあわせて修得しましょう。

8-1 VLOOKUP関数

この節では、VLOOKUP関数について理解し、使えるようにしましょう。IF関数をあわせて使い、エラーを表示させない工夫もしましょう。

例題 8-1

あるクラスにおける各科目の点数についてのデータを下記のように入力し、セルH3に学生番号を入力すると、各科目の点数、合計点、および、判定（合計点が330以上だと「合格」で330未満だと「不合格」）が出るように設定しましょう。次の手順にしたがって作業をします。

1 次のように入力し、表の見た目を整えます。ここで、A列の学生番号については、セルA2に「2300」と入力し、このセルを下に（セルA15まで）オートフィルします。「オートフィル　オプション」は「連続データ」にします。

	A	B	C	D	E	F
1	学生番号	数学	国語	英語	理科	社会
2	2300	39	43	65	32	40
3	2301	70	67	76	53	90
4	2302	96	86	98	95	85
5	2303	67	87	54	87	50
6	2304	78	80	76	80	90
7	2305	90	76	86	90	68
8	2306	55	86	76	51	68
9	2307	78	80	67	80	54
10	2308	60	67	56	76	65
11	2309	35	46	45	31	50
12	2310	45	67	56	41	78
13	2311	78	89	65	66	66
14	2312	78	70	90	45	65
15	2313	56	79	55	68	68

H	I	J	K	L	M	N	O
学生番号	数学	国語	英語	理科	社会	合計	判定

○ セルのコピー(C)
● 連続データ(S)
○ 書式のみコピー（フィル）(F)
○ 書式なしコピー（フィル）(O)
○ フラッシュ フィル(F)

2 セルH3に学生番号を入力すると、その学生番号の学生の各科目の点数がセルI3、J4、K4、L3、M3に、それぞれ出るようにします。セルI3を選択し、VLOOKUP関数の「関数の引数」ダイアログボックスを出します。「検索値」のところに、どのセルに入力されているものを検索するのかを指定します。ここでは、セルH3をクリックし、[F4]キーを押します。
「範囲」のところには、検索の対象となる表の範囲を指定します。ここでは、セル範囲A2:F15をドラッグし、[F4]キーを押します。
「列番号」のところには、「範囲」のなかの「検索値」がある行のうち、左から何番目の列にあるセルに入力されているものを取り出すのかを指定します。ここでは、数学の点数が「範囲」のなかの左から2番目にあるので、「2」と入力します。

「検索方法」のところには、完全一致するものを探すときは「0」（または「FALSE」）、近似一致するものを探すときは「1」（または「TRUE」）と入力します。ここでは「0」と入力します。

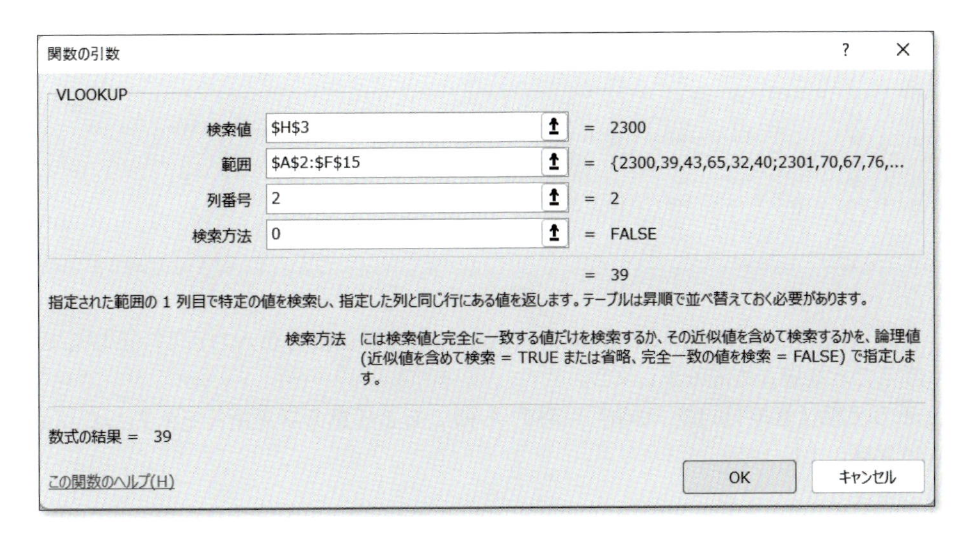

[Enter] キーを押すと、「#N/A」が表示されます。これは、「検索値」に指定したセル H3 が空白だからです。
そこで、ためしにセル H3 に「2300」と入力すると、セル I3 には「39」と表示されます。また、このときセルには「=VLOOKUP($H$3,$A$2:$F$15,2,0)」と入力されていることが確認できます。「関数の引数」ダイアログボックスを使わずに、これを直接セルに入力することもできます。
このセル（I3）を右へ（セル M3 まで）オートフィルすると、全部同じ式がコピーされます。その数式内の列番号「2」の部分をセル J3 から順番に「3」、「4」、「5」、「6」とそれぞれ修正しましょう。

3 セル N3 に、上記で求めた各科目の点数の合計を SUM 関数で求めます。「=SUM(I3:M3)」と入力されます。

4 セル O3 に、IF 関数を使って、合計（セル N3）が 330 以上だと「合格」で 330 未満だと「不合格」が出るように設定します。「=IF(N3>=330,"合格","不合格")」と入力されます。

5 判定（セル O3）において、「不合格」と入力されているときは、セルの書式が「濃い赤の文字、明るい赤の背景」となるように条件付き書式を使って設定します。セル O3 を選択している状態で、「条件付き書式」をクリックし、「セルの強調表示ルール」の「文字列」を選択します。
「文字列」ダイアログボックスが出てくるので、「次の文字列を含むセルを書式設定」に「不合格」と入力します。また、「書式」を「濃い赤の文字、明るい赤の背景」に設定し、OK ボタンを押します。

	A	B	C	D	E	F	G	H	I	J	K	L	M	N	O	P
1	学生番号	数学	国語	英語	理科	社会										
2	2300	39	43	65	32	40		学生番号	数学	国語	英語	理科	社会	合計	判定	
3	2301	70	67	76	53	90		2300	39	43	65	32	40	219	不合格	
4	2302	96	86	98	95	85										
5	2303	67	87	54	87	50										
6	2304	78	80	76	80	90										
7	2305	90	76	86	90	68										
8	2306	55	86	76	51	68										
9	2307	78	80	67	80	54										
10	2308	60	67	56	76	65										
11	2309	35	46	45	31	50										
12	2310	45	67	56	41	78										
13	2311	78	89	65	66	66										
14	2312	78	70	90	45	65										
15	2313	56	79	55	68	68										
16																

6 ためしに、セルH3に「2300」以外のA列にある学生番号を入力して、正しく変化することを確かめてみましょう。
その状態（セルH3に「2300」以外のA列にある任意の学生番号を入力した状態）で保存しましょう。

	A	B	C	D	E	F	G	H	I	J	K	L	M	N	O	P
1	学生番号	数学	国語	英語	理科	社会										
2	2300	39	43	65	32	40		学生番号	数学	国語	英語	理科	社会	合計	判定	
3	2301	70	67	76	53	90		2301	70	67	76	53	90	356	合格	
4	2302	96	86	98	95	85										
5	2303	67	87	54	87	50										
6	2304	78	80	76	80	90										
7	2305	90	76	86	90	68										
8	2306	55	86	76	51	68										
9	2307	78	80	67	80	54										
10	2308	60	67	56	76	65										
11	2309	35	46	45	31	50										
12	2310	45	67	56	41	78										
13	2311	78	89	65	66	66										
14	2312	78	70	90	45	65										
15	2313	56	79	55	68	68										
16																
17																

例題 8-2

「例題8−1」(P.114) のファイルを開き、セルH3が空白の場合にはセルI3からセルO3がそれぞれ何も表示されなくなるように、IF関数を使って設定しましょう。次の手順にしたがって作業をします。

1 セルH3に入力されているものを消去し、セルI3からセルO3はそれぞれ「#N/A」と表示されることを確認します。

2 セルI3をダブルクリックして選択し、「=」の直後に「IF(H3="","",」と入力します。そして、式の最後に「)」を入力し、[Enter] キーを押します。すると、「=IF(H3="","",VLOOKUP($H$3,$A$2:$F$15,2,0))」と入力されます。

補 足

ためしに、「関数の挿入」ボタン（fx）をクリックし、IF関数の「関数の引数」ダイアログボックスを開くと、下記のようになっていることがわかります。セルH3が空白なら何も表示させないようにし、そうでなければVLOOKUP関数を実行するという命令になっています。

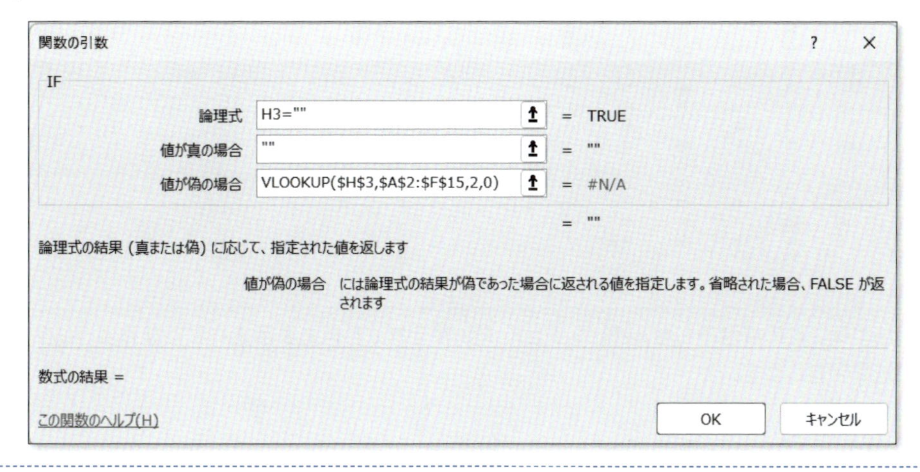

3 同様の作業をセルJ3からセルO3にも行います（セルN3には「=IF(H3="","",SUM(I3:M3))」と入力され、セルO3には「=IF(H3="","",IF(N3>=330,"合格","不合格"))」と入力されます）。

4 セルH3が空白の場合にはセルI3からセルO3がそれぞれ何も表示されなくなり、セルH3にA列にある学生番号を入れるとセルI3からセルO3にそれぞれVLOOKUP関数、SUM関数、IF関数の結果が表示されることを確認しましょう。
セルH3が空白の状態で保存しましょう。

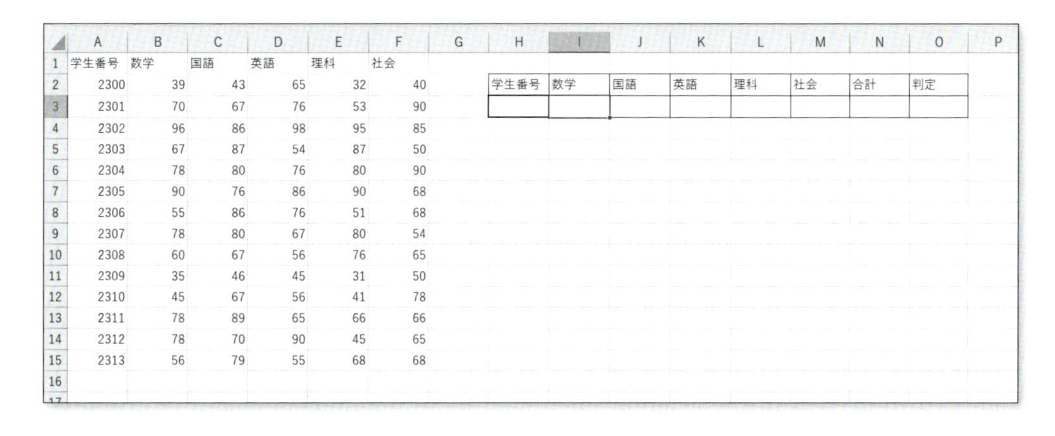

	A	B	C	D	E	F	G	H	I	J	K	L	M	N	O	P
1	学生番号	数学	国語	英語	理科	社会										
2	2300	39	43	65	32	40		学生番号	数学	国語	英語	理科	社会	合計	判定	
3	2301	70	67	76	53	90										
4	2302	96	86	98	95	85										
5	2303	67	87	54	87	50										
6	2304	78	80	76	80	90										
7	2305	90	76	86	90	68										
8	2306	55	86	76	51	68										
9	2307	78	80	67	80	54										
10	2308	60	67	56	76	65										
11	2309	35	46	45	31	50										
12	2310	45	67	56	41	78										
13	2311	78	89	65	66	66										
14	2312	78	70	90	45	65										
15	2313	56	79	55	68	68										
16																

8

補 足

セルH3にA列にない学生番号などを入力すると、下記のようになります。

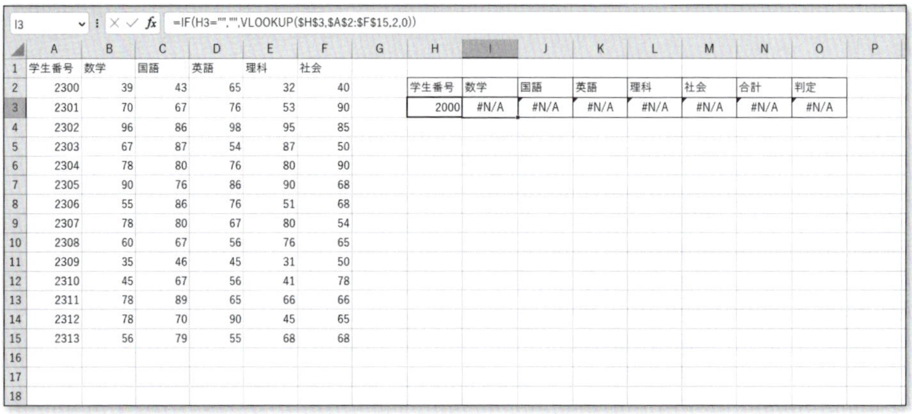

I3 =IF(H3="","",VLOOKUP($H$3,$A$2:$F$15,2,0))

	A	B	C	D	E	F	G	H	I	J	K	L	M	N	O	P
1	学生番号	数学	国語	英語	理科	社会										
2	2300	39	43	65	32	40		学生番号	数学	国語	英語	理科	社会	合計	判定	
3	2301	70	67	76	53	90		2000	#N/A	#N/A	#N/A	#N/A	#N/A	#N/A	#N/A	
4	2302	96	86	98	95	85										
5	2303	67	87	54	87	50										
6	2304	78	80	76	80	90										
7	2305	90	76	86	90	68										
8	2306	55	86	76	51	68										
9	2307	78	80	67	80	54										
10	2308	60	67	56	76	65										
11	2309	35	46	45	31	50										
12	2310	45	67	56	41	78										
13	2311	78	89	65	66	66										
14	2312	78	70	90	45	65										
15	2313	56	79	55	68	68										
16																
17																
18																

次節では、この場合でもセル I3 からセル M3 がそれぞれ何も表示されなくなるようにする方法を学習します。

8-2 IFERROR関数

この節では、エラー表示を回避するためのIFERROR関数の使い方を確認しましょう。

例題 8-3

「例題8−2」(P.116) のファイルを開き、セルH3が空白の場合やA列にない学生番号などが入力された場合には、セルI3からセルM3がそれぞれ何も表示されなくなるように、IFERROR関数を使って設定しなおしましょう。次の手順にしたがって作業をします。

1 セル H3 に A 列にない学生番号などを入力し、セル I3 からセル O3 はそれぞれ「#N/A」と表示されることを確認します。

2 セル I3 をダブルクリックして選択し、「=IFERROR(VLOOKUP($H$3,$A$2:$F$15,2,0),"")」と入力します。

補足

ためしに、「関数の挿入」ボタン (fx) をクリックし、IFERROR関数の「関数の引数」ダイアログボックスを開くと、下記のようになっていることがわかります。エラーでない場合はVLOOKUP関数を実行し、エラーの場合は何も表示させないようにするという命令になっています。

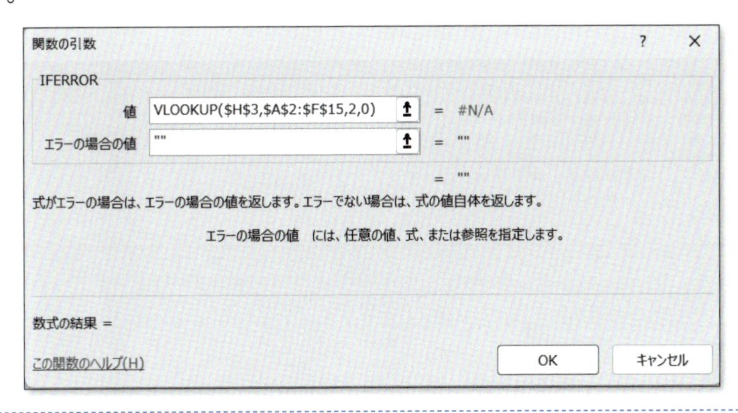

3 同様の作業をセル J3 からセル M3 にも行います。

4 セル H3 が空白の場合や A 列にない学生番号などが入力された場合には、セル I3 からセル M3 がそれぞれ何も表示されなくなり、セル H3 に A 列にある学生番号を入れるとセル I3 からセル M3 にそれぞれ VLOOKUP 関数の結果が表示されることを確認しましょう。
セル H3 に A 列にない学生番号などが入力されている状態で保存しましょう。

I3 | =IFERROR(VLOOKUP($H$3,$A$2:$F$15,2,0),"")

	A	B	C	D	E	F
1	学生番号	数学	国語	英語	理科	社会
2	2300	39	43	65	32	40
3	2301	70	67	76	53	90
4	2302	96	86	98	95	85
5	2303	67	87	54	87	50
6	2304	78	80	76	80	90
7	2305	90	76	86	90	68
8	2306	55	86	76	51	68
9	2307	78	80	67	80	54
10	2308	60	67	56	76	65
11	2309	35	46	45	31	50
12	2310	45	67	56	41	78
13	2311	78	89	65	66	66
14	2312	78	70	90	45	65
15	2313	56	79	55	68	68
16						
17						

	H	I	J	K	L	M	N	O
2	学生番号	数学	国語	英語	理科	社会	合計	判定
3	2000						0	不合格

補 足

セルN3とセルO3については、たとえばセルI3に何も表示されていない場合（ただし、スペースのみが入力されている場合などは除く）には何も表示されないように設定すると、セルH3にA列にない学生番号などが入力された場合に何も表示されなくすることができます。つまり、セルN3を「=IF(I3="","",SUM(I3:M3))」と修正し、セルO3を「=IF(I3="","",IF(N3>=330,"合格","不合格"))」と修正すれば、セルH3にA列にない学生番号などが入力された場合にも何も表示されなくなります。

N3 | =IF(I3="","",SUM(I3:M3))

	A	B	C	D	E	F
1	学生番号	数学	国語	英語	理科	社会
2	2300	39	43	65	32	40
3	2301	70	67	76	53	90
4	2302	96	86	98	95	85
5	2303	67	87	54	87	50
6	2304	78	80	76	80	90
7	2305	90	76	86	90	68
8	2306	55	86	76	51	68
9	2307	78	80	67	80	54
10	2308	60	67	56	76	65
11	2309	35	46	45	31	50
12	2310	45	67	56	41	78
13	2311	78	89	65	66	66
14	2312	78	70	90	45	65
15	2313	56	79	55	68	68
16						
17						
18						

	H	I	J	K	L	M	N	O
2	学生番号	数学	国語	英語	理科	社会	合計	判定
3	2000							

例題 8-4

ある店舗における商品の情報（G1:I12）と伝票（A1:E14）について下記のように入力し、A列（A2:A12）に注文された商品番号、D列（D2:D12）に個数を入力すると、伝票が完成するように設定しましょう。商品番号が空白の場合には商品名、単価、金額がそれぞれ何も表示されなくなるように、IF関数またはIFERROR関数を使って設定しましょう。次の手順にしたがって作業をします。

	A	B	C	D	E	F	G	H	I	J	K
1	商品番号	商品名	単価	個数	金額		商品番号	商品名	単価		
2							1	マルゲリータ	2500		
3							2	マリナーラ	2000		
4							3	ペスカトーレ	3300		
5							4	クアトロフォルマッジ	2800		
6							5	ビアンカ	2000		
7							6	ビスマルク	2600		
8							7	ロマーナ	2600		
9							8	ブッタネスカ	2500		
10							9	カルボナーラ	2600		
11							10	オルトラーナ	2900		
12							11	ナポレターナ	2700		
13											
14				合計金額							
15											
16											

1 上記のように入力し、表の見た目を整えます。ここで、セル範囲 G1:I12 の背景は任意の色で塗りつぶします。また、H 列の幅を文字の幅に合った大きさに変更し、B 列の幅の大きさもそれに合わせます。

2 セル B2 に、「セル A2 が空白だったら何も表示せず、そうでなければ、セル A2 に入力された商品番号に対応する商品名を取り出す」というように設定します。そのため、セル B2 に、IF 関数の「関数の引数」ダイアログボックスを出し、下記のように入力します。ここで、「論理式」のところの「$A2=""」については、セル A2 をクリックして［F4］キーを 3 回押し、続けて「=""」と入力します。

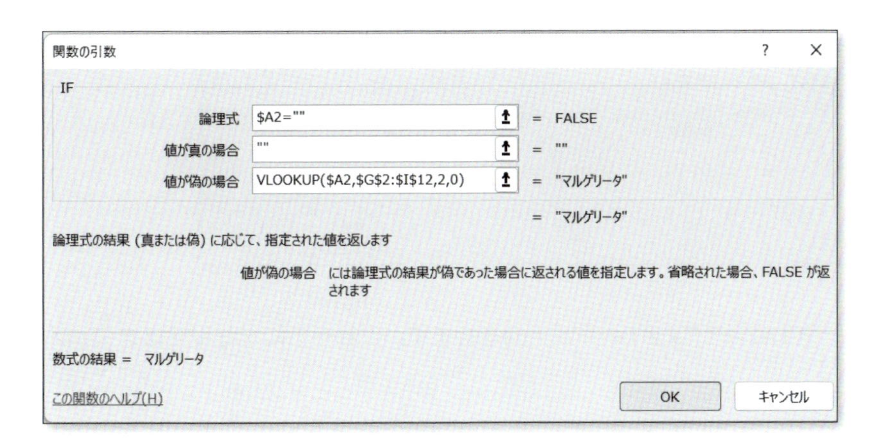

セル B2 には「=IF($A2="","",VLOOKUP($A2,$G$2:$I$12,2,0))」と入力されます。これを下に（セル B12 まで）オートフィルします。

別解

IFERROR関数を使うこともできます。

セルB2に「=IFERROR(VLOOKUP($A2,$G$2:$I$12,2,0),"")」と入力し、これを下に（セルB12まで）オートフィルします。

3 セルC2に、「セルA2が空白だったら何も表示せず、そうでなければ、セルA2に入力された商品番号に対応する単価を取り出す」というように設定します。
そのため、セルB2を右に(C2に)オートフィルしてみると、セルC2には同じ式がコピーされます。その数式内の列番号「2」の部分を「3」に修正しましょう。セルC2には「=IF($A2="","",VLOOKUP($A2,$G$2:$I$12,3,0))」と入力されます。これを下に(セルC12まで)オートフィルします。

別 解

IFERROR関数を使うこともできます。
セルC2に「=IFERROR(VLOOKUP($A2,$G$2:$I$12,3,0),"")」と入力し、これを下に(セルC12まで)オートフィルします。

---

4 セルE2に、「セルA2が空白だったら何も表示せず、そうでなければ、セルA2に入力された商品番号に対応する商品について[単価×個数]を計算する」というように設定します。
そのため、セルE2に、IF関数の「関数の引数」ダイアログボックスを出し、下記のように入力します。

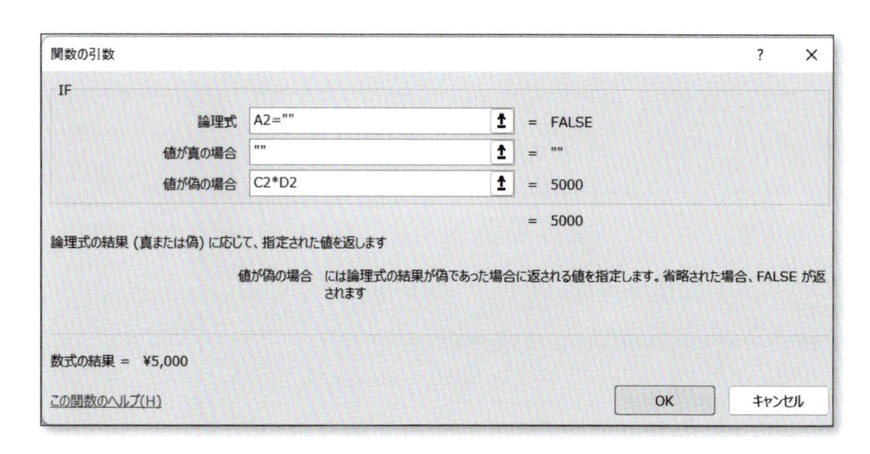

セルE2には「=IF(A2="","",C2*D2)」と入力されます。これを下に(セルE12まで)オートフィルします。

別 解

IFERROR関数を使うこともできます。
セルE2に「=IFERROR(C2*D2,"")」と入力し、これを下に(セルE12まで)オートフィルします。

---

5 ためしに、商品番号(A2:A12)と個数(D2:D12)の一部にそれぞれ数値を入力し、正しく変化することを確かめてみましょう。

6 セルE14に、セル範囲E2:E12の合計をSUM関数で求めます。

7 セル範囲 C2:C12、E2:E12、セル E14、さらに、セル範囲 I2:I12 を選択し、ホームタブの（数値グループにある）「通貨表示形式」ボタンを押しましょう。数値が 3 桁ごとに区切られ、前に「¥」が付きます。

8 任意の商品番号、任意の個数を入力し、伝票を作成させ、その状態で保存しましょう。ここで入力するのは、セル範囲 A2:A12 の一部と D2:D12 の一部のみということになります。

	A	B	C	D	E	F	G	H	I	J	K
1	商品番号	商品名	単価	個数	金額		商品番号	商品名	単価		
2	1	マルゲリータ	¥2,500	2	¥5,000		1	マルゲリータ	¥2,500		
3	3	ペスカトーレ	¥3,300	1	¥3,300		2	マリナーラ	¥2,000		
4	4	クアトロフォルマッジ	¥2,800	1	¥2,800		3	ペスカトーレ	¥3,300		
5							4	クアトロフォルマッジ	¥2,800		
6							5	ビアンカ	¥2,000		
7							6	ビスマルク	¥2,600		
8							7	ロマーナ	¥2,600		
9							8	プッタネスカ	¥2,500		
10							9	カルボナーラ	¥2,600		
11							10	オルトラーナ	¥2,900		
12							11	ナポレターナ	¥2,700		
13											
14				合計金額	¥11,100						
15											
16											

コラム

第 8 章の関数一覧

関数名	構造	説明
VLOOKUP 関数	=VLOOKUP(検索値, 範囲, 列番号, 検索方法)	検索値を指定した範囲の左端の列から検索し、検索条件を満たす値を返します。
IFERROR 関数	=IFERROR(値, エラーの場合の値)	数式の結果がエラーの場合は指定された値を返し、それ以外の場合は数式の結果を返します。

8-3 第8章の演習問題

演習問題 8-1

「演習問題7−5」(P.112) のファイルを開き、J列、K列、L列について下記のように入力しましょう。そして、セルJ2に番号を入力すると、(H列で計算した) 合計、および、合否 (合計が55以上だと「合格」で55未満だと「不合格」) が出るように、セルK2とL2にそれぞれ設定しましょう。ただし、セルJ2が空白の場合にはこれらのセルはそれぞれ何も表示されなくなるように設定します。セルJ2に、A列にある任意の番号を入力した状態で保存しましょう。

	A	B	C	D	E	F	G	H	I	J	K	L	M	N
1	番号	小テスト1	小テスト2	定期試験	20%	30%	50%	合計		番号	合計	合否		
2	1	80	54	48	16	16.2	24	56.2						
3	2	70	72	40	14	21.6	20	55.6						
4	3	66	60	64	13.2	18	32	63.2						
5	4	100	27	52	20	8.1	26	54.1						
6	5	64	58	58	12.8	17.4	29	59.2						
7	6	72	45	24	14.4	13.5	12	39.9						
8	7	78	27	72	15.6	8.1	36	59.7						
9	8	100	57	88	20	17.1	44	81.1						
10	9	82	54	46	16.4	16.2	23	55.6						
11	10	70	45	44	14	13.5	22	49.5						
12	11	56	30	70	11.2	9	35	55.2						
13	12	98	54	60	19.6	16.2	30	65.8						
14	13	97	81	58	19.4	24.3	29	72.7						
15	14	72	68	40	14.4	20.4	20	54.8						
16	15	76	42	68	15.2	12.6	34	61.8						
17	16	66	58	90	13.2	17.4	45	75.6						
18	17	70	60	72	14	18	36	68						
19	18	84	90	100	16.8	27	50	93.8						
20	19	80	33	64	16	9.9	32	57.9						
21	20	78	54	76	15.6	16.2	38	69.8						
22	平均値	78.0	53.5	61.7	15.6	16.0	30.9	62.5						
23														
24														

第9章　文字の入力と修飾

第9章から第13章までは、Wordの使い方についての実習を行います。
この章では、まず、Word文書に文字や記号を入力する練習をします。そして、文字の大きさやフォントを変えたり、文字の装飾をしたりなど、書式の変更を行います。また、文章を見やすくするために、文字の配置を変える、箇条書きにするなどの編集を行いましょう。

作業しやすいように、ホームタブの（段落グループにある）[編集記号の表示 / 非表示]をオンにしておきましょう。

9-1 Wordの基本画面

Word2021の画面は次のように構成されます。

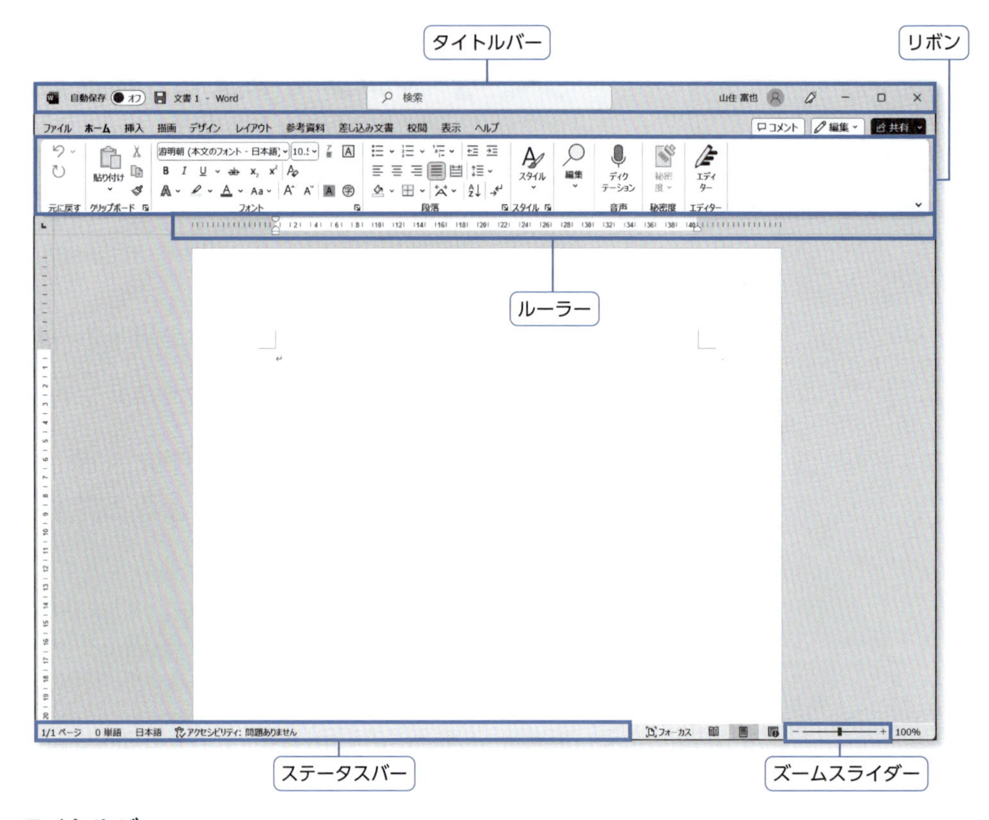

・タイトルバー

最上部はタイトルバーです。編集中のファイル名が表示されます。タイトルバーをドラッグすると、ウィンドウを移動できます。

・リボン

リボンは編集に使用するアイコンが並んだパネルです。タブをクリックすると、カテゴリごとにまとめられたアイコンが表示されます。Word2021では10個のタブがデフォルトで表示されます。編集内容に応じて、タブが追加で表示されます。

・ルーラー

行頭や行末のインデントを設定します。段落全体の左端・右端や、段落の1行目の左端の位置を設定できます。

・ステータスバー

編集中の文書や実行中の操作に関する情報が表示されます。

ステータスバーを右クリックするとメニューが表示されますので、ステータスバーに常時表示させたい項目を選択します。

• **ズームスライダー**

表示倍率をスライダーで調整することができます。スライダーの右のズーム（デフォルトは「100%」と表示）をクリックすると、「ズーム」ダイアログボックスが表示されますので、倍率などを指定します。

• **[ファイル] タブ**

クリックすると、次のバックステージビューが表示されます。ファイルの保存や印刷、オプションの設定などを行います。

編集画面に戻るには［ESC］キーを押すか、⊖ボタンをクリックします。

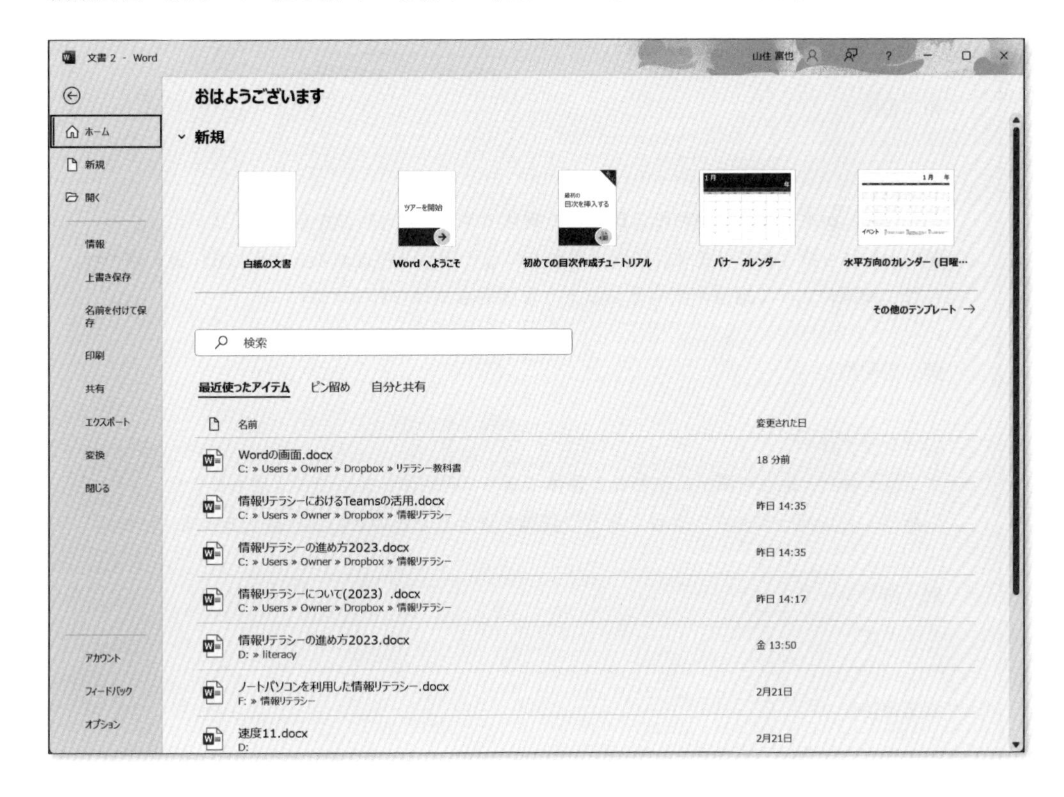

9-2 ひらがな、カタカナ、漢字、英字、記号の入力

この節では、文字や記号の入力をする練習を行います。

例題 9-1

Word文書に次の文章を入力しましょう。

和文書体↵
↵
○明朝体↵
明朝体は、かなや漢字に使われる標準的な書体です。楷書の特徴を単純化していて、止め、跳ね、払いも残されています。横線の終わりにはうろこと呼ばれる三角形の山（▲）がつけられ、横線に比べて縦線が太いというような強弱もつけられます。↵
↵
例．游明朝↵
↵
○ゴシック体↵
ゴシック体は、かなや漢字に使われる書体であり、明朝体と並んでよく使われます。すべての線の太さが均一であり、うろこなどの装飾がほとんどないという特徴があります。↵
↵
例．游ゴシック↵
メイリオ↵
↵
欧文書体↵
↵
○セリフ体↵
セリフ体は、欧文（アルファベット）に使われる装飾のある書体です。セリフ（serif）とは、「書体の小さな装飾」という意味を表すフランス語であり、これがある書体なので、セリフ体と呼ばれます。↵
↵
例．Century↵
Times·New·Roman↵
↵
○サンセリフ体↵
サンセリフ体は、装飾（serif）がなく、すべての線の太さが均一な欧文書体です。サン（sans）は「ない」というフランス語なので、サンセリフ（sans-serif）は、「セリフ（serif）がない」という意味を表しています。↵
↵
例．Arial↵
Univers↵

ここで、次のように作業をします。

1 カタカナは、ひらがなで入力したあと［F7］キーを押すことによっても入力されます。

> **注 意**
> ［F7］キーを押してもカタカナにならない場合は、［Fn］キー＋［F7］キーを押しましょう。

2 2行目などの「○」は「まる」と入力し、［変換］キーを押すことにより入力できます。同様に、4行目の「▲」は「さんかく」と入力して変換しましょう。

3 4行目などにある「(」は、［Shift］キーを押しながら［かっこ］キー（［8］とも印字されています）を押すことにより入力できます。全角で入力しましょう。「)」についても同様です。

4 14行目の「serif」などのアルファベットは入力モードを「半角英数字」にしてから入力します（ここで、入力モードの切り替えをするためには、キーボードの左上にある［半角／全角］キーを押します。［半角／全角］キーを押すたびに、「ひらがな」→「半角英数字」→「ひらがな」の順に入力モードが切り替わります）。または、全角のままで文字通りに入力したあとF10キーを押しても入力できます。

> **注 意**
> ［F10］キーを押しても半角アルファベットにならない場合は、［Fn］キー＋［F10］キーを押しましょう。

5 15行目などにある「[」は、かぎかっこキー（［Enter］キーの左。「{」「[」とも印字されています）を押すことにより入力できます。全角で入力しましょう。「]」についても同様です。

9-3 フォントと段落の書式設定

この節では、書式の変更、均等割り付け、書式のコピー、箇条書き、インデントの調整、行間の調整などを行います。また、グリッド線に合わせた行間隔になっていて行間がひろすぎる場合、グリッド線に合わせない行間隔にするやり方も確認しましょう。

例題 9-2

「例題9−1」(P.128) のファイルを開き、書式を変更しましょう。次の手順にしたがって作業をします。

1 1行目の「和文書体」を選択し、[Ctrl] キーを押しながら、12行目の「欧文書体」も選択します。ホームタブの（フォントグループにある）[フォントサイズ] を「16」に変更します。そして、そのまま [太字] ボタン **B** を押し、続けて、[下線] ボタン U も押します。

2 2行目の「○明朝体」を選択し、[フォントサイズ] を「12」に変更します。そのまま [太字] ボタンを押します。
この書式をコピーするため、範囲選択されたまま、ホームタブの（クリップボードグループにある）[書式のコピー / 貼り付け] をダブルクリックします。続けて、「○ゴシック体」、「○セルフ体」、「○サンセリフ体」を順にドラッグして選択していきましょう。すると、書式のみコピーがされます。終わったら、[Esc] キーを押しましょう。

補 足

書式のみではなく、文字列そのものをコピーする場合は、[Ctrl] キー＋ [C] キーを押してコピーし、[Ctrl] キー＋ [V] キーを押して貼り付けることができます（または、ホームタブの（クリップボードグループにある）[コピー] をクリックしてコピーし、[貼り付け] を押して貼り付けることもできます）。

3 6行目の「游明朝」を選択し、ホームタブの（フォントグループにある）[フォント] を「游明朝」にします（最初からフォントが「游明朝」になっている場合は変更しなくてもいいです）。そして、[フォントサイズ] を「14」に変更します。
同様に、「游ゴシック」、「メイリオ」、「Century」、「Times New Roman」、「Arial」、「Univers」についても、それぞれ [フォント] を文字通りのフォントに変更し、[フォントサイズ] を「14」に変更しましょう。

4 [Ctrl] キー＋ [A] キーを押し、文書全体を選択します。
ホームタブの段落グループの右下の端にある小さな矢印 ↘、つまり、段落グループのダイアログボックスランチャーをクリックします。

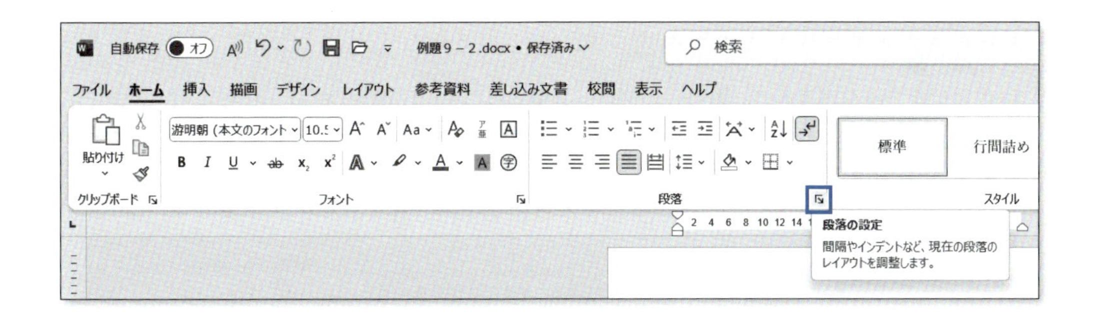

「段落」ダイアログボックスが出てくるので、インデントと行間隔タブの「1 ページの行数を指定時に文字を行グリッド線に合わせる」にチェックがない状態にします。これで、行間隔が小さくなることがあります。

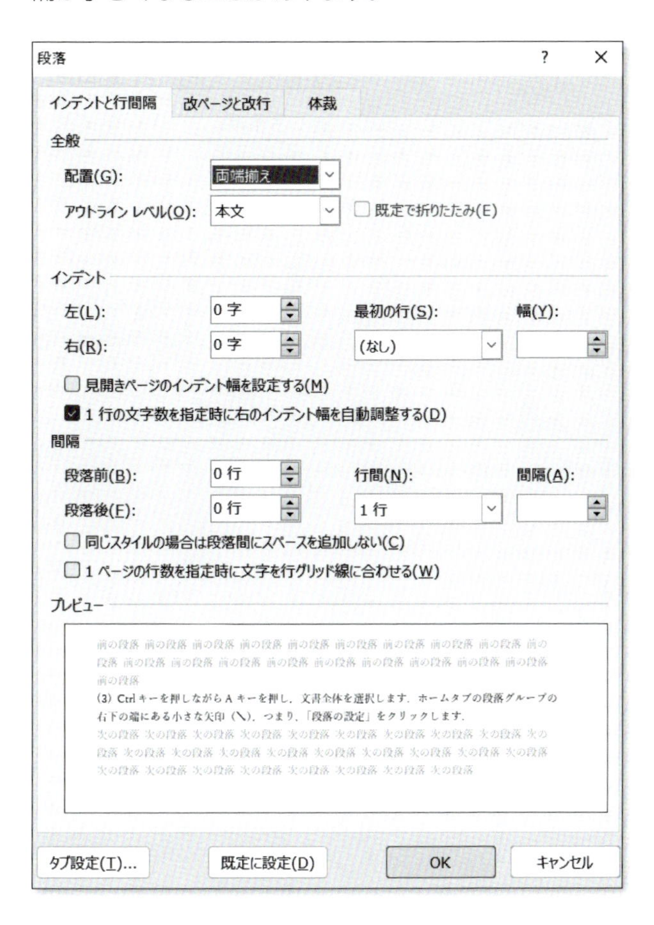

9

注意

これにチェックが入っていると、行グリッド線に合わせた行間隔になり、

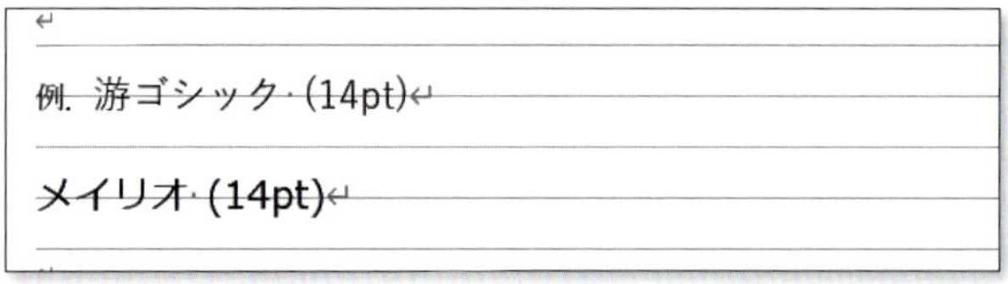

例. 游ゴシック (14pt)

メイリオ (14pt)

チェックを外すことによって、行グリッド線に合わせない行間隔になることが確認できます。

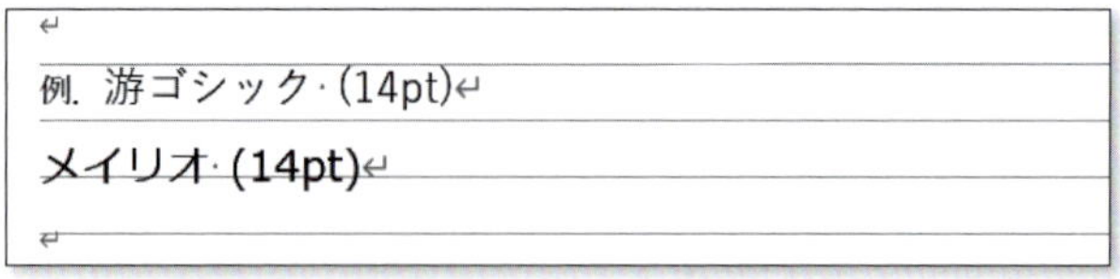

例. 游ゴシック (14pt)

メイリオ (14pt)

ここで、行グリッド線というのは、Wordの画面上に表示される罫線のことであり、表示タブの（表示グループにある）［グリッド線］にチェックを入れると出てきます。

和文書体

○明朝体
明朝体は、かなや漢字に使われる標準的な書体です。楷書の特徴を単純化していて、止め、跳ね、払いも残されています。横線の終わりにはうろこと呼ばれる三角形の山（▲）がつけられ、横線に比べて縦線が太いというような強弱もつけられます。

例. 游明朝

○ゴシック体
ゴシック体は、かなや漢字に使われる書体であり、明朝体と並んでよく使われます。すべての線の太さが均一であり、うろこなどの装飾がほとんどないという特徴があります。

例. 游ゴシック
メイリオ

欧文書体

○セリフ体
セリフ体は、欧文（アルファベット）に使われる装飾のある書体です。セリフ（serif）とは、「書体の小さな装飾」という意味を表すフランス語であり、これがある書体なので、セリフ体と呼ばれます。

例. Century
Times New Roman

○サンセリフ体
サンセリフ体は、装飾（serif）がなく、すべての線の太さが均一な欧文書体です。サン（sans）は「ない」というフランス語なので、サンセリフ（sans-serif）は、「セリフ（serif）がない」という意味を表しています。

例. Arial
Univers

9

例題 9-3

「例題9－2」(P.130) のファイルを開き、編集しましょう。次の手順にしたがって作業をします。

1 1行目(「和文書体」)のどこかにカーソルを置き、ホームタブの(段落グループにある)[中央揃え] ボタンをクリックします。

2 1行目の「和文書体」を範囲選択します。ここで、最後の段落記号（↵）を範囲に含めないようにしましょう。ホームタブの（段落グループにある）[均等割り付け] をクリックします。「文字の均等割り付け」ダイアログボックスが出てくるので、「新しい文字列の幅」を「5字」に変更します。

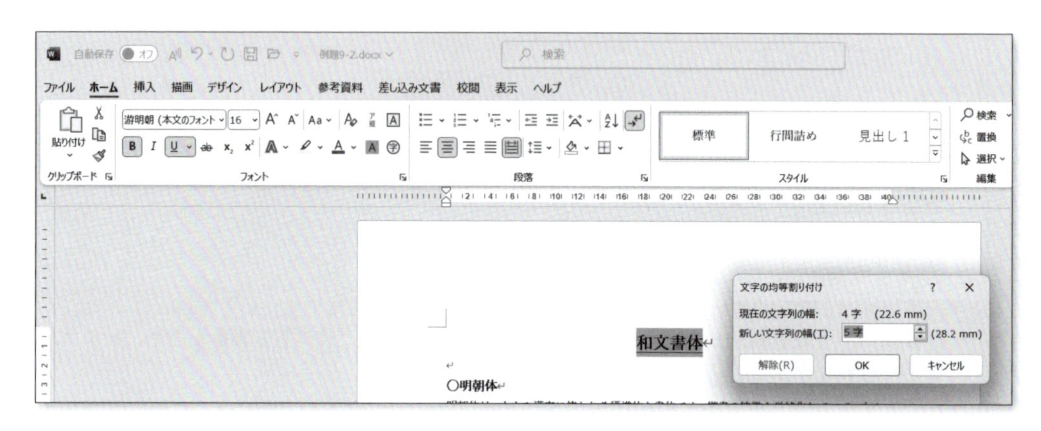

注 意

最後の段落記号（↵）を範囲に含めると、文字列の幅を設定できなくなってしまいます。

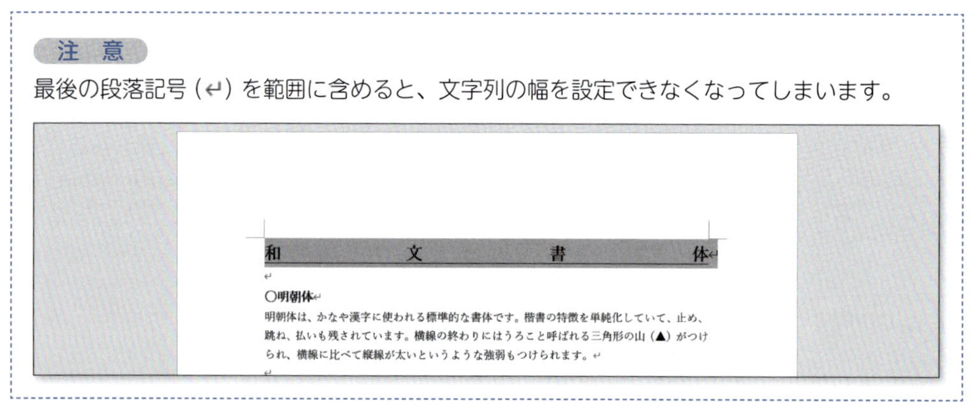

この書式を 12 行目の「欧文書体」にコピーしましょう。

3 「○明朝体」、「○ゴシック体」、「○セリフ体」、「○サンセリフ体」において、「○」を消し、残りをすべてをドラッグして範囲指定します（このような離れている範囲は、[Ctrl] キーを押しながら選択します）。
ホームタブの（段落グループにある）[箇条書き] から「●」を選びます。

4 本文については、段落の「最初の行」を1字分字下げします。つまり、3で箇条書きに設定した箇所それぞれのすぐ下を1字分字下げします。そのため、それらの最初の文字それぞれを含むように（たとえば下記のように）範囲選択します。
ホームタブの段落グループのダイアログボックスランチャーをクリックします。「段落」ダイアログボックスが出てくるので、「インデント」の「最初の行」を「字下げ」にし、「幅」を「1字」に変更します。

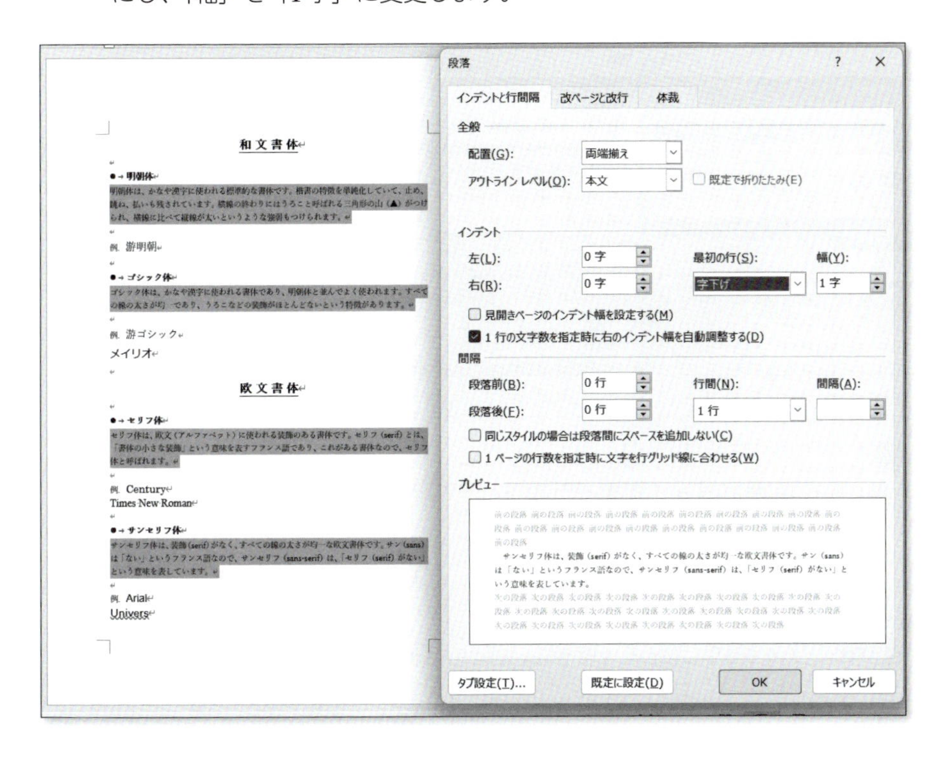

5 4と同様に、11行目（「メイリオ」）、18行目（「Times New Roman」）、最終行（「Univers」）を1.5字分字下げしましょう。

6 下記のように範囲選択します。段落グループのダイアログボックスランチャーをクリックすることにより「段落」ダイアログボックスを出し、「行間」を「固定値」にし、「間隔」を「20pt」に変更します。

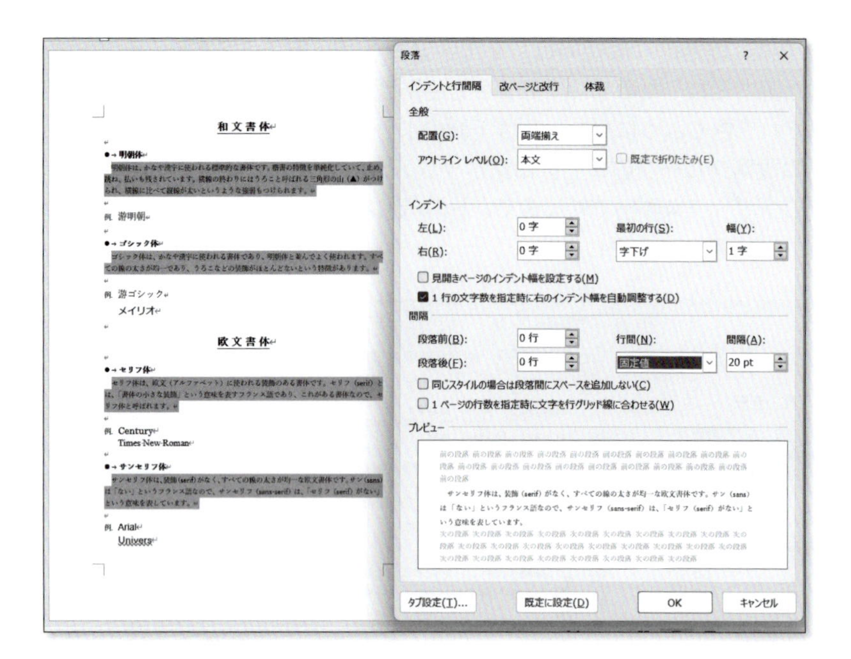

補　足

もし「行間」を「固定値」にし、「間隔」を「10.5pt」（文字のフォントサイズ）ぴったりに変更すると、すき間がなくなり、行と行がくっつきます。

●→明朝体

明朝体は、かなや漢字に使われる標準的な書体です。楷書の特徴を単純化していて、止め、跳ね、払いも残されています。横線の終わりにはうろこと呼ばれる三角形の山（▲）がつけられ、横線に比べて縦線が太いというような強弱もつけられます。

「例題9－3」では、「間隔」を「20pt」にしたので、「（20pt－10.5pt＝）9.5pt」のすき間が空いています。

和文書体

● 明朝体

明朝体は、かなや漢字に使われる標準的な書体です。楷書の特徴を単純化していて、止め、跳ね、払いも残されています。横線の終わりにはうろこと呼ばれる三角形の山（▲）がつけられ、横線に比べて縦線が太いというような強弱もつけられます。

例. 游明朝

● ゴシック体

ゴシック体は、かなや漢字に使われる書体であり、明朝体と並んでよく使われます。すべての線の太さが均一であり、うろこなどの装飾がほとんどないという特徴があります。

例. 游ゴシック
メイリオ

欧文書体

● セリフ体

セリフ体は、欧文（アルファベット）に使われる装飾のある書体です。セリフ（serif）とは、「書体の小さな装飾」という意味を表すフランス語であり、これがある書体なので、セリフ体と呼ばれます。

例. Century
Times New Roman

● サンセリフ体

サンセリフ体は、装飾(serif)がなく、すべての線の太さが均一な欧文書体です。サン(sans)は「ない」というフランス語なので、サンセリフ（sans-serif）は、「セリフ（serif）がない」という意味を表しています。

例. Arial
Univers

9

9-4 第9章の演習問題

演習問題 9-1

Word文書に次の文章を入力しましょう。ここで、アルファベットは半角で入力し、4行目（「1. RAM」）と13行目（「2. ROM」）は、数字も含め、すべて半角で入力しましょう。

▼メモリ（Memory）↵
記憶装置のことを一般にメモリと呼んでいます。データやプログラムを記憶する役割をもちます。メモリにはRAMとROMがあります。↵
↵
1. RAM↵
RAMは読み込みと書き込みが可能なメモリです。コンピュータの構成要素で主記憶装置に使われます。演算処理や画面出力を行うときに一時的にデータや命令を記憶します。RAMは揮発性メモリのため電源を切ると内容が失われます。↵
RAMには記憶の維持方法が異なるDRAMとSRAMの2種類があります。DRAMはコンデンサの電荷としてデータを保持するため、時間がたつと電荷が減少します。そこで、リフレッシュという一定時間での再書き込みが必要になります。DRAMはメインメモリに使用されます。これに対して、SRAMはリフレッシュの動作を必要としません。SRAMはDRAMよりも高性能で、キャッシュメモリとして使われます。↵
↵
2. ROM↵
ROMは書き込みができない読み出し専用のメモリです。一度書き込んだら書き換えできません。不揮発性のため、電源を切っても記憶内容が維持されます。ROMにはマスクROM、PROM、EPROM、EEPROMがあります。↵

演習問題 9-2

「演習問題9−1」のファイルを開き、次の指示にしたがって編集しましょう。

1. 1行目は太字にし、フォントは「メイリオ」、フォントサイズは「14pt」にします。フォントの色は、ホームタブの（フォントグループにある）［フォントの色］から任意の色に変更しましょう。

2. 4行目（「1. RAM」）と13行目（「2. ROM」）は太字にし、フォントは「メイリオ」、フォントサイズは「12pt」にします。フォントの色は、任意の色に変更しましょう。

3. 下の完成例のように、下線または太字にします。（2、3、5、8、14、15、16行目）

4 本文（1、4、13行目以外）は段落の「最初の行」を1字分字下げします。

▼メモリ（Memory）↵

記憶装置のことを一般にメモリと呼んでいます。データやプログラムを記憶する役割をもちます。メモリにはRAMとROMがあります。↵

↵

1. RAM↵

RAMは読み込みと書き込みが可能なメモリです。コンピュータの構成要素で主記憶装置に使われます。演算処理や画面出力を行うときに一時的にデータや命令を記憶します。RAMは揮発性メモリのため電源を切ると内容が失われます。↵

RAMには記憶の維持方法が異なるDRAMとSRAMの2種類があります。DRAMはコンデンサの電荷としてデータを保持するため、時間がたつと電荷が減少します。そこで、リフレッシュという一定時間での再書き込みが必要になります。DRAMはメインメモリに使用されます。これに対して、SRAMはリフレッシュの動作を必要としません。SRAMはDRAMよりも高性能で、キャッシュメモリとして使われます。↵

↵

2. ROM↵

ROMは書き込みができない読み出し専用のメモリです。一度書き込んだら書き換えできません。不揮発性のため、電源を切っても記憶内容が維持されます。ROMにはマスクROM、PROM、EPROM、EEPROMがあります。↵

9

コラム

タッチタイピング

キーボードを見ないで打鍵することを「タッチタイピング」といいます。パソコンのモニターを見ながら、素早く正確に文字入力する技術です。タッチタイピングはパソコンによる作業効率を向上させる重要な要素です。

マウスのクリックや、マイクによる音声入力など、文字を入力する手段は様々ですが、文字の入力はキーボードがまだまだ主流です。

ホームポジション

タッチタイピングするためには、まず「ホームポジション」に指を置くことから始まります。ホームポジションとは、最初に指を置くキーボードの位置です。

左手は小指から［A］、［S、［D］、［F］、右手は小指から、［;］（セミコロン）、［L］、［K］、［J］です。人差し指を置く［F］と［J］には、キーボードに突起がありますので、感覚で覚えましょう。

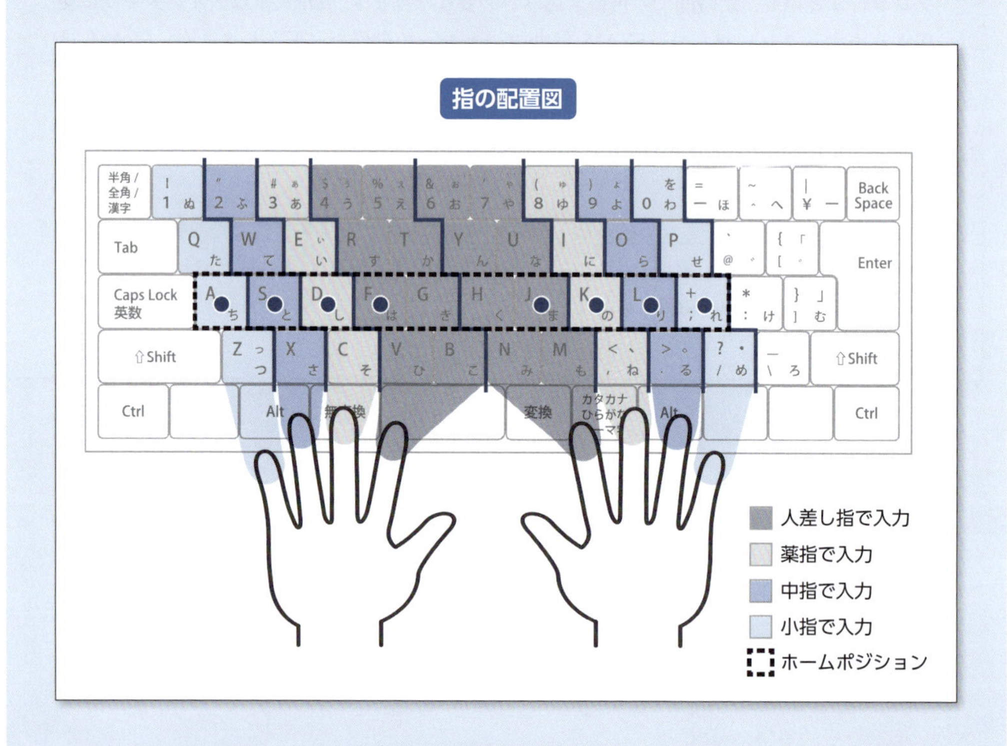

キーボードの左半分は左手で、右半分は右手で打鍵します。打鍵したら、すぐに指をホームポジションに戻します。

タッチタイピングの練習する際、まずはスピードよりもキーボードを見ないで丁寧に打鍵することを意識しましょう。ついついキーボードを見たくなりますが、できるだけ見ないように粘り強く打鍵しましょう。毎日少しずつ努力すれば、徐々にスピードと正確さが向上してきます。

たくさんの文章を入力する機会があればよいですが、タッチタイピングの練習ソフトを利用するのもよいでしょう。有料もしくは無料の練習ソフトがありますので、自分に合ったものを探しましょう。

第10章 ページレイアウト

この章では、おもにレイアウトの変更について学習します。文書に文末脚注やページ番号を挿入する演習も行います。

10-1 ページ設定と段組み

この節では、用紙サイズ、余白、文字数や行数などの設定、つまり、ページ設定を行います。また、段組みをし、文章を2段に分けます。段組みをしたあと、どこから次の段にするのかを指定するための「段区切り」を入れたり、どこから次のページにするのかを指定するための「改ページ」を入れたりして、文書をきれいに整えましょう。

例題 10-1

Word文書に次の文章を入力しましょう。

代表値について↵
「統計学入門」第1講の課題↵
↵
19-6005□技術 評史郎↵
↵
1. 代表値とは↵
代表値について説明する前に、まずは基本統計量とは何かについて説明する。↵
基本統計量というのは、データに対して何らかの計算を行うことによって得られた、その特徴や傾向を表すような数値のことをいう。1つの数値によって、データの特徴を要約しようとするのである。たとえば、「標準偏差」は「データ全体の平均値との離れ具合を表す1つの数値であり、分布の幅のようなもの」という基本統計量である。↵
そして、代表値とは、データの分布がどのあたりの位置にあるのかを表す基本統計量であり、いわば、データを代表する値である。↵
代表値として、平均値、中央値、また、最頻値などが使われる。↵
↵
2. 代表値の例↵
2.1 平均値↵
平均値を求めるということは、いわば「均一化」をするということである。データがすべて［ある同じ値］だと仮定して、それで計算される基準値がもともとのデータで計算した基準値と同じになるとき、その［ある同じ値］のことを［平均値］というのである。その基準値を求める計算方式が何かによって、［平均値］を求める方式が異なる。↵
以下で、求める計算方式がそれぞれ異なる3種類の平均値について説明する。↵
↵
2.1.1. 相加平均値↵
相加平均値とは、「データの合計をデータの個数で割ったもの」である。つまり、「平均値=合計/個数」と計算して求める。たとえば、10と90の相加平均値は、↵
(10+90)/2=50↓
より、50となる。↵
「合計=平均値×個数」ということになるので、平均値をデータの個数分足すと合計になるということがわかる。つまり、もしどのデータも［ある同じ値］（平均値）であると強引にみなしてしまったとしても、それらの合計はもともとの合計と変わらないということを意味している。↵
相加平均値は、算術平均値とも呼ばれ、最もよく知られた平均値である。↵
↵
2.1.2 幾何平均値↵
幾何平均値は、「n個の値をすべてかけたもののn乗根（1/n乗）」である。データの個数が2であれば、その幾何平均値は「2個の値をかけたものの2乗根（1/2乗）」ということである。たとえば、10と90の幾何平均値は↵
10×90の2乗根=30↓
より、30ということになる。↵
相加平均値は「足して個数で割って」求めるが、幾何平均値は「かけてルート（√）をとって」求めるのである。↵
相加平均値は、相乗平均値とも呼ばれ、伸び率などを平均するときに使われる。↵

↵
2.1.3 調和平均値↵
調和平均値は、「『値の逆数の相加平均値』の逆数」である。たとえば、10 と 90 の調和平均値は、1/10 と 1/90 の相加平均値の逆数なので、↵
(1/10+1/90)/2 の逆数=2/(1/10+1/90)=18↓
より、18 となる。↵
調和平均値は、速度などを平均するときに使われる。↵
↵
2.2 中央値↵
中央値とは、データを大きさの順に並べ替えたときの中央に位置する値のことをいう。↵
データが奇数個の場合は真ん中の 1 つの値が中央値となり、データが偶数個の場合は真ん中の 2 つの値の平均が中央値となる。このように、中央値は真ん中の 1 つまたは 2 つの値のみから決まり，それ以外の値の影響は受けない。(データの個数が 3 以上の場合は) たとえ最大値を極端に大きい値にすり替えたとしても、中央値は変わらないのである。これは平均値とは大きく異なる点である。↵
↵
2.3 最頻値↵
最頻値とは、最も頻繁に現れるデータのことをいう。↵
どのようなデータが典型的に現れるのかを把握するために求められ、最も頻繁に現れるデータのみから決まり、それ以外のデータの影響は受けない。それ以外のデータの影響は受けないという点は中央値と同じであり、外れ値の影響を受けやすい平均値とは性質が異なる。↵

1 1 ページ目の 3 行目の数字とハイフン（–）は半角で入力します。また、この行の数字と漢字の間のスペースは全角、「技術」と「評史郎」の間のスペースは半角で入力しましょう。

2 文中の数字と、数式のなかの「/」や「=」などの記号は半角で入力します。ただし、「×」は全角で「かける」と入力して変換します。

3 段落番号の「1.」や「2.1」などはキーボードから半角で入力し、後ろに半角のスペースを入れます。

4 数式「(10+90)/2=50」（「2.1.1 相加平均値」の上から 3 行目）の直後は段落内改行にします。つまり、[Shift] キー+ [Enter] キーを押すことによって、次の行に移動します。この場合、段落記号（↵）ではなく、改行記号（↓）が表示されることを確認しましょう。
同様に、数式「10 × 90 の 2 乗根 =30」、「(1/10+1/90)/2 の逆数 =2/(1/10+1/90)=18」の直後についても段落内改行にします。

5 たとえば、「[」は「「」と入力して変換、「√」は「ルート」と入力して変換、「『」は「「」と入力して変換することができます。

6 [Ctrl] キー+ [A] キーを押し、文書全体を選択し、ホームタブの段落グループのダイアログボックスランチャーをクリックします。「段落」ダイアログボックスが出てくるので、インデントと行間隔タブの「1 ページの行数を指定時に文字を行グリッド線に合わせる」にチェックがない状態にします。

例題 10-2

「例題10－1」(P.142) のファイルを開き、編集しましょう。次の手順にしたがって作業をします。

1 1ページ目の1行目は20ptで中央揃えにします。2、3行目は12ptで中央揃えにします。

2 「1. 代表値とは」、「2. 代表値の例」については12ptで太字にし、「2.1 平均値」、「2.2 中央値」、「2.3 最頻値」については11ptで太字にします。そして、「2.1.1. 相加平均値」、「2.1.2 幾何平均値」、「2.1.3 調和平均値」を太字にします。

3 数式「(10＋90)/2＝50」を範囲選択し、挿入タブの（記号と特殊文字グループにある）［π 数式］をクリックします。
「10×90の2乗根＝30」と「(1/10＋1/90)/2の逆数＝2/(1/10＋1/90)＝18」も範囲選択し、［π 数式］をクリックします。そのまま、ホームタブの（フォントグループにある）［斜体］ボタン（*I*）を押し、斜体を解除しておきましょう。

4 本文（5行目以降の太字にしていない部分）は、段落の「最初の行」を1字分字下げします。ここで、3で作業をした数式の次の行は、段落内改行されているため字下げされないことを確認しましょう。

5 レイアウトタブのページ設定グループのダイアログボックスランチャーをクリックします。「ページ設定」ダイアログボックスが出てくるので、用紙タブの「用紙サイズ」が「A4」になっていることを確認します。
続けて、余白タブの「余白」について、「上」と「下」を「27mm」に、「左」と「右」を「25mm」に設定します。「印刷の向き」は「縦」になっていることを確認します。

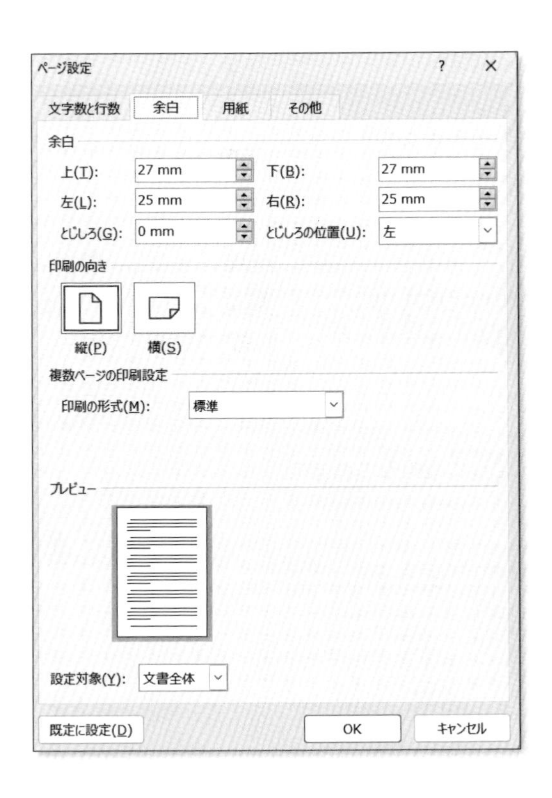

次に、文字数と行数タブの文字方向が「横書き」になっていることを確認します。そして、「文字数と行数の指定」について、「文字数と行数を指定する」にチェックを入れます。すると、その下の「文字数」と「行数」が変更できるようになるので、それぞれ「40」、「45」に設定してOKボタンを押します。

これで、1行に入る文字の個数が40、1ページに入る行の個数が45に設定されました。

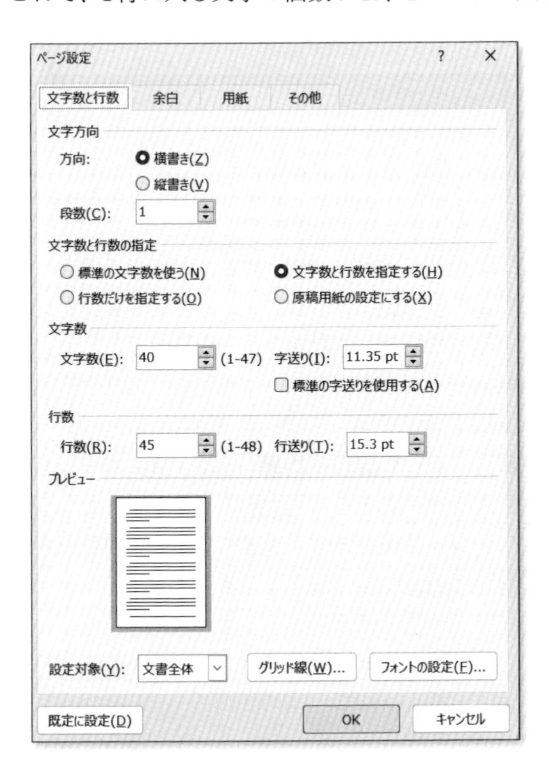

例題 10-3

「例題10－2」(P.144) のファイルを開き、2段に段組みをしましょう。次の手順にしたがって作業をします。

1 1ページ目の4行目（「**1. 代表値とは**」）から最後まで選択します。ただし、最後にある段落記号（↵）を選択範囲に含めないようにしましょう。続けて、レイアウトタブの（ページ設定グループにある）［段組み］をクリックし、「2段」を選びます。

注意

段落記号（↵）を選択範囲に含めると、下記のように段組みされます。

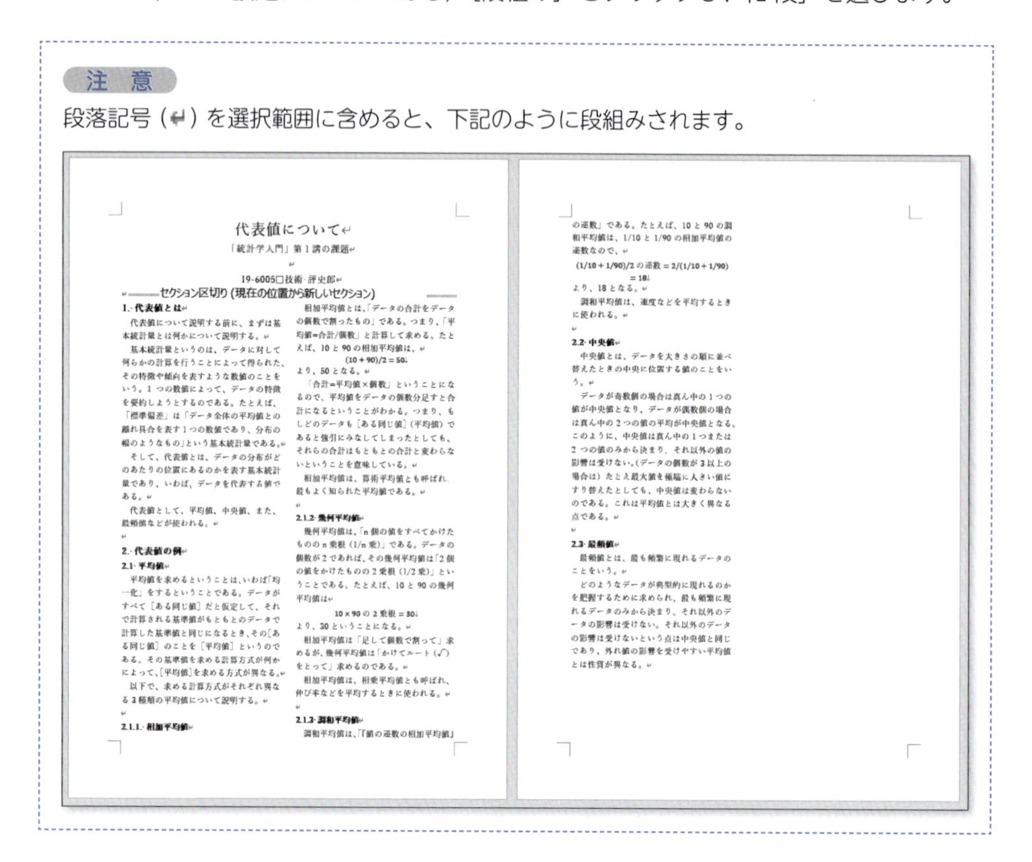

代表値について

「統計学入門」第1講の課題

19-6005□技術 評史郎

セクション区切り (現在の位置から新しいセクション)

1. 代表値とは

代表値について説明する前に、まずは基本統計量とは何かについて説明する。

基本統計量というのは、データに対して何らかの計算を行うことによって得られた、その特徴や傾向を表すような数値のことをいう。1つの数値によって、データの特徴を要約しようとするのである。たとえば、「標準偏差」は「データ全体の平均値との離れ具合を表す1つの数値であり、分布の幅のようなもの」という基本統計量である。

そして、代表値とは、データの分布がどのあたりの位置にあるのかを表す基本統計量であり、いわば、データを代表する値である。

代表値として、平均値、中央値、また、最頻値などが使われる。

2. 代表値の例

2.1 平均値

平均値を求めるということは、いわば「均一化」をするということである。データがすべて［ある同じ値］だと仮定して、それで計算される基準値がもともとのデータで計算した基準値と同じになるとき、その［ある同じ値］のことを［平均値］というのである。その基準値を求める計算方式が何かによって、［平均値］を求める方式が異なる。

以下で、求める計算方式がそれぞれ異なる3種類の平均値について説明する。

2.1.1. 相加平均値

相加平均値とは、「データの合計をデータの個数で割ったもの」である。つまり、「平均値=合計/個数」と計算して求める。たとえば、10と90の相加平均値は、

(10＋90)/2＝50

より、50となる。

「合計=平均値×個数」ということになるので、平均値をデータの個数分足すと合計になるということがわかる。つまり、もしどのデータも［ある同じ値］(平均値) であると強引にみなしてしまったとしても、それらの合計はもともとの合計と変わらないということを意味している。

相加平均値は、算術平均値とも呼ばれ、最もよく知られた平均値である。

2.1.2 幾何平均値

幾何平均値は、「n個の値をすべてかけたもののn乗根 (1/n乗)」である。データの個数が2であれば、その幾何平均値は「2個の値をかけたものの2乗根 (1/2乗)」ということである。たとえば、10と90の幾何平均値は

10×90の2乗根＝30

より、30ということになる。

相加平均値は「足して個数で割って」求めるが、幾何平均値は「かけてルート (√)をとって」求めるのである。

相加平均値は、相乗平均値とも呼ばれ、伸び率などを平均するときに使われる。

2.1.3 調和平均値

調和平均値は、「『値の逆数の相加平均値』の逆数」である。たとえば、10と90の調和平均値は、1/10と1/90の相加平均値の逆数なので、

(1/10＋1/90)/2の逆数＝2/(1/10＋1/90)
＝18

より、18となる。

調和平均値は、速度などを平均するときに使われる。

2.2 中央値

中央値とは、データを大きさの順に並べ替えたときの中央に位置する値のことをいう。

データが奇数個の場合は真ん中の1つの値が中央値となり、データが偶数個の場合は真ん中の2つの値の平均が中央値となる。このように、中央値は真ん中の1つまたは2つの値のみから決まり，それ以外の値の影響は受けない。(データの個数が3以上の場合は) たとえ最大値を極端に大きい値にすり替えたとしても、中央値は変わらないのである。これは平均値とは大きく異なる点である。

2.3 最頻値

最頻値とは、最も頻繁に現れるデータのことをいう。

どのようなデータが典型的に現れるのかを把握するために求められ、最も頻繁に現れるデータのみから決まり、それ以外のデータの影響は受けない。それ以外のデータの影響は受けないという点は中央値と同じであり、外れ値の影響を受けやすい平均値とは性質が異なる。

2 1ページ目の1段目の最後の行（「**2.1.1. 相加平均値**」）の行頭にカーソルを置き、レイアウトタブの（ページ設定グループにある）［区切り（ページ / セクション区切りの挿入）］をクリックし、「段区切り」を選びます。文書中に「…段区切り…」が出てきたら、そのひとつ前の空白の行を消します。「…段区切り…」が出てこない場合は、ホームタブの（段落グループにある）［編集記号の表示 / 非表示］をオンにしましょう。そして、1ページ目の2段目の最後の行（「**2.1.3 調和平均値**」）の行頭にカーソルを置き、レイアウトタブの（ページ設定グループにある）［区切り（ページ / セクション区切りの挿入）］をクリックし、「改ページ」を選びます。文書中に「…改ページ…」が出てきたら、そのひとつ前の空白の行を消します。

代表値について

「統計学入門」第1講の課題

19-6005 技術 評史郎

1. 代表値とは

代表値について説明する前に、まずは基本統計量とは何かについて説明する。

基本統計量というのは、データに対して何らかの計算を行うことによって得られた、その特徴や傾向を表すような数値のことをいう。1つの数値によって、データの特徴を要約しようとするのである。たとえば、「標準偏差」は「データ全体の平均値との離れ具合を表す1つの数値であり、分布の幅のようなもの」という基本統計量である。

そして、代表値とは、データの分布がどのあたりの位置にあるのかを表す基本統計量であり、いわば、データを代表する値である。

代表値として、平均値、中央値、また、最頻値などが使われる。

2. 代表値の例

2.1 平均値

平均値を求めるということは、いわば「均一化」をするということである。データがすべて［ある同じ値］だと仮定して、それで計算される基準値がもともとのデータで計算した基準値と同じになるとき、その［ある同じ値］のことを［平均値］というのである。その基準値を求める計算方式が何かによって、［平均値］を求める方式が異なる。

以下で、求める計算方式がそれぞれ異なる3種類の平均値について説明する。

2.1.1. 相加平均値

相加平均値とは、「データの合計をデータの個数で割ったもの」である。つまり、「平均値=合計/個数」と計算して求める。たとえば、10と90の相加平均値は、

$$(10 + 90)/2 = 50$$

より、50となる。

「合計=平均値×個数」ということになるので、平均値をデータの個数分足すと合計になるということがわかる。つまり、もしどのデータも［ある同じ値］（平均値）であると強引にみなしてしまったとしても、それらの合計はもともとの合計と変わらないということを意味している。

相加平均値は、算術平均値とも呼ばれ、最もよく知られた平均値である。

2.1.2 幾何平均値

幾何平均値は、「n個の値をすべてかけたもののn乗根（1/n乗）」である。データの個数が2であれば、その幾何平均値は「2個の値をかけたものの2乗根（1/2乗）」ということである。たとえば、10と90の幾何平均値は

$$10 \times 90 \text{の} 2 \text{乗根} = 30$$

より、30ということになる。

相加平均値は「足して個数で割って」求めるが、幾何平均値は「かけてルート（√）をとって」求めるのである。

相加平均値は、相乗平均値とも呼ばれ、伸び率などを平均するときに使われる。

10

2.1.3 調和平均値

調和平均値は、「『値の逆数の相加平均値』の逆数」である。たとえば、10と90の調和平均値は、1/10と1/90の相加平均値の逆数なので、

$$(1/10 + 1/90)/2 \text{ の逆数} = 2/(1/10 + 1/90) = 18$$

より、18となる。

調和平均値は、速度などを平均するときに使われる。

2.2 中央値

中央値とは、データを大きさの順に並べ替えたときの中央に位置する値のことをいう。

データが奇数個の場合は真ん中の1つの値が中央値となり、データが偶数個の場合は真ん中の2つの値の平均が中央値となる。

このように、中央値は真ん中の1つまたは2つの値のみから決まり，それ以外の値の影響は受けない。(データの個数が3以上の場合は）たとえ最大値を極端に大きい値にすり替えたとしても、中央値は変わらないのである。これは平均値とは大きく異なる点である。

2.3 最頻値

最頻値とは、最も頻繁に現れるデータのことをいう。

どのようなデータが典型的に現れるのかを把握するために求められ、最も頻繁に現れるデータのみから決まり、それ以外のデータの影響は受けない。それ以外のデータの影響は受けないという点は中央値と同じであり、外れ値の影響を受けやすい平均値とは性質が異なる。 ……セクション区切り (現在の位置から新しいセクション)……

10-2 文末脚注とページ番号

この節では、文末脚注の入れ方とページ番号の入れ方を確認します。

例題 10-4

「例題10−3」(P.146) のファイルを開き、文末脚注とページ番号を挿入しましょう。次の手順にしたがって作業をします。

1 1ページ目の2段目の最初の行（「**2.1.1. 相加平均値**」）のひとつあとの行にある「相加平均値」の直後にカーソルを置き、参考資料タブの（脚注グループにある）[文末脚注の挿入] をクリックします。
すると、文章の最後に文末脚注が挿入されるので、「エクセルでは AVERAGE 関数を使うと相加平均値を求めることができる。」と入力します。フォントサイズは 9pt にします。

2 同様に、(「**2.1.2 幾何平均値**」) のひとつあとの行にある「幾何平均値」の直後、(「**2.1.3 調和平均値**」) のひとつあとの行にある「調和平均値」の直後、(「**2.2 中央値**」) のひとつあとの行にある「中央値」の直後、(「**2.3 最頻値**」) のひとつあとの行にある「最頻値」の直後において、それぞれカーソルを置き、文末脚注を挿入します。
注にはそれぞれ、「エクセルでは GEOMEAN 関数を使うと調和平均値を求めることができる。」、「エクセルでは HARMEAN 関数を使うと調和平均値を求めることができる。」、「エクセルでは MEDIAN 関数を使うと中央値を求めることができる。」、「エクセルでは MODE.MULTI 関数を使うと最頻値を求めることができる。」と入力します。フォントサイズはそれぞれ 9pt にします。

3 さらに、(「**2.2 中央値**」) のすぐ上にある「調和平均値は、速度などを平均するときに使われる。」の直後にもカーソルを置き、文末脚注を挿入します。すると、脚注番号が振りなおされます。
注には「一般に、調和平均値≦幾何平均値≦相加平均値という大小関係が成立する。」と書き込みます。フォントサイズは 9pt にします。ここで、「≦」はキーボードから「<」と入力し [変換] キーを押すと出てきます。

4 挿入タブの（ヘッダーとフッターグループにある）[ページ番号] をクリックし、「ページの下部」から「番号のみ 2」を選択します（または、フッター（本文より下の領域）をダブルクリックします。ヘッダーとフッタータブの（ヘッダーとフッターグループにある）[ページ番号] をクリックし、「ページの下部」から「番号のみ 2」を選択してもいいです）。すると、ページ番号が挿入されます。
そのあと、本文をダブルクリックして戻りましょう。

代表値について

「統計学入門」第 1 講の課題

19-6005 技術 評史郎

1. 代表値とは

代表値について説明する前に、まずは基本統計量とは何かについて説明する。

基本統計量というのは、データに対して何らかの計算を行うことによって得られた、その特徴や傾向を表すような数値のことをいう。1 つの数値によって、データの特徴を要約しようとするのである。たとえば、「標準偏差」は「データ全体の平均値との離れ具合を表す 1 つの数値であり、分布の幅のようなもの」という基本統計量である。

そして、代表値とは、データの分布がどのあたりの位置にあるのかを表す基本統計量であり、いわば、データを代表する値である。

代表値として、平均値、中央値、また、最頻値などが使われる。

2. 代表値の例

2.1 平均値

平均値を求めるということは、いわば「均一化」をするということである。データがすべて［ある同じ値］だと仮定して、それで計算される基準値がもともとのデータで計算した基準値と同じになるとき、その［ある同じ値］のことを［平均値］というのである。その基準値を求める計算方式が何かによって、［平均値］を求める方式が異なる。

以下で、求める計算方式がそれぞれ異なる 3 種類の平均値について説明する。

2.1.1. 相加平均値

相加平均値[1]とは、「データの合計をデータの個数で割ったもの」である。つまり、「平均値=合計/個数」と計算して求める。たとえば、10 と 90 の相加平均値は、

$$(10 + 90)/2 = 50$$

より、50 となる。

「合計=平均値×個数」ということになるので、平均値をデータの個数分足すと合計になるということがわかる。つまり、もしどのデータも［ある同じ値］(平均値) であると強引にみなしてしまったとしても、それらの合計はもともとの合計と変わらないということを意味している。

相加平均値は、算術平均値とも呼ばれ、最もよく知られた平均値である。

2.1.2 幾何平均値

幾何平均値[ii]は、「n 個の値をすべてかけたものの n 乗根 (1/n 乗)」である。データの個数が 2 であれば、その幾何平均値は「2 個の値をかけたものの 2 乗根 (1/2 乗)」ということである。たとえば、10 と 90 の幾何平均値は

$$10 \times 90 \text{ の } 2 \text{ 乗根} = 30$$

より、30 ということになる。

相加平均値は「足して個数で割って」求めるが、幾何平均値は「かけてルート (√)をとって」求めるのである。

相加平均値は、相乗平均値とも呼ばれ、伸び率などを平均するときに使われる。

1

2.1.3 調和平均値

調和平均値[iii]は、「『値の逆数の相加平均値』の逆数」である。たとえば、10 と 90 の調和平均値は、1/10 と 1/90 の相加平均値の逆数なので、

$$(1/10 + 1/90)/2 \text{ の逆数} = 2/(1/10 + 1/90) = 18$$

より、18 となる。

調和平均値は、速度などを平均するときに使われる。[iv]

2.2 中央値

中央値[v]とは、データを大きさの順に並べ替えたときの中央に位置する値のことをいう。

データが奇数個の場合は真ん中の 1 つの値が中央値となり、データが偶数個の場合は真ん中の 2 つの値の平均が中央値となる。

このように、中央値は真ん中の 1 つまたは 2 つの値のみから決まり，それ以外の値の影響は受けない。(データの個数が 3 以上の場合は）たとえ最大値を極端に大きい値にすり替えたとしても、中央値は変わらないのである。これは平均値とは大きく異なる点である。

2.3 最頻値

最頻値[vi]とは、最も頻繁に現れるデータのことをいう。

どのようなデータが典型的に現れるのかを把握するために求められ、最も頻繁に現れるデータのみから決まり、それ以外のデータの影響は受けない。それ以外のデータの影響は受けないという点は中央値と同じであり、外れ値の影響を受けやすい平均値とは性質が異なる。

i エクセルでは AVERAGE 関数を使うと相加平均値を求めることができる。
ii エクセルでは GEOMEAN 関数を使うと調和平均値を求めることができる。
iii エクセルでは HARMEAN 関数を使うと調和平均値を求めることができる。
iv 一般に、調和平均値≦幾何平均値≦相加平均値という大小関係が成立する。
v エクセルでは MEDIAN 関数を使うと中央値を求めることができる。
vi エクセルでは MODE.MULTI 関数を使うと最頻値を求めることができる。

2

10-3 第10章の演習問題

演習問題 10-1

Word文書に次の文章を入力しましょう。

夏季集中講義のご案内↵
↵
8月中のどこかの2週間（月曜日から土曜日の1、2、3限目）に開講↵
（日付は決まり次第お知らせします）↵
場所は14A講義室↵
↵
↵
第1週目□微分積分学↵
↵
(月)·準備↵
(火)·極限と連続関数↵
(水)·1変数の微分↵
(木)·1変数の積分↵
(金)·多変数の微分↵
(土)·多変数の微分↵
↵
↵
第2週目□線形代数学↵
↵
(月)·準備↵
(火)·線形空間↵
(水)·線形写像↵
(木)·自己準同形↵
(金)·双対空間↵
(土)·双線形形式↵

演習問題 10-2

「演習問題10−1」のファイルを開き、次の指示にしたがって編集しましょう。

1 1行目は太字にし、フォントは「游ゴシック」、フォントサイズは「20pt」にします。

2 5行目の「1週目　微分積分学」と12行目の「第2週目　線形代数学」は太字にし、フォントは「游ゴシック」、フォントサイズは「16pt」にします。

3 1、2で書式を変更した行以外はすべて、フォントサイズを「12pt」にします。

4 2行目と4行目において、ホームタブの（段落グループにある）［箇条書き］から「●」を選びます。

5 6行目から11行目までを「3段」に段組みします。同様に、13行目以降も「3段」に段組みしましょう。

夏季集中講義のご案内

● 8月中のどこかの2週間（月曜日から土曜日の1、2、3限目）に開講
（日付は決まり次第お知らせします）
● 場所は14A講義室

第1週目　微分積分学

セクション区切り（現在の位置から新しいセクション）

(月) 準備
(火) 極限と連続関数
(水) 1変数の微分
(木) 1変数の積分
(金) 多変数の微分
(土) 多変数の微分

第2週目　線形代数学

セクション区切り（現在の位置から新しいセクション）

(月) 準備
(火) 線形空間
(水) 線形写像
(木) 自己準同形
(金) 双対空間
(土) 双線形形式

10

第 11 章 段落番号、脚注、Excel グラフの挿入

この章では、段落番号と脚注の付け方について学習します。また、Word 文書の上部の余白部分であるヘッダーに文字入力をしてみましょう。Word 文書に Excel で作成した表やグラフを挿入する演習も行います。

11-1 段落番号

この節では、作成した文章に、段落番号を付ける演習を行います。「リストのインデントの調整」も行いましょう。

例題 11-1

Word文書に次の文章を入力しましょう。

◆コンピュータの５大装置◆↵
↵
コンピュータは演算装置、制御装置、記憶装置、入力装置、出力装置という５つの装置によって構成されます。これらを５大装置といいます。演算装置はさまざまな演算を行います。制御装置はプログラムを解釈して、他の装置をコントロールします。制御装置と演算装置をあわせて中央処理装置（CPU）といいます。記憶装置にはデータやプログラムなどの情報が記憶されます。入力・出力装置によって外部と情報を入出力します。↵
↵
演算装置（arithmetic logic unit）↵
役割：四則演算、論理演算↵
中央処理装置↵
↵
制御装置（control unit）↵
役割：各機能のコントロール↵
中央処理装置↵
↵
記憶装置（storage device）↵
役割：情報の記憶↵
主記憶装置、補助記憶装置↵
↵
入力装置（input device）↵
役割：情報の外部入力↵
キーボード、マウス、タッチパネルなど↵
↵
出力装置（output device）↵
役割：結果の外部出力↵
ディスプレイ、プリンタ、スピーカーなど↵

1 1行目の「◆」は「しかく」と入力し、［変換］キーを押すことにより入力できます。8行目などにある「：」は全角で、キーボードから入力できます。

2 1、2、3行目にある「5」は全角で入力します。文章中のアルファベットはすべて半角で入力しましょう。

例題 11-2

「例題11－1」(P.156) のファイルを開き、編集しましょう。次の手順にしたがって作業をします。

1 1行目の「◆コンピュータの5大装置◆」を選択し、フォントは「游ゴシック」、フォントサイズを16pt、太字にし、さらに、中央揃えにします。そして、ホームタブの（フォントグループにある）［文字の効果と体裁］の「文字の輪郭」から任意の色を選びます。

2 2行目を1字分字下げします。

3 2行目の「演算装置、制御装置、記憶装置、入力装置、出力装置」を太字にします。そして、フォントの色を任意の色に変更しましょう。

4 3行目の「5大装置」を太字にします。

5 7行目の「演算装置（arithmetic logic unit）」、10行目の「制御装置（control unit）」、13行目の「記憶装置（storage device）」、16行目の「入力装置（input device）」、19行目の「出力装置（output device）」を同時に選択し、フォントは「游ゴシック」、フォントサイズを12pt、太字にします。そして、フォントの色を任意の色に変更にします。さらに、選択範囲はそのままで、ホームタブの（段落グループにある）［段落番号］から下記のような段落番号を選びます。

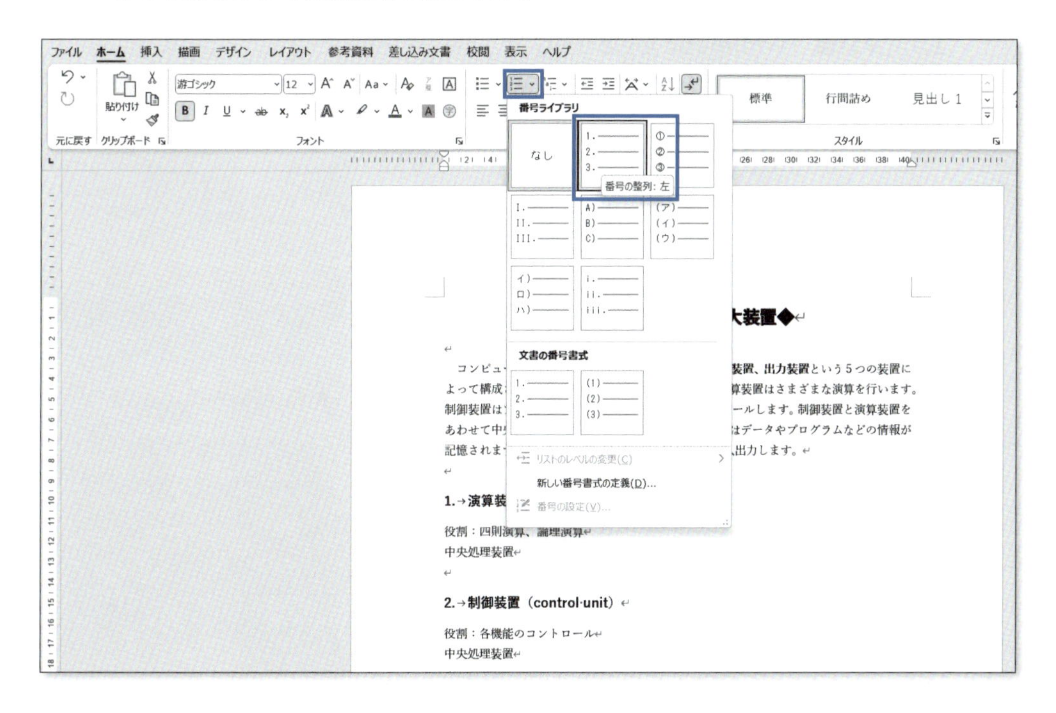

続いて、これらの文字のはじまる位置の左からの距離を6mmに設定します。そのため、選択範囲のどこかで右クリックし、「リストのインデントの調整」を選びます。すると、「リストのインデントの調整」ダイアログボックスが出てくるので、そのなかの「インデント」を

「6mm」に変更します。

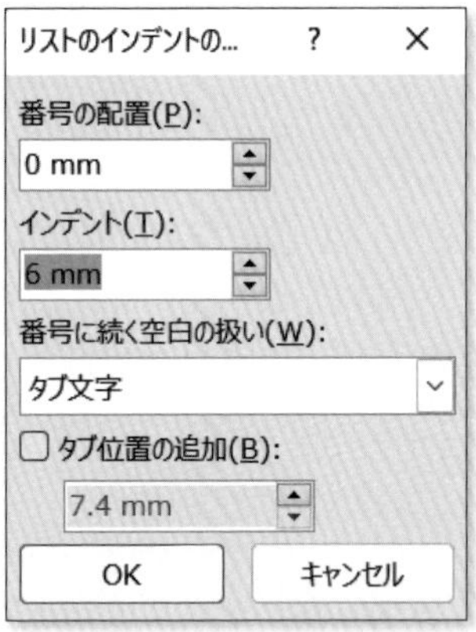

リストのインデントの… ? ×

番号の配置(P):

0 mm

インデント(T):

6 mm

番号に続く空白の扱い(W):

タブ文字

☐ タブ位置の追加(B):

7.4 mm

OK キャンセル

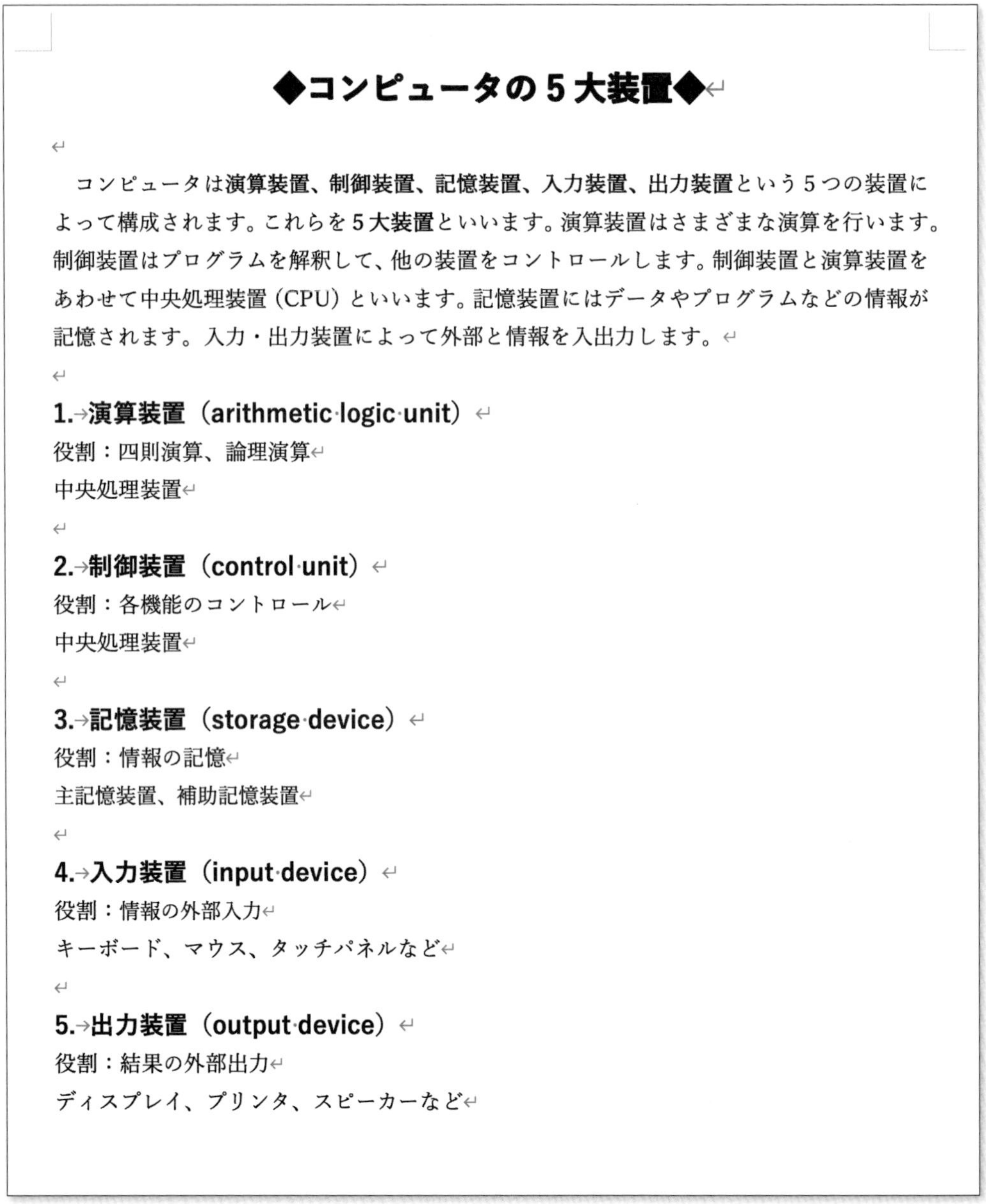

◆コンピュータの 5 大装置◆

コンピュータは**演算装置**、**制御装置**、**記憶装置**、**入力装置**、**出力装置**という 5 つの装置によって構成されます。これらを**5 大装置**といいます。演算装置はさまざまな演算を行います。制御装置はプログラムを解釈して、他の装置をコントロールします。制御装置と演算装置をあわせて中央処理装置（CPU）といいます。記憶装置にはデータやプログラムなどの情報が記憶されます。入力・出力装置によって外部と情報を入出力します。

1. 演算装置（arithmetic logic unit）

役割：四則演算、論理演算

中央処理装置

2. 制御装置（control unit）

役割：各機能のコントロール

中央処理装置

3. 記憶装置（storage device）

役割：情報の記憶

主記憶装置、補助記憶装置

4. 入力装置（input device）

役割：情報の外部入力

キーボード、マウス、タッチパネルなど

5. 出力装置（output device）

役割：結果の外部出力

ディスプレイ、プリンタ、スピーカーなど

11-2 脚注とヘッダー

この節では、脚注の付け方とヘッダーへの文字入力の仕方を確認します。なお、文末脚注は文章全体の最後に配置されますが、脚注は各ページの下に配置されます。

例題 11-3

「例題11－2」(P.157) のファイルを開き、脚注とヘッダーを挿入しましょう。次の手順にしたがって作業をします。

1 4行目の「プログラム」の直後にカーソルを置き、参考資料タブの（脚注グループにある）［脚注の挿入］をクリックします。すると、ページの下の方に脚注が挿入されるので、「コンピュータにさせる処理を記述したもの」と入力します。フォントサイズは9ptにします。

2 同様に、8行目の「論理演算」の直後にもカーソルを置き、脚注を挿入します。
注には、「論理和（OR）、論理積（AND）、排他的論理和（Exclusive OR, EOR, XOR）、否定（NOT）の4種類」と入力します。フォントサイズは9ptにします。

3 レイアウトタブのページ設定グループのダイアログボックスランチャーをクリックし、「ページ設定」ダイアログボックスを出します。用紙タブの「用紙サイズ」が「A4」になっていることを確認します。
続けて、余白タブの「余白」について、「上」と「下」を「25mm」に、「左」と「右」を「35mm」に設定します。「印刷の向き」は「縦」になっていることを確認します。
次に、文字数と行数タブの「文字方向」が「横書き」になっていることを確認します。
そして、「文字数と行数の指定」について、「文字数と行数を指定する」にチェックを入れます。その下の「文字数」と「行数」をそれぞれ「37」と「39」に設定してOKボタンを押します。

4 ヘッダー（本文より上の領域）をダブルクリックします。ヘッダーにカーソルが入るので、「第1回　配布資料」と入力します。そのあと、本文をダブルクリックして戻りましょう。

第1回□配布資料

◆コンピュータの5大装置◆

コンピュータは**演算装置、制御装置、記憶装置、入力装置、出力装置**という5つの装置によって構成されます。これらを5**大装置**といいます。演算装置はさまざまな演算を行います。制御装置はプログラム[1]を解釈して、他の装置をコントロールします。制御装置と演算装置をあわせて中央処理装置（CPU）といいます。記憶装置にはデータやプログラムなどの情報が記憶されます。入力・出力装置によって外部と情報を入出力します。

1. 演算装置（arithmetic logic unit）

役割：四則演算、論理演算[2]

中央処理装置

2. 制御装置（control unit）

役割：各機能のコントロール

中央処理装置

3. 記憶装置（storage device）

役割：情報の記憶

主記憶装置、補助記憶装置

4. 入力装置（input device）

役割：情報の外部入力

キーボード、マウス、タッチパネルなど

5. 出力装置（output device）

役割：結果の外部出力

ディスプレイ、プリンタ、スピーカーなど

---

[1] コンピュータにさせる処理を記述したもの

[2] 論理和(OR)、論理積(AND)、排他的論理和(Exclusive OR, EOR, XOR)、否定(NOT)の4種類

11-3 Excelグラフの貼り付け

この節では、Word文書に、第7章で作成したExcelグラフを図として貼り付けます。図の「文字列の折り返し」を変更すると、任意の位置に動かせることを確認します。また、レイアウトタブの［後の間隔］を使って、行間を簡単に調整する方法も確認しましょう。

例題 11-4

次のようなWord文書を作成しましょう。グラフについては、「例題7−4」（P.106）で作成した棒グラフと円グラフ、また、「例題7−5」（P.109）で作成した折れ線グラフを挿入します。次の手順にしたがって作業をします。

グラフの種類について

グラフを作成することによって，データの特徴が直感的につかみやすくなります．グラフには棒グラフ，折れ線グラフ，円グラフ，散布図などの種類があるので，データの特性や表現の目的に合ったグラフを使い分けましょう．

1. 棒グラフ

棒グラフは棒の長さでデータの**大きさ**を表すので，データの大きさを比較するときに役に立ちます．連続性のないデータを比較するのに適しています．

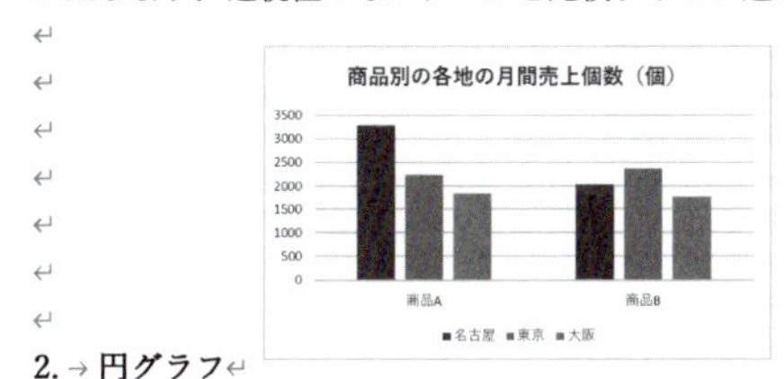

棒の長さに注目

2. 円グラフ

円グラフは，円全体を100%として各項目の**割合**を扇形で表します．各扇形の中心角の大きさとその扇形が表す量と比例するので，各項目の割合を比較したり，全体と一部を比較したりするのに適しています．

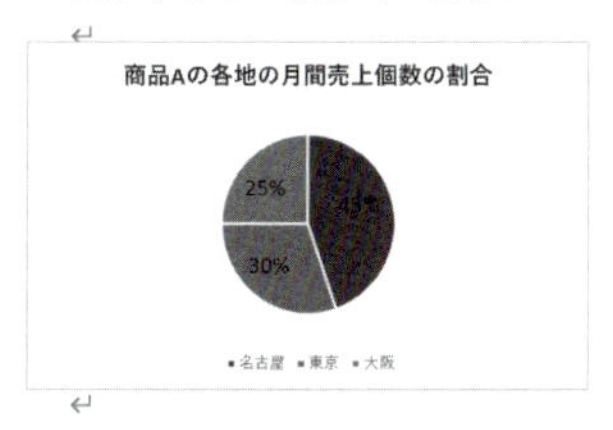

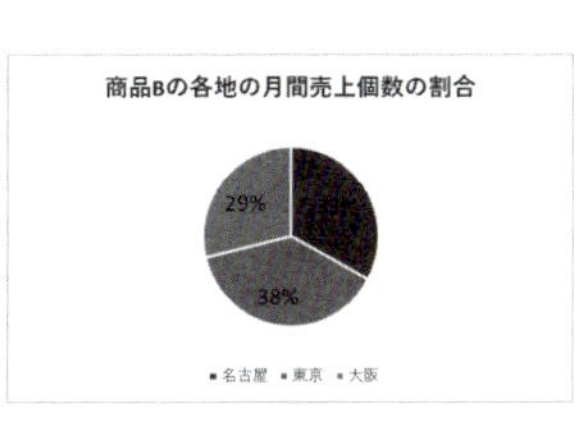

扇形の中心角に注目

3. 折れ線グラフ

折れ線グラフは点を線分で結ぶので，データの**推移**を表すのに適しています．時系列データについて作成すると，時間による傾向がつかみやすくなります．

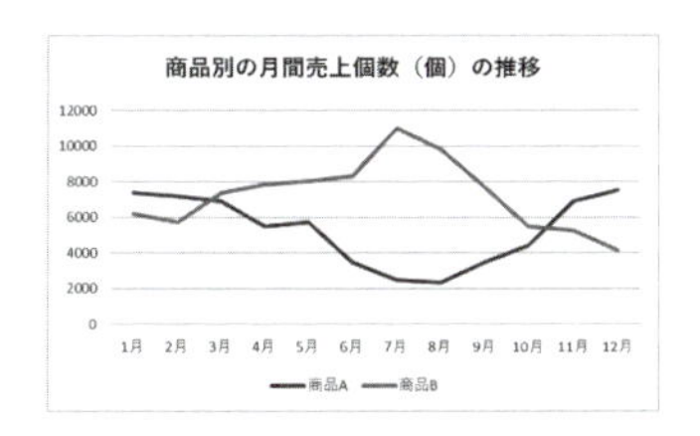

線の傾きに注目

1 まずは文字入力をし、そのあと、書式などの変更を行いましょう。1行目はフォントサイズを14ptにし、太字にします。句点が「.」、読点が「,」であることに注意しましょう。

補 足

句点と読点の種類を設定から変更するには、画面右下にある「あ」(または「A」)の上で右クリックしてIMEオプションを開き、「設定」を選択します。

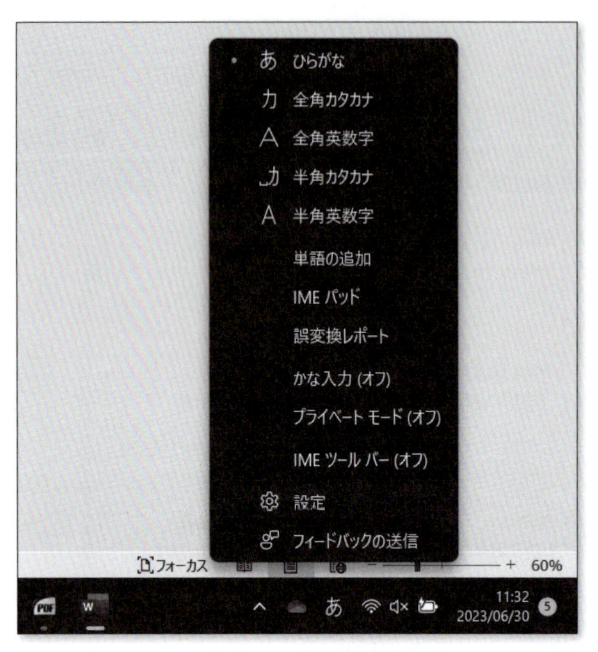

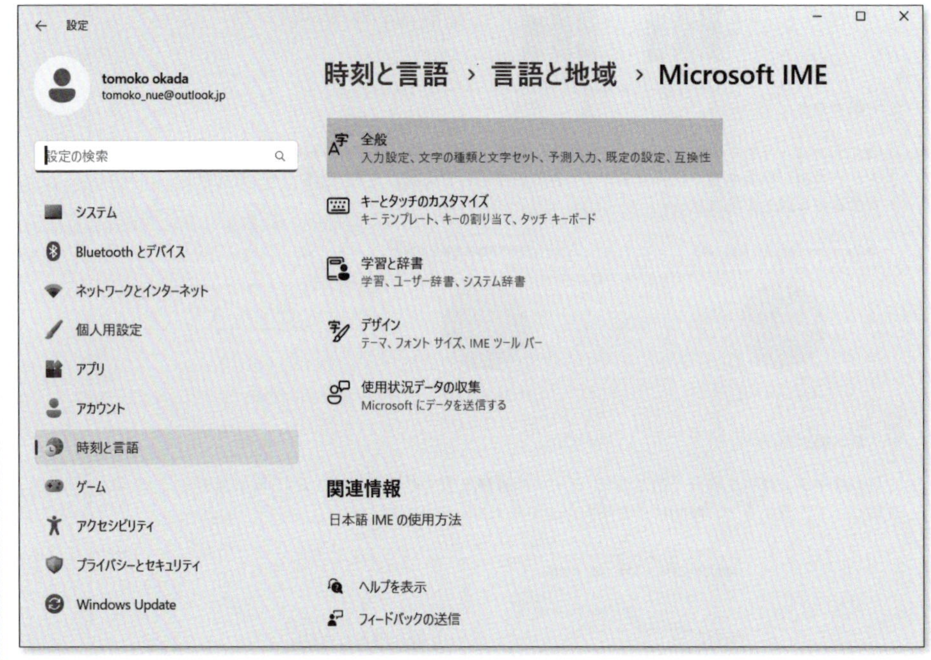

「全般」を選択すると、「句読点」を変更できます。

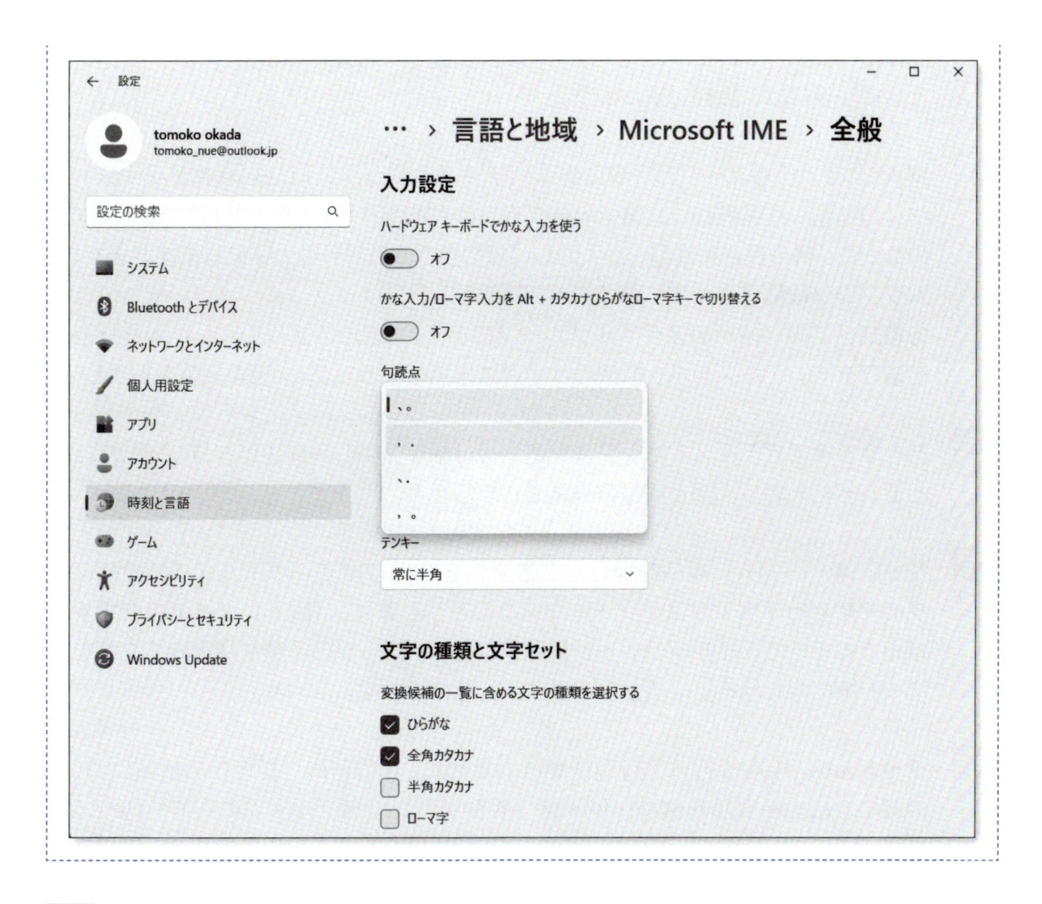

2 5行目の「棒グラフ」、8行目の「円グラフ」、12行目の「折れ線グラフ」は太字にし、ホームタブの（段落グループにある）［段落番号］から完成例のような段落番号を選びます。

3 6行目の「大きさ」、9行目の「割合」、13行目の「推移」についてはホームタブの（フォントグループにある）「囲み線」を選択し、さらに、［蛍光ペンの色］から任意の色を選びます。

4 作成した「例題7−4」（P.106）のファイルを開き、棒グラフの上で右クリックし、「コピー」を選択します。そして、作成中のWord文書の7行目の下で右クリックし、「貼り付けのオプション」から「図」を選択します。

5 挿入された棒グラフの上で右クリックし、「文字列の折り返し」を「前面」または「背面」にします。そうすると、棒グラフを任意の位置へ動かせるようになります。

6 挿入された棒グラフを選択し、図の形式タブのサイズグループのダイアログボックスランチャーをクリックします。「レイアウト」ダイアログボックスが出てくるので、「縦横比を固定する」と「元のサイズを基準にする」にチェックが入っていることを確認し、「高さ」を適宜調整します。

7 同様に、例題7−4の2つの円グラフ、また、例題7−5の折れ線グラフもそれぞれ「図」として貼り付け、調整しましょう。

8 挿入タブの（テキストグループにある）[テキストボックス] から「横書きテキストボックスの描画」を選択し、文書中の棒グラフの右あたりでドラッグして作成します。そのなかに「棒の長さに注目」と入力し、「棒の長さ」の部分は太字にします。また、ホームタブの（段落グループにある）［中央揃え］をクリックしましょう。そして、図形の書式タブの（図形のスタイルグループにある）［図形の塗りつぶし］から任意の色を選びます。テキストボックスのサイズは頂点をドラッグし、適宜調整をしましょう。

9 あと2つ横書きテキストボックスを追加し、「扇形の中心角に注目」、「線の傾きに注目」とそれぞれ入力し、8と同様の編集をしましょう。

10 ［Ctrl］キー＋［A］キーを押し、文書全体を選択します。ホームタブの段落グループのダイアログボックスランチャーをクリックします。「段落」ダイアログボックスが出てくるので、インデントと行間隔タブの「1ページの行数を指定時に文字を行グリッド線に合わせる」にチェックがない状態にします。

11 タイトルの下に0.5行分の行間を開けるために、1行目の「グラフの種類について」のどこかにカーソルを置き、レイアウトタブの（段落グループにある）［後の間隔］を「0.5行」にします。同様に、5行目の「1. 棒グラフ」、8行目の「2. 円グラフ」、12行目の「3. 折れ線グラフ」についても［後の間隔］を「0.5行」にします。

12 1ページに収まるように、適宜ページ設定を行って調整しましょう。

11-4 第11章の演習問題

演習問題 11-1

「演習問題9－2」(P.138) のファイルを開き、次の指示にしたがって編集しましょう。

1. 5行目の「**RAM**」の直後と14行目の「**ROM**」の直後に脚注を挿入し、注にはそれぞれ、「Random Access Memoryの略」、「Read Only Memoryの略」と書き込みましょう。フォントサイズは10ptにします。

2. 「ページ設定」について、「用紙サイズ」を「A4」、「余白」の「上」と「下」をどちらも「30mm」、「左」と「右」をどちらも「35mm」、「印刷の向き」を「縦」、「文字数」と「行数」をどちらも「37」に設定します。

3. ヘッダーに「第2回　配布資料」と入力しましょう。

第2回□配布資料↵

▼メモリ（Memory）↵

記憶装置のことを一般にメモリと呼んでいます。データやプログラムを記憶する役割をもちます。メモリにはRAMとROMがあります。↵

↵

1. RAM↵

RAM[1]は読み込みと書き込みが可能なメモリです。コンピュータの構成要素で主記憶装置に使われます。演算処理や画面出力を行うときに一時的にデータや命令を記憶します。RAMは揮発性メモリのため電源を切ると内容が失われます。↵

RAMには記憶の維持方法が異なるDRAMとSRAMの2種類があります。DRAMはコンデンサの電荷としてデータを保持するため、時間がたつと電荷が減少します。そこで、リフレッシュという一定時間での再書き込みが必要になります。DRAMはメインメモリに使用されます。これに対して、SRAMはリフレッシュの動作を必要としません。SRAMはDRAMよりも高性能で、キャッシュメモリとして使われます。↵

↵

2. ROM↵

ROM[2]は書き込みができない読み出し専用のメモリです。一度書き込んだら書き換えできません。不揮発性のため、電源を切っても記憶内容が維持されます。ROMにはマスクROM、PROM、EPROM、EEPROMがあります。↵

---

[1] Random Access Memory の略↵

[2] Read Only Memory の略↵

第 12 章　図形と表の挿入

図形や表など文字以外の要素のことをオブジェクトといいます。この章では、基本図形、テキストボックス、数式エディタ、また、表などのオブジェクトの挿入について学習します。

12-1 基本図形、テキストボックス、数式エディタ

この節では、数式エディタを使って、2乗などを表す数式が入力できることを確認します。また、挿入タブから直角三角形や正方形の図形を挿入して、大きさや配置の調整、回転などを行います。そして、文書の任意の場所に文字を置くためには、文字の入ったテキストボックスの枠線をなしにして、それを移動させればいいということも確認しましょう。

例題 12-1

次のようなWord文書を作成しましょう。次の手順にしたがって作業をします。

三平方の定理とは

三平方の定理とは，直角三角形において，斜辺の長さを c，他の 2 辺の長さをそれぞれ a，b とすると，

$$a^2 + b^2 = c^2$$

という関係が成り立つことである．

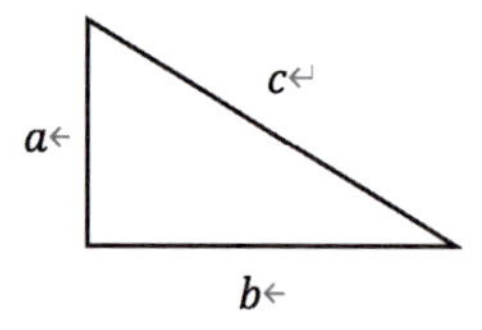

1 1行目はフォントサイズを16ptにし、太字にします。

2 2行目、3行目の「c」、「a」、「b」については、数式エディタを使って入力します。半角で入力したあとそれぞれ範囲選択し、挿入タブの（記号と特殊文字グループにある）［π 数式］をクリックします。斜体にならないとき（「a」とならずに「a」となる場合）は、ホームタブの（フォントグループにある）［斜体］をクリックしましょう。

3 4行目の「$a^2+b^2=c^2$」の入力にも数式エディタを使いましょう。挿入タブの［π 数式］をクリックし、「ここに数式を入力します。」と書かれた範囲に入力します。「a^2」などは、数式タブの（構造グループにある）［ e^x 上付き / 下付き文字］を使って入力します。半角で入力し、「+」も「=」もキーボードから入力します。

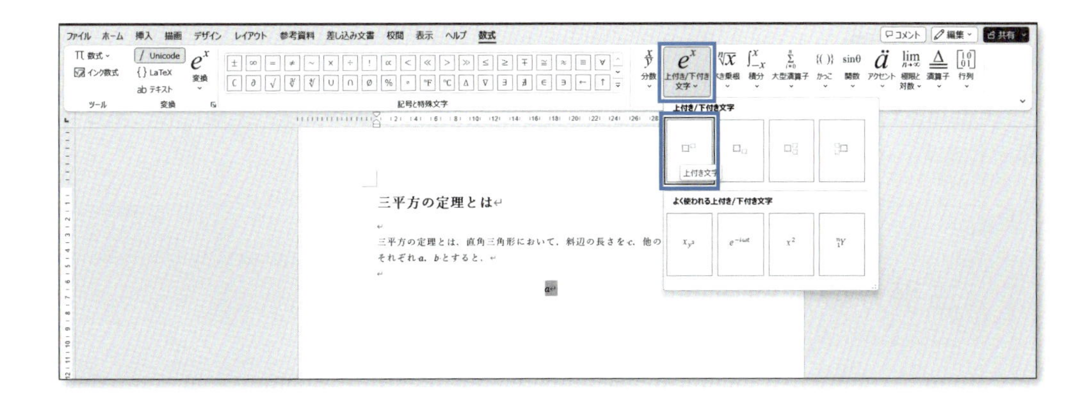

4 直角三角形は挿入タブの（図グループにある）［図形］の「基本図形」から「直角三角形」をクリックし、文書中でドラッグして描きましょう。挿入した直角三角形を選択した状態で図形の書式タブの（図形のスタイルグループにある）［図形の塗りつぶし］から「塗りつぶしなし」を選択します。サイズ変更ハンドル○をドラッグすると、大きさや縦横比を調整することができます。

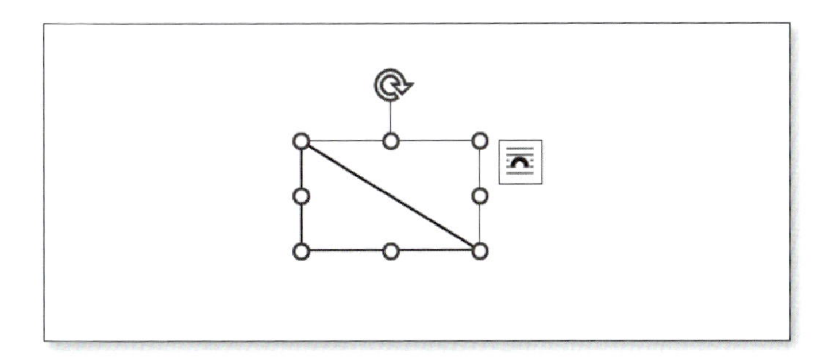

5 直角三角形の辺の長さを表す「a」、「b」、「c」はテキストボックスに入力します。挿入タブの（テキストグループにある）［テキストボックス］から「横書きテキストボックスの描画」を選び、文書中でドラッグして挿入します。そして、挿入したテキストボックスのなかに「a」などの文字を、数式エディタを使って入力しましょう。
枠線を消すために、挿入したテキストボックスが選択されている状態で、図形の書式タブの（図形のスタイルグループにある）［図形の枠線］から「枠線なし」を選択します。テキストボックスの位置はドラッグして調整しましょう。

6 作成した直角三角形と 3 つのテキストボックスを、[Ctrl] キーを押しながら選択して、図形の書式タブの（配置グループにある）［グループ化］をクリックしましょう（[Ctrl] キーを押しながら選択するのがむずかしいときは、ホームタブの［編集］の「選択」から「オブジェクトの選択」を選んだあと、作成した図形全体を含む範囲をドラッグして指定しましょう）。グループ化された複数の図形は、ひとつの図形のように扱うことができます。

7 グループ化した図形を選択し、図形の書式タブの（配置グループにある）［オブジェクトの配置］から「左右中央揃え」を選択します。

例題 12-2

「例題12−1」(P.168) のファイルを開き、図形を追加しましょう。次の手順にしたがって作業をします。

三平方の定理とは

三平方の定理とは，直角三角形において，斜辺の長さを c，他の 2 辺の長さをそれぞれ a，b とすると，

$$a^2 + b^2 = c^2$$

という関係が成り立つことである．

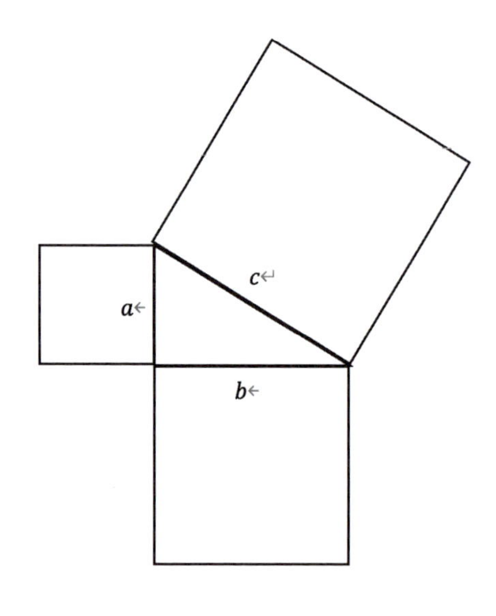

1 正方形は、挿入タブの（図グループにある）［図形］の「四角形」から「正方形 / 長方形」をクリックし、［Shift］キーを押しながら文書中でドラッグして描きましょう。ここで、［Shift］キーを押さずにドラッグすると、自動で正方形にはならないので注意しましょう。
作成した正角形を選択した状態で、図形の書式タブの（図形のスタイルグループにある）［図形の塗りつぶし］から「塗りつぶしなし」を選択します。
直角三角形の各辺の長さに合わせ、正方形を計 3 つ作りましょう。

2 回転させる正方形を選択し、回転ハンドルをドラッグして回転させます。

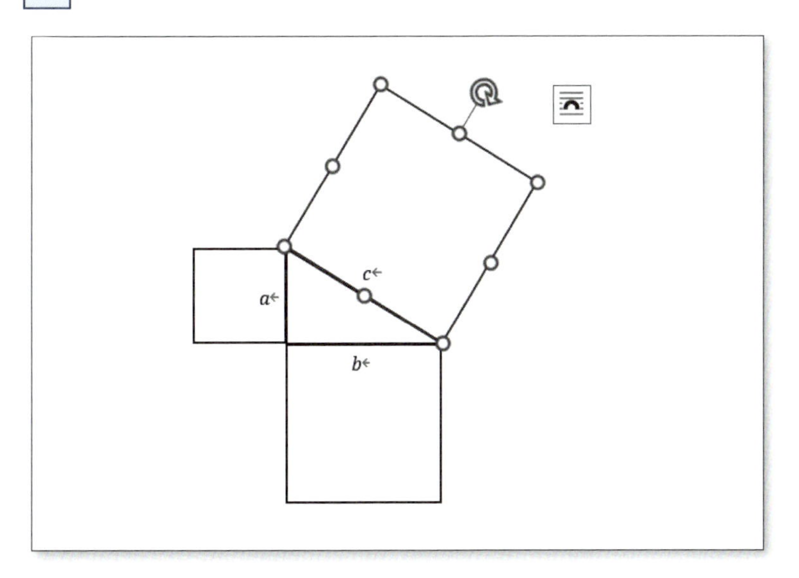

3 ホームタブの［編集］の「選択」から「オブジェクトの選択」を選びます。作成した図形全体を含む範囲をドラッグして指定し、右クリックしてグループ化をしましょう。

12-2 表の挿入

この節では、表を挿入します。そして、列幅や行の高さを調整したり、配置を変えたり、罫線を引いたり、セルを結合したりして、表を編集しましょう。

例題 12-3

「例題11－3」(P.159) のファイルを開き、表を挿入しましょう。次の手順にしたがって作業をします。

1 7行目（「と情報を入出力します。」）の下の空白の行のはじめにカーソルを置き、[Enter] キーを押して改行します。挿入タブの（表グループにある）[表] をクリックし、下記のように6行×2列分をドラッグします。

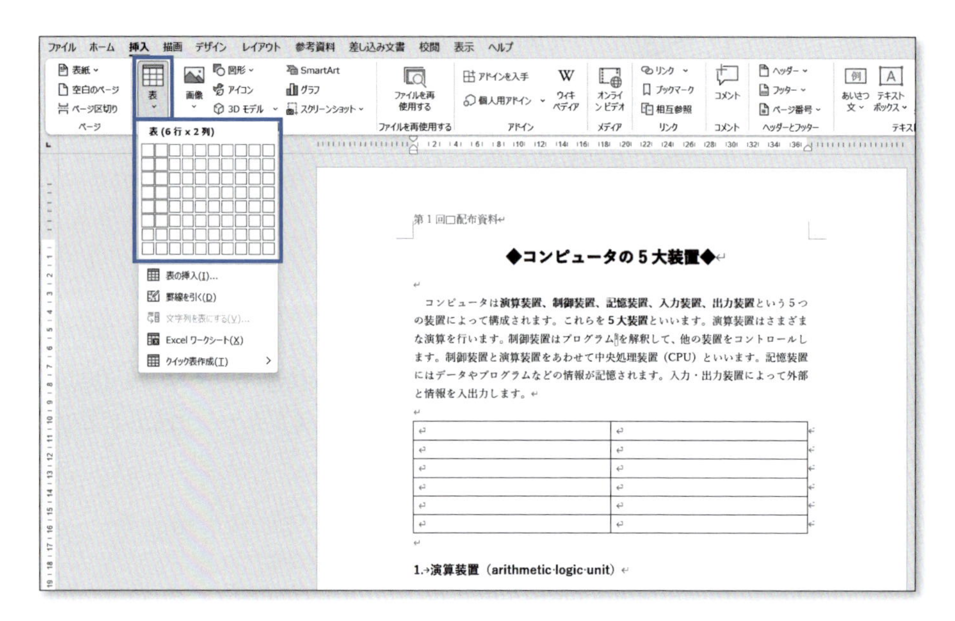

そして、出てきた表に、下記のように文字を入力します。

装置	役割
演算装置（arithmetic logic unit）	四則演算、論理演算[1]
制御装置（control unit）	各機能のコントロール
記憶装置（storage device）	情報の記憶
入力装置（input device）	情報の外部入力 （例：キーボード、マウス、タッチパネル）
出力装置（output device）	情報の外部出力 （例：ディスプレイ、プリンタ、スピーカー）

ここで、表の下にある文字列を表中に移動させたいときは、その文字列を選択し、それをドラッグして表のなかに移動させましょう（このとき [Ctrl] キーを押しながらドラッグすると、選択した文字列がもともとの場所に残ります）。

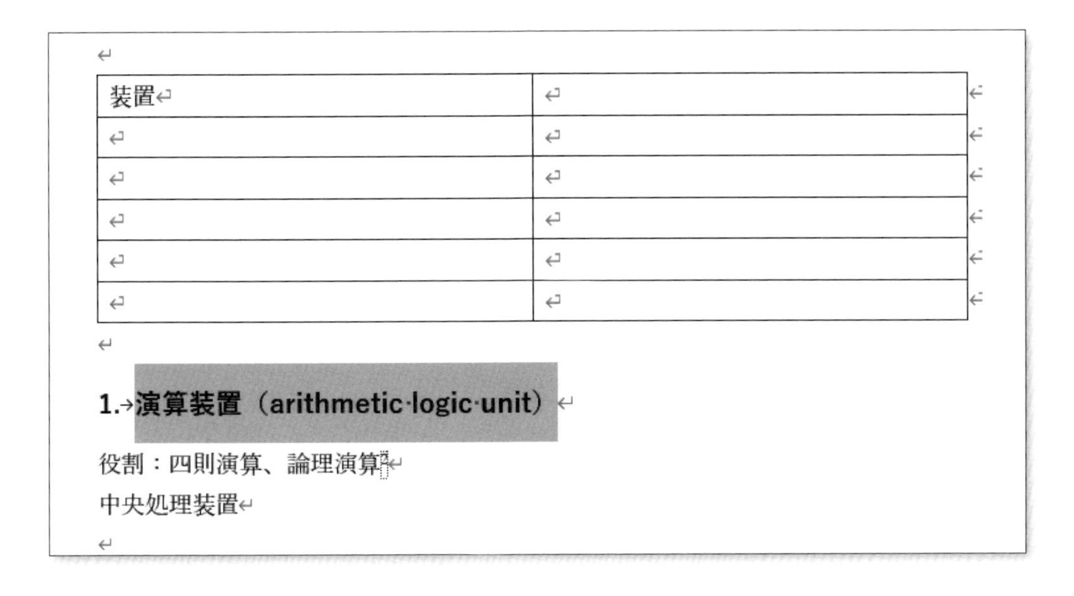

貼り付けのオプションは（とくに左側の列の文字列については）「テキストのみ保持」にします。

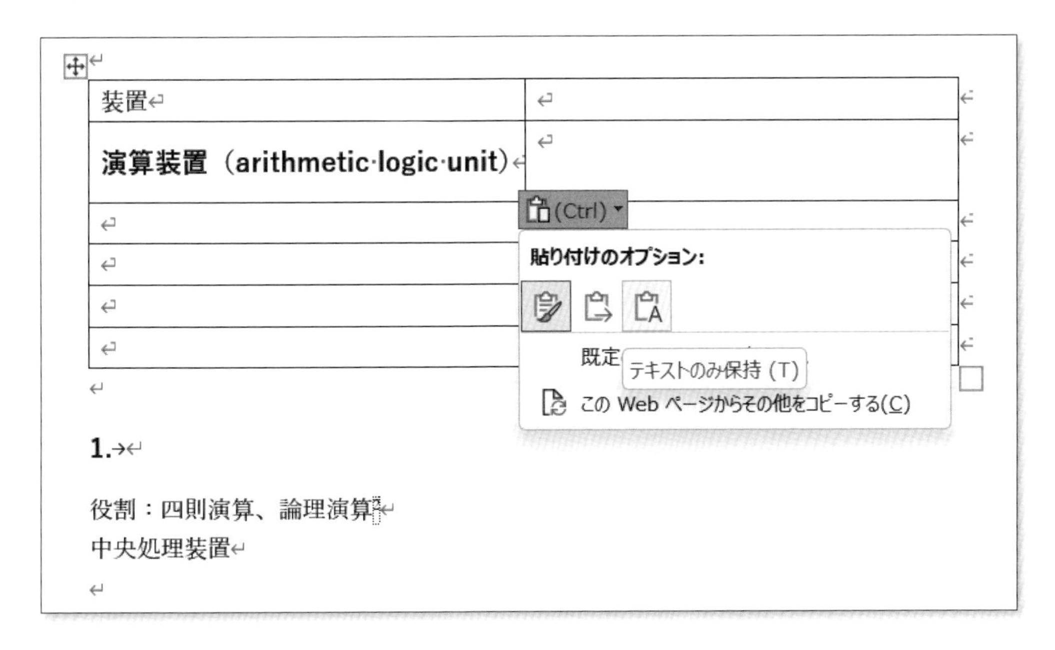

ただし、右側の上から 2 行目の脚注番号が付いているところ（「論理演算 2」）は、貼り付けのオプションを変更せず（つまり「元の書式を保持」のままにして）、脚注番号が消えないようにしましょう（または「書式を統合」にしてもいいです）。
作業が終わったら、表の下の残った文字列をすべて消去しましょう。

2 以下の作業で下記のような表に編集します。

装置	役割
演算装置（arithmetic logic unit）	四則演算、論理演算
制御装置（control unit）	各機能のコントロール
記憶装置（storage device）	情報の記憶
入力装置（input device）	情報の外部入力 （例：キーボード、マウス、タッチパネル）
出力装置（output device）	情報の外部出力 （例：ディスプレイ、プリンタ、スピーカー）

まず、列幅を調整します。表の縦線の真上にマウスポインタを置き、マウスポインタの形が✣の形に変わったらドラッグしましょう。

3 表の1行目を範囲選択し、太字にし、テーブルデザインタブの（表のスタイルグループにある）［塗りつぶし］から任意の色を選択します。そして、ホームタブの（段落グループにある）［中央揃え］を選択します。

4 表が選択されている状態で、テーブルデザインタブの（飾り枠グループにある）［ペンのスタイルから］「二重線」（上から7番目）を選択します。マウスポインタがペンの形に変わるので、1行目の下側の罫線をドラッグし、二重線に変更します。終わったら［Esc］キーを押しましょう。

5 表の2行目以下を範囲選択し、（右側の）レイアウトタブの（セルのサイズグループにある）［高さを揃える］をクリックします。

6 表の2行目以下を範囲選択したまま、（右側の）レイアウトタブの（配置グループにある）［中央揃え（左）］をクリックします。

7 表の左上の十字マーク（表の移動ハンドル）をクリックし、ホームタブの（段落グループにある）［中央揃え］を選択します。

例題 12-4

「例題12－3」(P.172) のファイルを開き、表を編集しましょう。次の手順にしたがって作業をします。

1 表の左端の縦線の真上にマウスポインタを置き、マウスポインタの形が✚の形に変わったら、左にドラッグし列幅をひろげておきましょう。

2 表を選択した状態で、テーブルデザインタブの（飾り枠グループにある）［ペンのスタイル］から一本線（1番上）を選択します。続けて、すぐ右にある［罫線］から［罫線を引く］を選びます。マウスポインタが鉛筆の形に変わるので、下図のように縦線2本（2、3行目に1本と4行目に1本）、横線1本（4行目の一部に1本）を引きます。終わったら［Esc］キーを押しましょう。

装置		役割
演算装置（arithmetic logic unit）		四則演算、論理演算
制御装置（control unit）		各機能のコントロール
記憶装置（storage device）	 	情報の記憶
入力装置（input device）		情報の外部入力 （例：キーボード、マウス、タッチパネル）
出力装置（output device）		情報の外部出力 （例：ディスプレイ、プリンタ、スピーカー）

3 2で2、3行目に引いた縦線の右の部分（2行1列）を範囲選択し、（右側の）レイアウトタブの（結合グループにある）［セルの結合］をクリックします。結合したセルに、「中央処理装置」と入力し、［Enter］キーを押し、「(CPU)」と入力しましょう。

4 2で4行目に引いた横線によって区切られた上下2つのセルに、「主記憶装置」、「補助記憶装置」とそれぞれ入力しましょう。

5 表全体を選択し、（右側の）レイアウトタブの（セルのサイズグループにある）［行の高さの設定］を「8mm」にします。

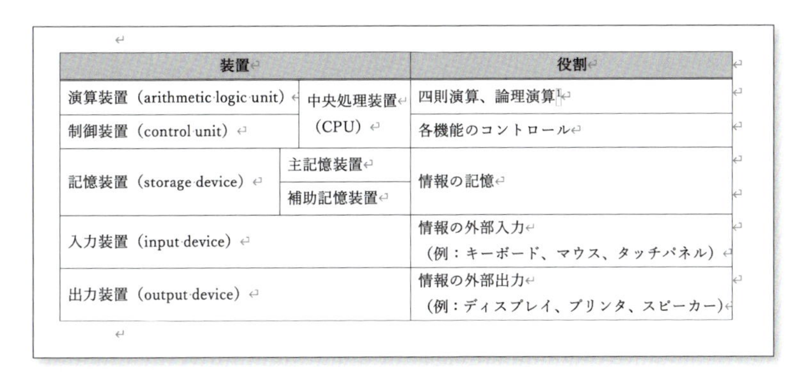

装置		役割
演算装置（arithmetic logic unit）	中央処理装置 （CPU）	四則演算、論理演算
制御装置（control unit）		各機能のコントロール
記憶装置（storage device）	主記憶装置 補助記憶装置	情報の記憶
入力装置（input device）		情報の外部入力 （例：キーボード、マウス、タッチパネル）
出力装置（output device）		情報の外部出力 （例：ディスプレイ、プリンタ、スピーカー）

12-3 数式の形式の変更

この節では、数式エディタで入力されている数式の形式を「 e^x 2次元形式」に変更し、見やすく編集しましょう。

例題 12-5

「例題10−4」(P.149) のファイルを開き、数式エディタで入力されている数式の形式を変更しましょう。

代表値について

「統計学入門」第 1 講の課題

19-6005 技術 評史郎

セクション区切り (現在の位置から新しいセクション)

1. 代表値とは

代表値について説明する前に、まずは基本統計量とは何かについて説明する。

基本統計量というのは、データに対して何らかの計算を行うことによって得られた、その特徴や傾向を表すような数値のことをいう。1 つの数値によって、データの特徴を要約しようとするのである。たとえば、「標準偏差」は「データ全体の平均値との離れ具合を表す 1 つの数値であり、分布の幅のようなもの」という基本統計量である。

そして、代表値とは、データの分布がどのあたりの位置にあるのかを表す基本統計量であり、いわば、データを代表する値である。

代表値として、平均値、中央値、また、最頻値などが使われる。

2. 代表値の例

2.1 平均値

平均値を求めるということは、いわば「均一化」をするということである。データがすべて［ある同じ値］だと仮定して、それで計算される基準値がもともとのデータで計算した基準値と同じになるとき、その［ある同じ値］のことを［平均値］というのである。その基準値を求める計算方式が何かによって、［平均値］を求める方式が異なる。

以下で、求める計算方式がそれぞれ異なる 3 種類の平均値について説明する。

段区切り

2.1.1. 相加平均値

相加平均値とは、「データの合計をデータの個数で割ったもの」である。つまり、「平均値=合計/個数」と計算して求める。たとえば、10 と 90 の相加平均値は、

$$\frac{10+90}{2}=50$$

より、50 となる。

「合計=平均値×個数」ということになるので、平均値をデータの個数分足すと合計になるということがわかる。つまり、もしどのデータも［ある同じ値］(平均値) であると強引にみなしてしまったとしても、それらの合計はもともとの合計と変わらないということを意味している。

相加平均値は、算術平均値とも呼ばれ、最もよく知られた平均値である。

2.1.2. 幾何平均値

幾何平均値は、「n 個の値をすべてかけたものの n 乗根 (1/n 乗)」である。データの個数が 2 であれば、その幾何平均値は「2 個の値をかけたものの 2 乗根 (1/2 乗)」ということである。たとえば、10 と 90 の幾何平均値は

$$\sqrt{10\times 90}=30$$

より、30 ということになる。

相加平均値は「足して個数で割って」求めるが、幾何平均値は「かけてルート (√)をとって」求めるのである。

相加平均値は、相乗平均値とも呼ばれ、伸び率などを平均するときに使われる。

改ページ

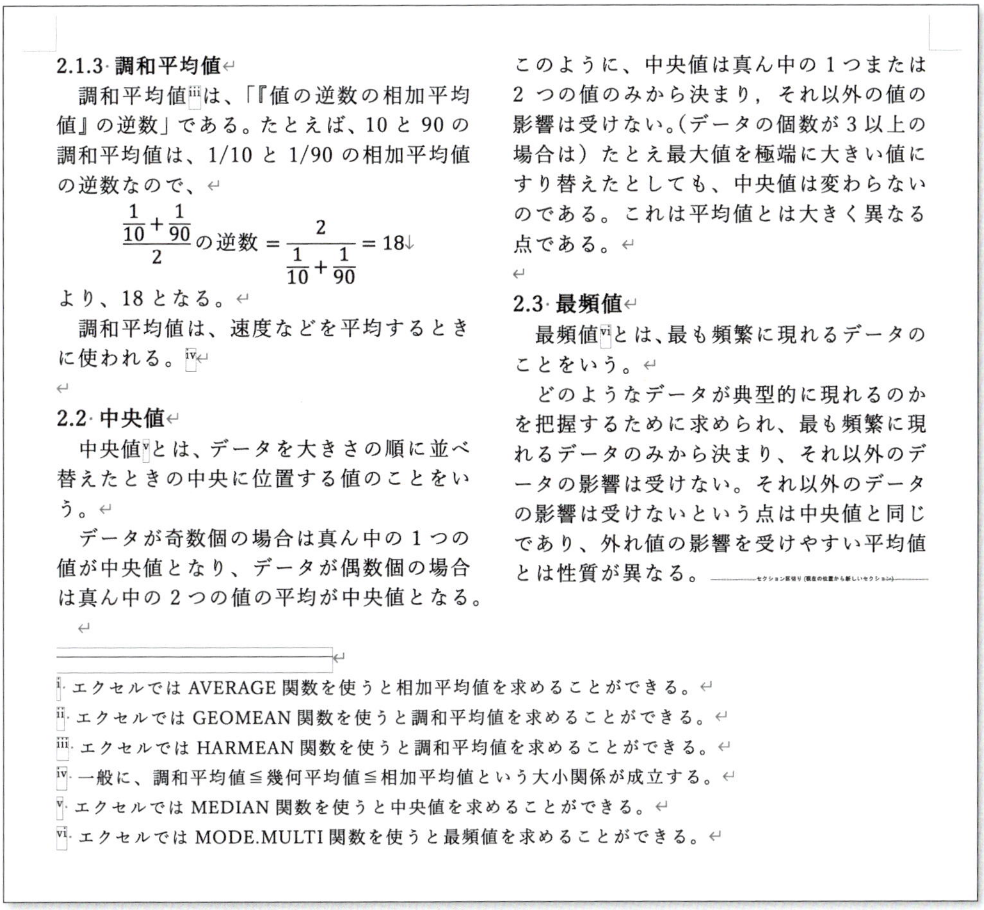

2.1.3 調和平均値

調和平均値[iii]は、「『値の逆数の相加平均値』の逆数」である。たとえば、10と90の調和平均値は、1/10と1/90の相加平均値の逆数なので、

$$\frac{\frac{1}{10}+\frac{1}{90}}{2}\text{の逆数}=\frac{2}{\frac{1}{10}+\frac{1}{90}}=18$$

より、18となる。

調和平均値は、速度などを平均するときに使われる。[iv]

2.2 中央値

中央値[v]とは、データを大きさの順に並べ替えたときの中央に位置する値のことをいう。

データが奇数個の場合は真ん中の1つの値が中央値となり、データが偶数個の場合は真ん中の2つの値の平均が中央値となる。

このように、中央値は真ん中の1つまたは2つの値のみから決まり，それ以外の値の影響は受けない。(データの個数が3以上の場合は) たとえ最大値を極端に大きい値にすり替えたとしても、中央値は変わらないのである。これは平均値とは大きく異なる点である。

2.3 最頻値

最頻値[vi]とは、最も頻繁に現れるデータのことをいう。

どのようなデータが典型的に現れるのかを把握するために求められ、最も頻繁に現れるデータのみから決まり、それ以外のデータの影響は受けない。それ以外のデータの影響は受けないという点は中央値と同じであり、外れ値の影響を受けやすい平均値とは性質が異なる。セクション区切り (現在の位置から新しいセクション)

i エクセルではAVERAGE関数を使うと相加平均値を求めることができる。
ii エクセルではGEOMEAN関数を使うと調和平均値を求めることができる。
iii エクセルではHARMEAN関数を使うと調和平均値を求めることができる。
iv 一般に、調和平均値≦幾何平均値≦相加平均値という大小関係が成立する。
v エクセルではMEDIAN関数を使うと中央値を求めることができる。
vi エクセルではMODE.MULTI関数を使うと最頻値を求めることができる。

12

次の手順にしたがって作業をします。

1 最初の数式「(10+90)/2=50」（1ページ目2段目）のどこかをクリックすると、右側に下向きの矢印が出てきます。それをクリックし、「e^x 2次元形式」を選択します。

2 次の数式「10×90の2乗根=30」（1ページ目2段目）のなかの「10×90」を範囲選択し、数式タブの（構造グループにある）［べき乗根］から「√」を選択します。そして、「の2乗根」を削除しましょう。

3 最後の数式「(1/10+1/90)/2の逆数=2/(1/10+1/90)=18」（2ページ目1段目）については、「e^x 2次元形式」を選択したあと、分母にきた「の逆数」を最初の「=」の直前に移動させましょう。

12-4 第12章の演習問題

演習問題 12-1

「例題12−4」(P.175)のファイルを開き、次のような図形を追加しましょう。色や大きさは任意です。文字の入力された長方形については、横書きのテキストボックスを使って作成できます。または、挿入タブの(図グループにある)[図形]から作成して、右クリックし「テキストの追加」を選択してもいいです。その際、フォントの色が白になっていたら他の色に変更しましょう。矢印や長方形など同じ図形を複数使用する場合は、[Ctrl]キーを押しながら図形をドラッグするとコピー貼り付けが簡単にできます。ページ設定は、図形が1ページに収まるよう適宜設定をしましょう。

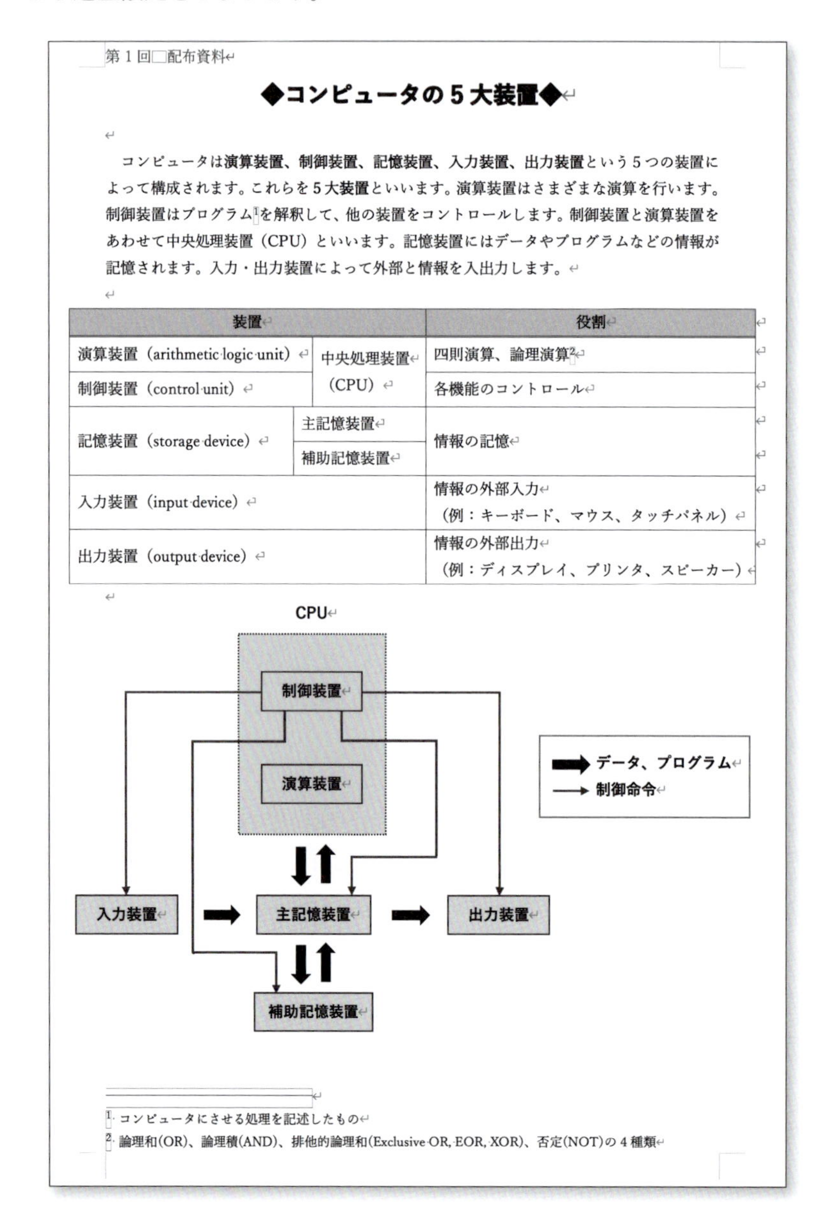

第1回□配布資料

◆コンピュータの5大装置◆

コンピュータは**演算装置**、**制御装置**、**記憶装置**、**入力装置**、**出力装置**という5つの装置によって構成されます。これらを**5大装置**といいます。演算装置はさまざまな演算を行います。制御装置はプログラム[1]を解釈して、他の装置をコントロールします。制御装置と演算装置をあわせて中央処理装置(CPU)といいます。記憶装置にはデータやプログラムなどの情報が記憶されます。入力・出力装置によって外部と情報を入出力します。

装置		役割
演算装置(arithmetic logic unit)	中央処理装置(CPU)	四則演算、論理演算[2]
制御装置(control unit)		各機能のコントロール
記憶装置(storage device)	主記憶装置	情報の記憶
	補助記憶装置	
入力装置(input device)		情報の外部入力 (例:キーボード、マウス、タッチパネル)
出力装置(output device)		情報の外部出力 (例:ディスプレイ、プリンタ、スピーカー)

[1] コンピュータにさせる処理を記述したもの
[2] 論理和(OR)、論理積(AND)、排他的論理和(Exclusive OR, EOR, XOR)、否定(NOT)の4種類

第 13 章 校閲

この章では、Word における検索、置換、文章校正の機能を学習します。また、コメントの挿入や変更履歴の記録の仕方についても確認します。

13-1 文章校正、コメント、変更履歴、置換

この節では、まず、「プリンタ」と「プリンター」が混在していたり、「進んでます」というような表現が含まれていたりする文章を作成します。そのあと、それらの修正を促すための「コメント」を挿入します。変更履歴の記録をはじめてから文章を修正し、「コメント」に返信します。ひとり2役で、やり取りしましょう。

例題 13-1

次のようなWord文書を作成しましょう。

●プリンタの種類↵
　プリンターは古くはインパクト方式や熱転写方式のものがありましたが、現在ではインクジェットプリンターとレーザプリンターが主流です。また、紙に出力するプリンターに対して、CAD データを元に 3 次元の立体モデルを制作する 3D プリンターが登場し、普及が進んでます。↵
↵
①→インクジェットプリンタ（Ink·Jet·Printer）↵
機能：粒子化したインクをノズルから用紙に吹きつける。↵
特徴：カラー印刷ができる。低速だがコンパクトで価格が安い。↵
↵
②→レーザプリンタ（Lasar·Printer）↵
機能：感光体にレーザーをトナーを付着させ、紙に圧着させる。↵
特徴：高速で印刷できるが本体のサイズが多く、価格がやや高い。↵
↵
③→3D プリンタ（3D·Printer）↵
機能：3 次元の CAD データから、樹脂を加工して立体を作る。↵
特徴：樹脂を溶かして、薄い層を 1 枚ずつ積み重ねる。↵

1 6 行目（「インクジェットプリンタ」）、9 行目（「レーザプリンタ」）、12 行目（「3D プリンタ」）については、ホームタブの（段落グループにある）［段落番号］から完成例のような段落番号を選びます。

2 青や赤の下線は自動で付きます。もし付かなかったら、ファイルタブの（「その他 ...」の）「オプション」から「文章校正」を選択し、「入力時にスペルチェックを行う」と「自動文章校正」にチェックを入れましょう（それでも付かない場合もあります）。

例題 13-2

「例題13－1」(P.180) のファイルを開き、コメントを追加しましょう。次の手順にしたがって作業をします。

1 1行目の「プリンタ」を範囲選択し、校閲タブの（コメントグループにある）[新しいコメント] をクリックします。コメントに「表記ゆれがあります」と入力します。

2 同様に、5行目の「進んでます」に「「進んでいます」にしてください」とコメントし、9行目の「Lasar」には「「Laser」にしてください」とコメントします。また、10行目のひとつ目の「を」には「「で」にしてください」とコメントし、11行目の「多く」には「「大きく」にしてください」とコメントしましょう。

> **補 足** コメントに表示されるユーザー名の変更方法
> 校閲タブの変更履歴グループのダイアログボックスランチャーをクリックします。「変更履歴オプション」ダイアログボックスが出てくるので、「ユーザー名の変更」をクリックし、「Microsoft Officeのユーザー設定」の「ユーザー名」を変更します。

例題 13-3

「例題13－2」(P.181) のファイルを開き、変更履歴の記録をはじめてから修正しましょう。そして、コメントに返信しましょう。次の手順にしたがって作業をします。

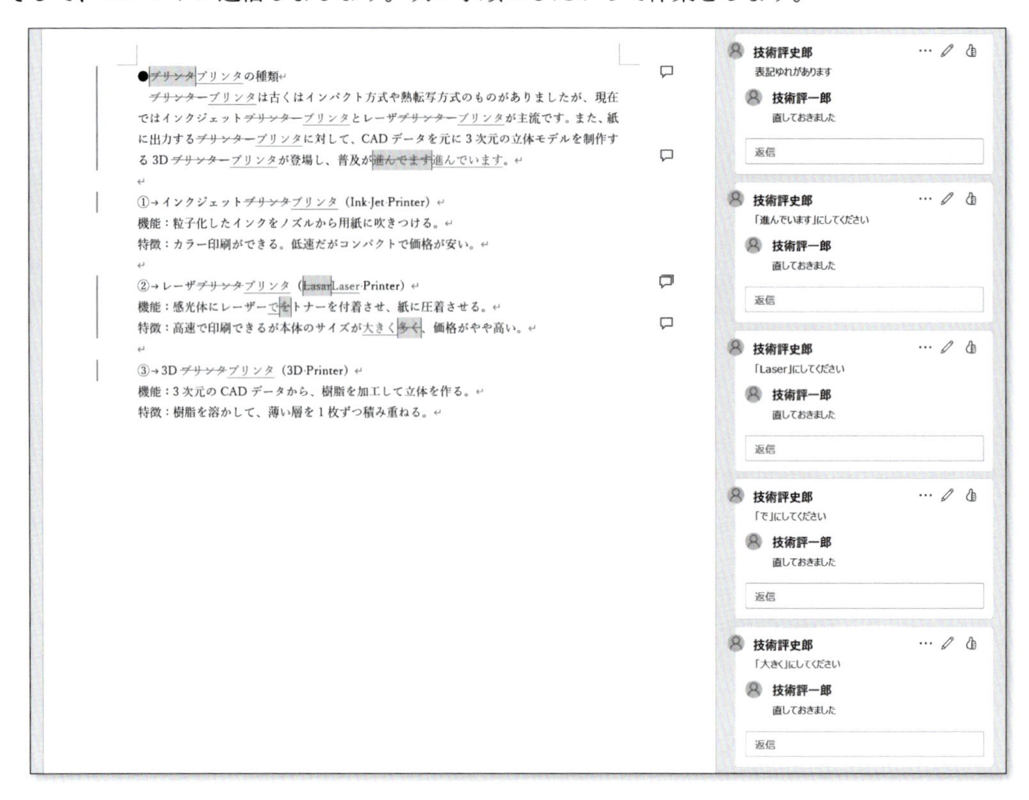

1 校閲タブの（変更履歴グループにある）［変更履歴の記録］から「すべてのユーザー」を選択します（Office2019では「変更履歴の記録」を選択します）。

2 ホームタブの（編集グループにある）「置換」を選択します。「検索する文字列」に「プリンター」と入力し、「置換後の文字列」に「プリンタ」と入力します。そして、「すべて置換」をクリックします。

補 足

校閲タブの（言語グループにある）［表記ゆれチェック］を選択し、「表記ゆれチェック」ダイアログボックスを使っても修正できます。

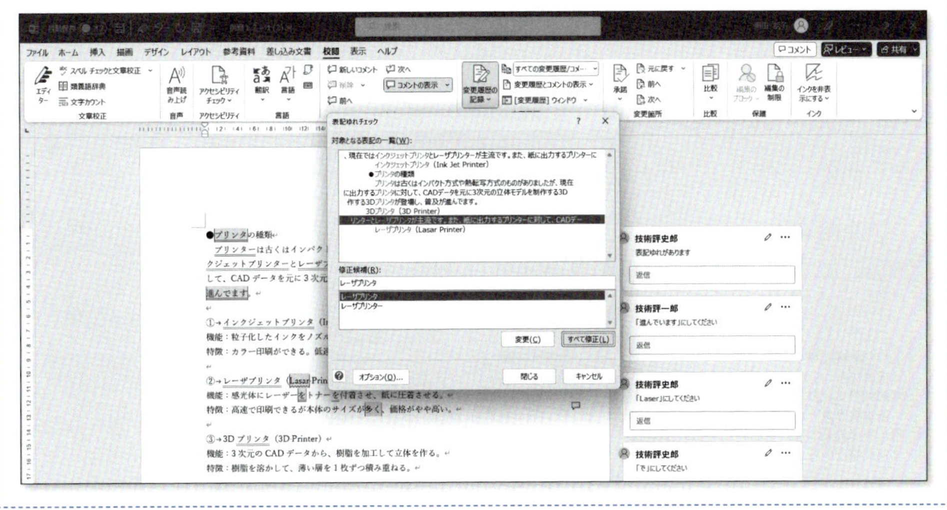

3 4行目の「進んでます」の上で右クリックし、「表現の推敲」から「進んでいます」を選択します。

4 9行目の「Lasar」を「Laser」に修正します。

5 10行目のひとつ目の「を」の直前にカーソルを置き、「で」と入力します。そのあと、「を」を削除します。

6 同様に、11行目の「多く」の直前にカーソルを置き、「大きく」と入力します。そのあと、「多く」を削除します。

7 すべてのコメントに「直しておきました」と返信をしましょう。

8 校閲タブの（変更履歴グループにある）［変更内容の表示］を「すべての変更履歴／コメント」にしておきましょう。

例題 13-4

「例題13−3」（P.182）のファイルを開き、すべての変更を反映させ、変更の記録を停止させましょう。そして、すべてのコメントについて、「スレッドを解決する」を選択しましょう。次の手順にしたがって作業をします。

1 校閲タブの（変更箇所グループにある）［承諾］から「すべての変更を反映し、変更の記録を停止」を選択します。

2 各コメントについて、右上の「…」(その他のスレッド操作) をクリックし、「スレッドを解決する」を選択します (Office2019 では右下の「解決」をクリックします)。

例題 13-5

「例題12−5」(P.176) のファイルを開き、変更履歴の記録をはじめてから修正しましょう。次の手順にしたがって作業をします。

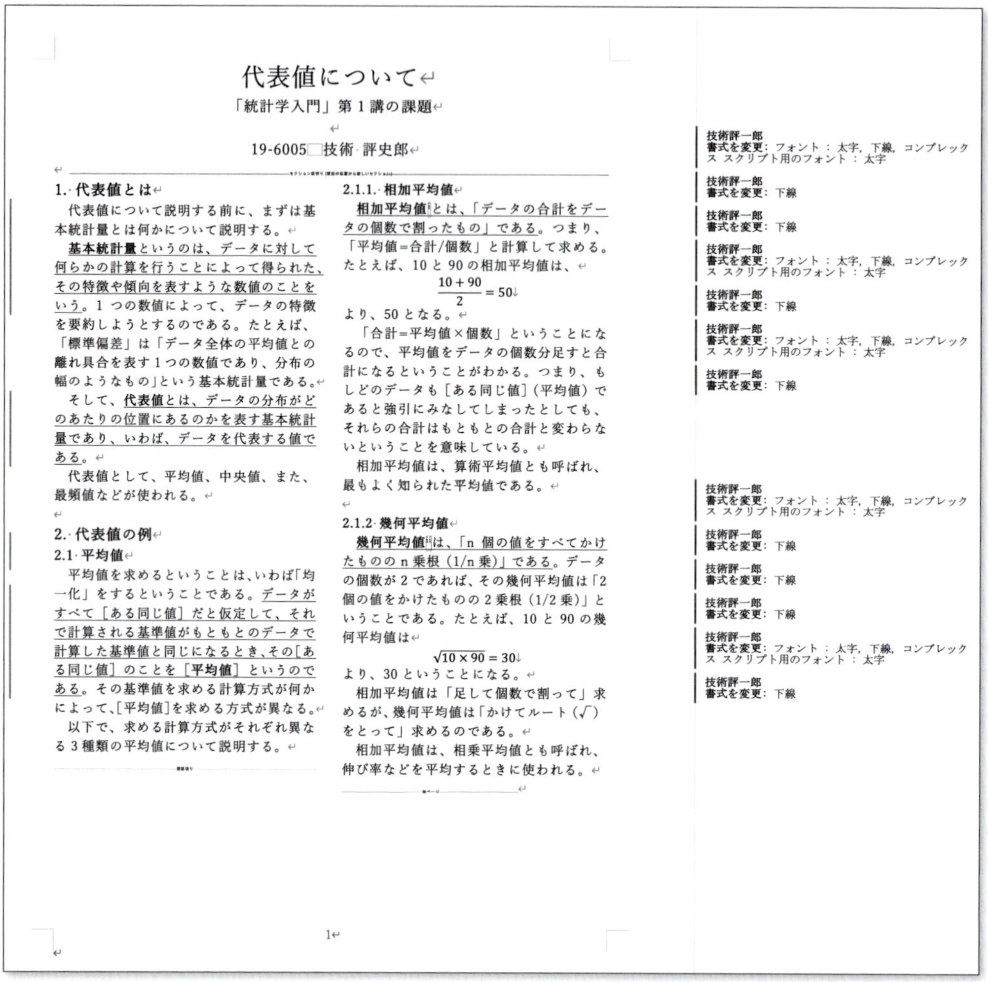

代表値について

「統計学入門」第 1 講の課題

19-6005□技術 評史郎

1. 代表値とは

代表値について説明する前に、まずは基本統計量とは何かについて説明する。

基本統計量というのは、データに対して何らかの計算を行うことによって得られた、その特徴や傾向を表すような数値のことをいう。1 つの数値によって、データの特徴を要約しようとするのである。たとえば、「標準偏差」は「データ全体の平均値との離れ具合を表す 1 つの数値であり、分布の幅のようなもの」という基本統計量である。

そして、**代表値**とは、データの分布がどのあたりの位置にあるのかを表す基本統計量であり、いわば、データを代表する値である。

代表値として、平均値、中央値、また、最頻値などが使われる。

2. 代表値の例

2.1 平均値

平均値を求めるということは、いわば「均一化」をするということである。データがすべて［ある同じ値］だと仮定して、それで計算される基準値がもともとのデータで計算した基準値と同じになるとき、その［ある同じ値］のことを［**平均値**］というのである。その基準値を求める計算方式が何かによって、［平均値］を求める方式が異なる。

以下で、求める計算方式がそれぞれ異なる 3 種類の平均値について説明する。

2.1.1. 相加平均値

相加平均値とは、「データの合計をデータの個数で割ったもの」である。つまり、「平均値=合計/個数」と計算して求める。たとえば、10 と 90 の相加平均値は、

$$\frac{10+90}{2}=50$$

より、50 となる。

「合計=平均値×個数」ということになるので、平均値をデータの個数分足すと合計になるということがわかる。つまり、もしどのデータも［ある同じ値］(平均値) であると強引にみなしてしまったとしても、それらの合計はもともとの合計と変わらないということを意味している。

相加平均値は、算術平均値とも呼ばれ、最もよく知られた平均値である。

2.1.2 幾何平均値

幾何平均値は、「n 個の値をすべてかけたものの n 乗根 (1/n 乗)」である。データの個数が 2 であれば、その幾何平均値は「2 個の値をかけたものの 2 乗根 (1/2 乗)」ということである。たとえば、10 と 90 の幾何平均値は

$$\sqrt{10\times 90}=30$$

より、30 ということになる。

相加平均値は「足して個数で割って」求めるが、幾何平均値は「かけてルート (√)をとって」求めるのである。

相加平均値は、相乗平均値とも呼ばれ、伸び率などを平均するときに使われる。

1

技術評一郎
書式を変更: フォント : 太字, 下線, コンプレックス スクリプト用のフォント : 太字

技術評一郎
書式を変更: 下線

技術評一郎
書式を変更: 下線

技術評一郎
書式を変更: フォント : 太字, 下線, コンプレックス スクリプト用のフォント : 太字

技術評一郎
書式を変更: 下線

技術評一郎
書式を変更: フォント : 太字, 下線, コンプレックス スクリプト用のフォント : 太字

技術評一郎
書式を変更: 下線

技術評一郎
書式を変更: フォント : 太字, 下線, コンプレックス スクリプト用のフォント : 太字

技術評一郎
書式を変更: 下線

技術評一郎
書式を変更: 下線

技術評一郎
書式を変更: 下線

技術評一郎
書式を変更: フォント : 太字, 下線, コンプレックス スクリプト用のフォント : 太字

技術評一郎
書式を変更: 下線

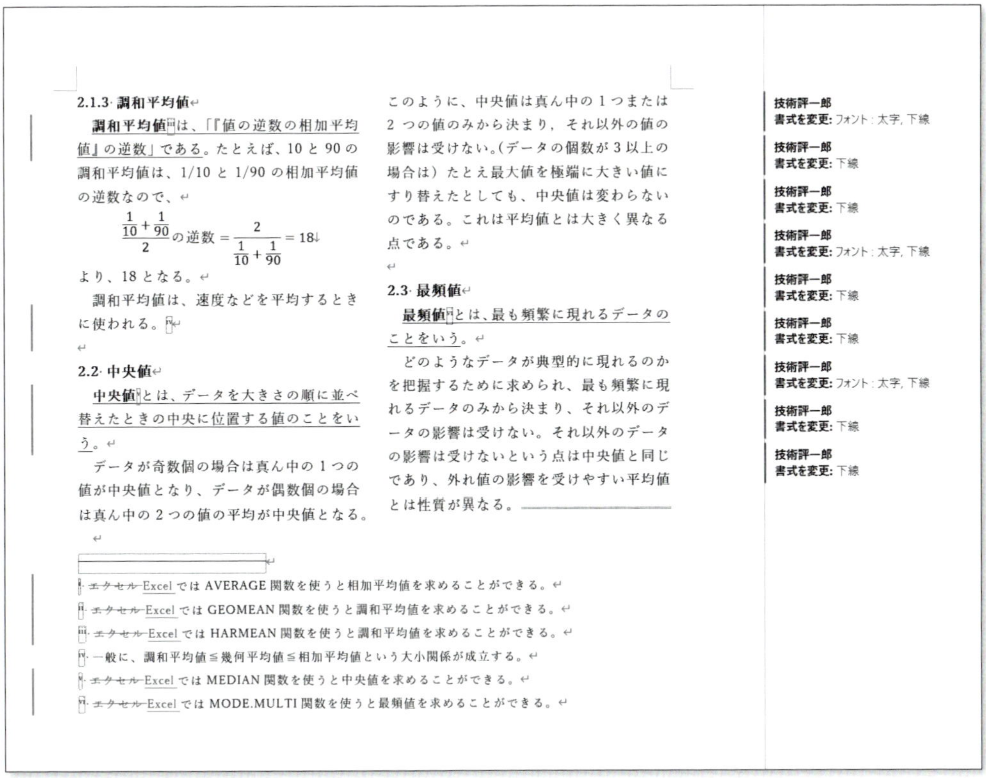

2.1.3 調和平均値

調和平均値[iii]は、「『値の逆数の相加平均値』の逆数」である。たとえば、10 と 90 の調和平均値は、1/10 と 1/90 の相加平均値の逆数なので、

$$\frac{\frac{1}{10}+\frac{1}{90}}{2}\text{の逆数} = \frac{2}{\frac{1}{10}+\frac{1}{90}} = 18$$

より、18 となる。

調和平均値は、速度などを平均するときに使われる。[iv]

2.2 中央値

中央値[v]とは、データを大きさの順に並べ替えたときの中央に位置する値のことをいう。

データが奇数個の場合は真ん中の 1 つの値が中央値となり、データが偶数個の場合は真ん中の 2 つの値の平均が中央値となる。

このように、中央値は真ん中の 1 つまたは 2 つの値のみから決まり，それ以外の値の影響は受けない。(データの個数が 3 以上の場合は）たとえ最大値を極端に大きい値にすり替えたとしても、中央値は変わらないのである。これは平均値とは大きく異なる点である。

2.3 最頻値

最頻値[vi]とは、最も頻繁に現れるデータのことをいう。

どのようなデータが典型的に現れるのかを把握するために求められ、最も頻繁に現れるデータのみから決まり、それ以外のデータの影響は受けない。それ以外のデータの影響は受けないという点は中央値と同じであり、外れ値の影響を受けやすい平均値とは性質が異なる。

i. ~~エクセル~~Excel では AVERAGE 関数を使うと相加平均値を求めることができる。
ii. ~~エクセル~~Excel では GEOMEAN 関数を使うと調和平均値を求めることができる。
iii. ~~エクセル~~Excel では HARMEAN 関数を使うと調和平均値を求めることができる。
iv. 一般に、調和平均値≦幾何平均値≦相加平均値という大小関係が成立する。
v. ~~エクセル~~Excel では MEDIAN 関数を使うと中央値を求めることができる。
vi. ~~エクセル~~Excel では MODE.MULTI 関数を使うと最頻値を求めることができる。

技術評一郎
書式を変更: フォント : 太字, 下線

技術評一郎
書式を変更: 下線

技術評一郎
書式を変更: 下線

技術評一郎
書式を変更: フォント : 太字, 下線

技術評一郎
書式を変更: 下線

技術評一郎
書式を変更: 下線

技術評一郎
書式を変更: フォント : 太字, 下線

技術評一郎
書式を変更: 下線

技術評一郎
書式を変更: 下線

1 校閲タブの（変更履歴グループにある）［変更履歴の記録］から「すべてのユーザー」を選択します。

2 「**1. 代表値とは**」の 3 行下からはじまる一文の書式を「**基本統計量**というのは、データに対して何らかの計算を行うことによって得られた、その特徴や傾向を表すような数値のことをいう。」に変更しましょう。つまり、「基本統計量」を太字にし、文全体に下線を引きます。

3 同様に、他の 7 か所についても完成例のように書式を変更しましょう。

4 ホームタブの（編集グループにある）「置換」を選択します。「検索する文字列」に「エクセル」と入力し、「置換後の文字列」に「Excel」と入力します。「すべて置換」をクリックすると、脚注に 5 か所ある「エクセル」がすべて「Excel」に変更されます。

例題 13-6

「例題13－5」(P.184) のファイルを開き、書式設定の変更のみ反映させ、変更の記録を停止させましょう。次の手順にしたがって作業をします。

1 校閲タブの（変更履歴グループにある）［変更履歴とコメントの表示］から「挿入と削除」のチェックを外し、「書式設定」のみにチェックが入っている状態にします。

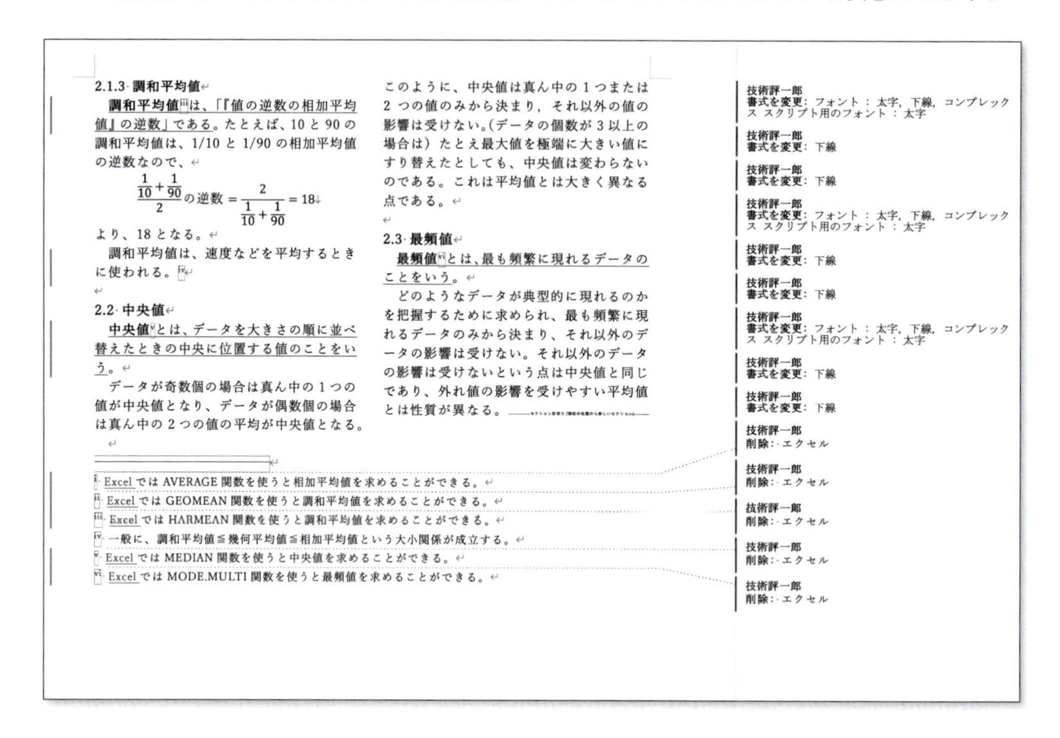

2.1.3 調和平均値

調和平均値[iii]は、「『値の逆数の相加平均値』の逆数」である。たとえば、10 と 90 の調和平均値は、1/10 と 1/90 の相加平均値の逆数なので、

$$\frac{\frac{1}{10}+\frac{1}{90}}{2} \text{の逆数} = \frac{2}{\frac{1}{10}+\frac{1}{90}} = 18$$

より、18 となる。

調和平均値は、速度などを平均するときに使われる。[iv]

2.2 中央値

中央値[v]とは、データを大きさの順に並べ替えたときの中央に位置する値のことをいう。

データが奇数個の場合は真ん中の 1 つの値が中央値となり、データが偶数個の場合は真ん中の 2 つの値の平均が中央値となる。

このように、中央値は真ん中の 1 つまたは 2 つの値のみから決まり，それ以外の値の影響は受けない。(データの個数が 3 以上の場合は）たとえ最大値を極端に大きい値にすり替えたとしても、中央値は変わらないのである。これは平均値とは大きく異なる点である。

2.3 最頻値

最頻値[vi]とは、最も頻繁に現れるデータのことをいう。

どのようなデータが典型的に現れるのかを把握するために求められ、最も頻繁に現れるデータのみから決まり、それ以外のデータの影響は受けない。それ以外のデータの影響は受けないという点は中央値と同じであり、外れ値の影響を受けやすい平均値とは性質が異なる。

i Excel では AVERAGE 関数を使うと相加平均値を求めることができる。
ii Excel では GEOMEAN 関数を使うと調和平均値を求めることができる。
iii Excel では HARMEAN 関数を使うと調和平均値を求めることができる。
iv 一般に、調和平均値≦幾何平均値≦相加平均値という大小関係が成立する。
v Excel では MEDIAN 関数を使うと中央値を求めることができる。
vi Excel では MODE.MULTI 関数を使うと最頻値を求めることができる。

すると、脚注の「エクセル」が「Excel」に変更されたことについての履歴の表示がなくなります。

2 校閲タブの（変更箇所グループにある）［承諾］から「表示されたすべての変更を反映」を選択します。

すると、計 8 か所の書式の変更（太字、下線）についての変更が反映されます。

3 校閲タブの（変更箇所グループにある）［元に戻して次へ進む］から「すべての変更を元に戻し、変更の記録を停止」を選択します。

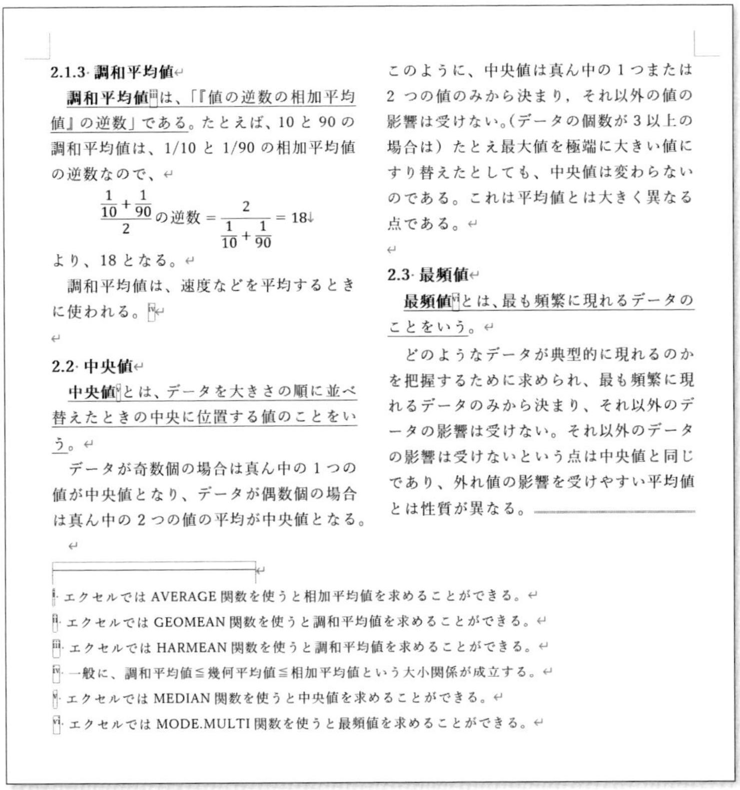

2.1.3 調和平均値

調和平均値[iii]は、「『値の逆数の相加平均値』の逆数」である。たとえば、10 と 90 の調和平均値は、1/10 と 1/90 の相加平均値の逆数なので、

$$\frac{\frac{1}{10}+\frac{1}{90}}{2} \text{の逆数} = \frac{2}{\frac{1}{10}+\frac{1}{90}} = 18$$

より、18 となる。

調和平均値は、速度などを平均するときに使われる。[iv]

2.2 中央値

中央値[v]とは、データを大きさの順に並べ替えたときの中央に位置する値のことをいう。

データが奇数個の場合は真ん中の 1 つの値が中央値となり、データが偶数個の場合は真ん中の 2 つの値の平均が中央値となる。

このように、中央値は真ん中の 1 つまたは 2 つの値のみから決まり，それ以外の値の影響は受けない。(データの個数が 3 以上の場合は) たとえ最大値を極端に大きい値にすり替えたとしても、中央値は変わらないのである。これは平均値とは大きく異なる点である。

2.3 最頻値

最頻値[vi]とは、最も頻繁に現れるデータのことをいう。

どのようなデータが典型的に現れるのかを把握するために求められ、最も頻繁に現れるデータのみから決まり、それ以外のデータの影響は受けない。それ以外のデータの影響は受けないという点は中央値と同じであり、外れ値の影響を受けやすい平均値とは性質が異なる。

---

i エクセルでは AVERAGE 関数を使うと相加平均値を求めることができる。

ii エクセルでは GEOMEAN 関数を使うと調和平均値を求めることができる。

iii エクセルでは HARMEAN 関数を使うと調和平均値を求めることができる。

iv 一般に、調和平均値≦幾何平均値≦相加平均値という大小関係が成立する。

v エクセルでは MEDIAN 関数を使うと中央値を求めることができる。

vi エクセルでは MODE.MULTI 関数を使うと最頻値を求めることができる。

すると、脚注の「エクセル」が「Excel」に変更されたことが元に戻されます（変更がなかったことになります）。

13

13-2 行間の調整、ルーラーの使い方

この節では、ルーラーを使ってインデントを調整します。また、置換、均等割り付け、書式のコピー、行間の調整、ページ設定、図形の挿入と編集などの復習をします。そして最後に、作成した文書をPDFファイルとして保存しましょう。

例題 13-7

「例題9－3」(P.134) のファイルを開き、編集しましょう。そして、PDFファイルとして保存しましょう。次の手順にしたがって作業をします。

1 ホームタブの［編集］から「置換」を選択します。「検索する文字列」に「書体」と入力し、「置換後の文字列」に「フォント」と入力します。そして、「すべて置換」をクリックします。8個の項目が置換されます。

2 1行目の「和文フォント」を範囲選択します。ここで、最後の段落記号（↲）を範囲に含めないようにしましょう。ホームタブの（段落グループにある）［均等割り付け］をクリックします。「文字の均等割り付け」ダイアログボックスが出てくるので、「新しい文字列の幅」を「9字」に変更します。そして、ホームタブの（フォントグループにある）［下線］をクリックして、下線を消します。
この書式をコピーするため、範囲選択されたまま、ホームタブの（クリップボードグループにある）［書式のコピー／貼り付け］をクリックします。続けて、12行目の「欧文フォント」を選択します。

3 2で編集した「和文フォント」と「欧文フォント」それぞれのすぐ下の空白の行を削除します。その代わり、0.5行分の行間を開けるために、「和文フォント」のどこかにカーソルに置き、レイアウトタブの（段落グループにある）［後の間隔］を「0.5行」にします。「欧文フォント」については「前の間隔」を「1.5行」、［後の間隔］を「0.5行」にします。
また、2行目の「明朝体」、7行目の「ゴシック体」、13行目の「セリフ体」、19行目の「サンセリフ体」を同時に選択し、［前の間隔］を「0.5行」、［後の間隔］は「0.25行」にします。ここで、「0.25」はキーボードから入力します。
さらに、選択範囲はそのままで、そのなかのどこかで右クリックし、「リストのインデントの調整」を選びます。すると、「リストのインデントの調整」ダイアログボックスが出てくるので、そのなかの「インデント」を「5mm」に変更します。

4 「ページ設定」について、「用紙サイズ」を「A4」、「余白」の「上」を「29mm」、「下」を「29mm」、「左」と「右」をどちらも「23mm」、「印刷の向き」を「縦」、「文字数」を「48」、「行数」を「37」に設定します。

5 20 行目（「サンセリフ体」の 2 つ下）の最後にカーソルを置きます。

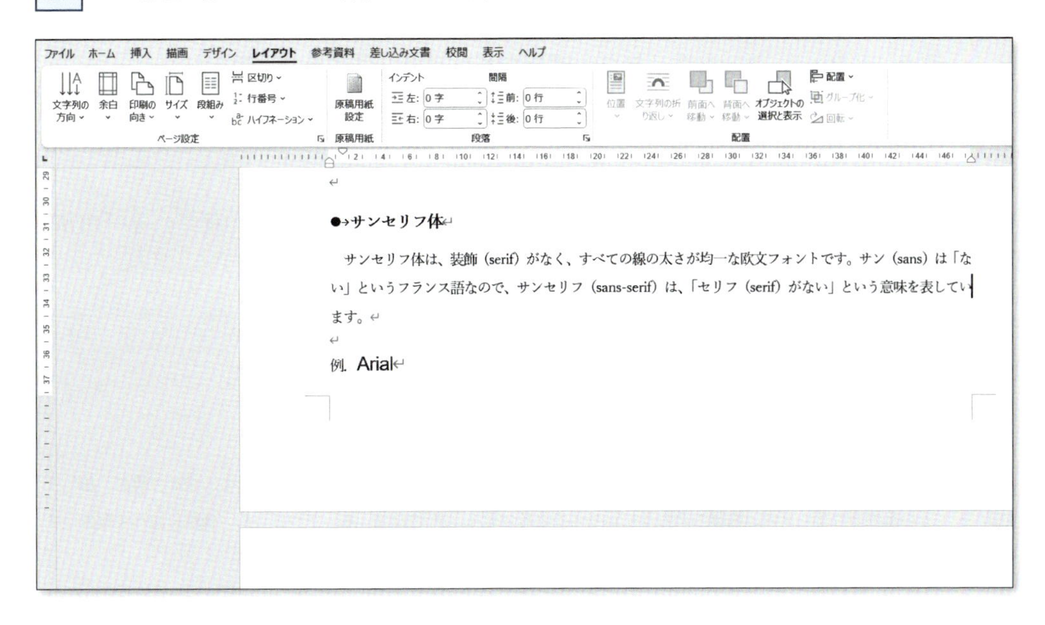

ルーラーが表示されていない場合は表示します。ここで、ルーラーとは文書の上部と左に表示されている目盛りのことをいいます。表示するには、表示タブの（表示グループにある）「ルーラー」にチェックを入れます。
上部のルーラーの右側にある「右インデント」（5 角形のマーク）を少し右にドラッグし、その下の行（21 行目）の文字が 20 行目に全部入るように調整します。

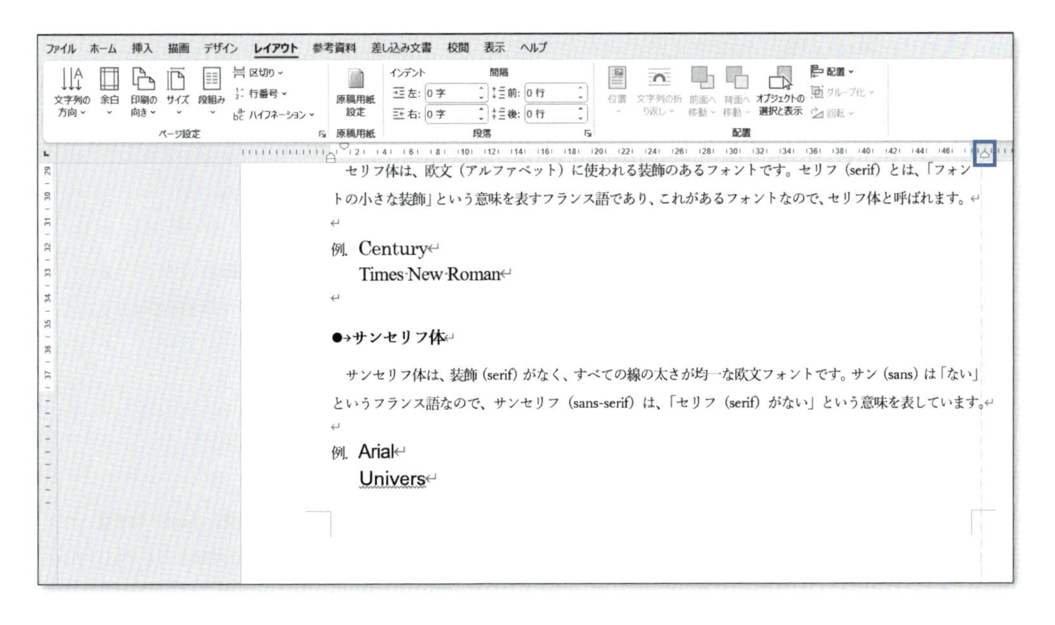

6 挿入タブの（図グループにある）［図形］の「星とリボン」から「スクロール：横」を選択し、1 行目の「和文フォント」の上に作成します。作成した図形の上で右クリックし、「最背面へ移動」から「テキストの背面へ移動」を選択します。また、図形の書式タブの（配置グループにある）［配置］から「左右中央揃え」を選択し、「図形の塗りつぶし」と「図形の枠線」から任意の色を選びます。

この図形を、[Ctrl] キーを押しながらドラッグし、12行目の「欧文フォント」の文字上に貼り付け、位置や色などを編集します（どの色にするかは任意です）。このように、[Ctrl] キーを押しながら図形などをドラッグすると、簡単にコピー貼り付けをすることができます。なお、この際に、[Shift] キーも同時に押すと、水平または垂直方向にまっすぐドラッグすることができます。

7 ファイルタブから「名前を付けて保存」を選択し、「ファイルの種類」を「PDF (*.pdf)」に変更してから保存しましょう。

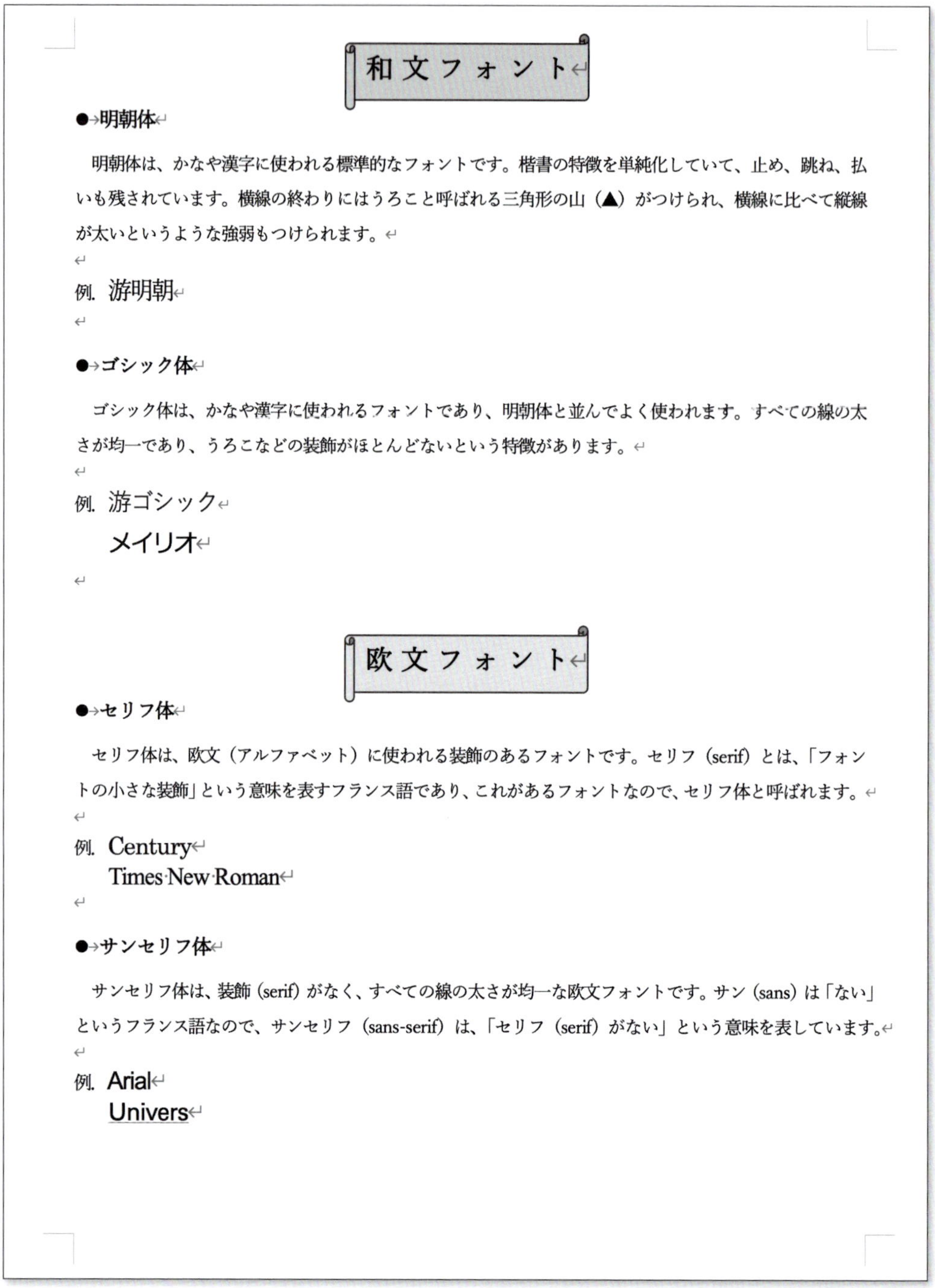

和文フォント

●明朝体

明朝体は、かなや漢字に使われる標準的なフォントです。楷書の特徴を単純化していて、止め、跳ね、払いも残されています。横線の終わりにはうろこと呼ばれる三角形の山（▲）がつけられ、横線に比べて縦線が太いというような強弱もつけられます。

例. 游明朝

●ゴシック体

ゴシック体は、かなや漢字に使われるフォントであり、明朝体と並んでよく使われます。すべての線の太さが均一であり、うろこなどの装飾がほとんどないという特徴があります。

例. 游ゴシック
メイリオ

欧文フォント

●セリフ体

セリフ体は、欧文（アルファベット）に使われる装飾のあるフォントです。セリフ（serif）とは、「フォントの小さな装飾」という意味を表すフランス語であり、これがあるフォントなので、セリフ体と呼ばれます。

例. Century
Times New Roman

●サンセリフ体

サンセリフ体は、装飾（serif）がなく、すべての線の太さが均一な欧文フォントです。サン（sans）は「ない」というフランス語なので、サンセリフ（sans-serif）は、「セリフ（serif）がない」という意味を表しています。

例. Arial
Univers

13-3 第13章の演習問題

演習問題 13-1

「演習問題10－2」(P.152) のファイルを開き、2行目の「8月中のどこかの2週間」には「8月19日からの2週間に決まりました」とコメントし、4行目の「14A講義室」には「13D講義室に変更です」とコメントし、8行目の「線形」には「「線型」に変換してください」とコメントをしましょう。

演習問題 13-2

「演習問題13－1」のファイルを開き、「すべてのユーザー」に対して変更履歴の記録をはじめてから下記のように修正しましょう。そして、すべてのコメントに「了解です」と返信をしましょう。

1. 2行目の「8月中のどこかの2週間」を「8月19日からの2週間」に変更します。
2. その下の行の「(日付は決まり次第お知らせします)」を削除しましょう。
3. さらに次の行の「14A講義室」を「13D講義室（変更しました)」に変更します。
4. 「線形」をすべて「線型」に変更しましょう（4か所あります。ホームタブの「置換」を使います)。
5. すべてのコメントに「了解です」と返信をしましょう。

演習問題 13-3

「演習問題13－2」のファイルを開き、すべての変更を反映させ、変更の記録を停止させましょう。そして、すべてのコメントについて、「スレッドを解決する」を選択しましょう。

演習問題 13-4

「演習問題13－3」のファイルに貼り付けるための表を、Excelで次のように作成しましょう。

1. 下記のように入力し、A列の幅を適宜調整しましょう。

	A	B	C	D
1	夏季集中講義の日程			
2	2024/8/19			
3				
4				

13

2 セル A2 を選択し、ホームタブの（数値グループにある）［数値の書式］から「その他の表示形式」を選択します。「セルの書式設定」ダイアログボックスの表示形式タブにおいて、「分類」を「日付」にし、「種類」を「3 月 14 日」にします。

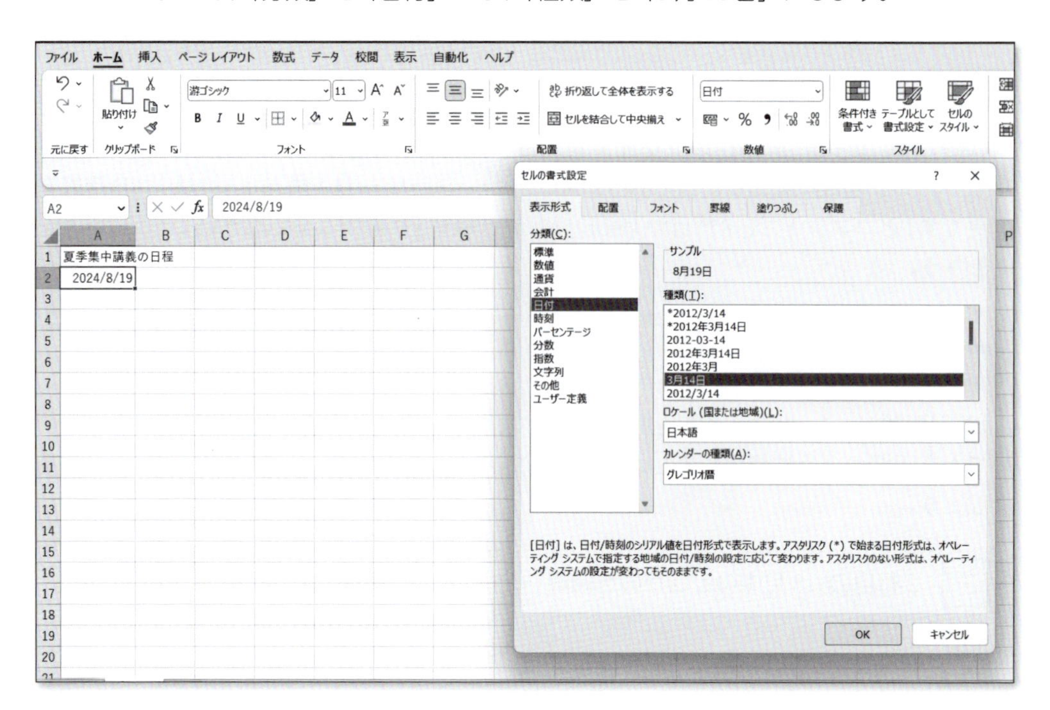

3 セル A2 を A14 までオートフィルします。

	A	B	C	D
1	夏季集中講義の日程			
2	8月19日			
3	8月20日			
4	8月21日			
5	8月22日			
6	8月23日			
7	8月24日			
8	8月25日			
9	8月26日			
10	8月27日			
11	8月28日			
12	8月29日			
13	8月30日			
14	8月31日			
15				
16				

4 セル B2 に「＝A2」と入力し、「セルの書式設定」ダイアログボックスの表示形式タブにおいて、「分類」を「ユーザー定義」にし、「種類」には「aaaa」と入力します。

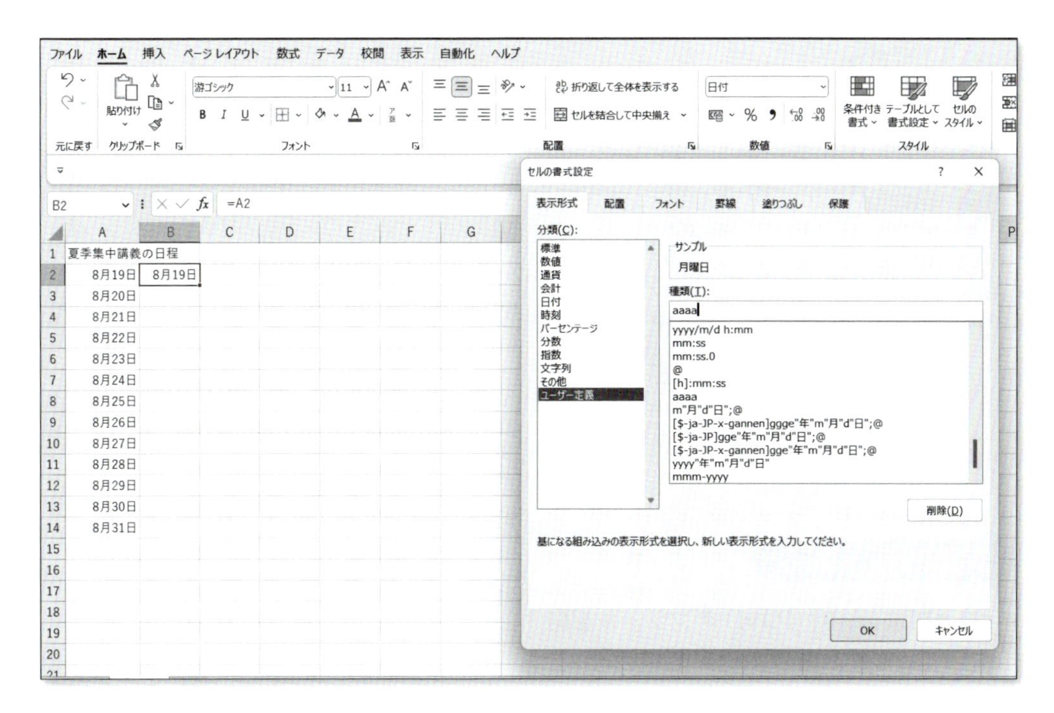

5 セル B2 を B14 までオートフィルします。

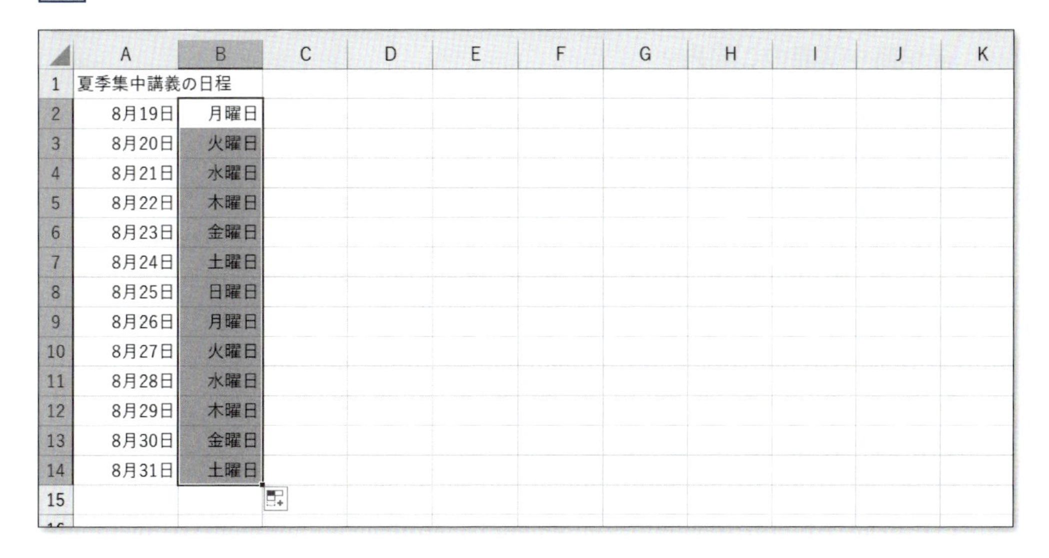

6 下記のように入力し、表の体裁を整えましょう。

	A	B	C	D	E	F	G	H	I	J
1	夏季集中講義の日程									
2	8月19日	月曜日	準備							
3	8月20日	火曜日	極限と連続関数							
4	8月21日	水曜日	1変数の微分							
5	8月22日	木曜日	1変数の積分							
6	8月23日	金曜日	多変数の微分							
7	8月24日	土曜日	多変数の微分							
8	8月25日	日曜日	休み							
9	8月26日	月曜日	準備							
10	8月27日	火曜日	線型空間							
11	8月28日	水曜日	線型写像							
12	8月29日	木曜日	自己準同形							
13	8月30日	金曜日	双対空間							
14	8月31日	土曜日	双線型形式							
15										

演習問題 13-5

「演習問題13−3」(P.191)のファイルを開き、下記のように、「演習問題13−4」で作成した表を図として貼り付けましょう(上の表については、演習問題13−4のセル範囲A1:C7をコピーして、演習問題13−3の文書中に貼り付けのオプションを「図」にして貼り付けます)。配置は「左右中央揃え」にします。コメントはすべて削除しましょう。

夏季集中講義のご案内

- 8月19日からの2週間(月曜日から土曜日の1、2、3限目)に開講
- 場所は13D講義室(変更しました)

第1週目　微分積分学

8月19日	月曜日	準備
8月20日	火曜日	極限と連続関数
8月21日	水曜日	1変数の微分
8月22日	木曜日	1変数の積分
8月23日	金曜日	多変数の微分
8月24日	土曜日	多変数の微分

第2週目　線型代数学

8月26日	月曜日	準備
8月27日	火曜日	線型空間
8月28日	水曜日	線型写像
8月29日	木曜日	自己準同形
8月30日	金曜日	双対空間
8月31日	土曜日	双線型形式

第 14 章 スライドの作成と特殊効果

第 14 章と第 15 章は、PowerPoint の使い方についての実習を行います。この章では、まず、PowerPoint のスライドに文字や図形などを入力し、デザインを変更する練習をします。そして、画面切り替えやアニメーションを追加し、スライドショーで確認してみます。

14-1 PowerPointの基本画面

PowerPoint2021の画面は次のように構成されます。

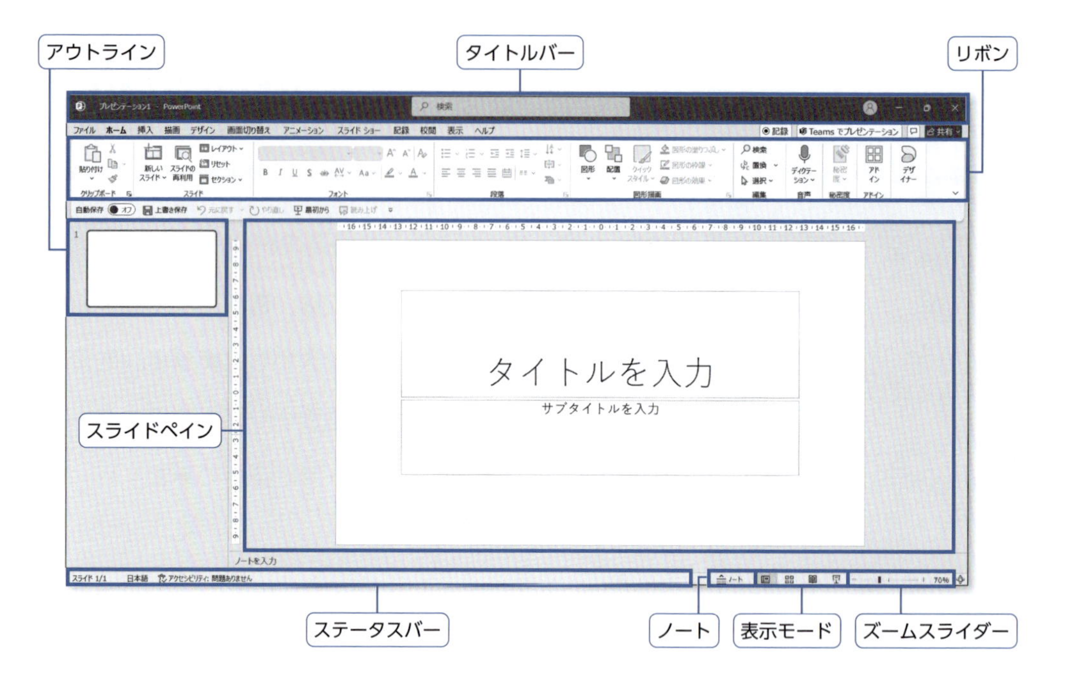

・タイトルバー

最上部はタイトルバーです。編集中のファイル名が表示されます。タイトルバーをドラッグ
最上部はタイトルバーです。編集中のファイル名が表示されます。タイトルバーをドラッグすると、ウィンドウを移動できます。

・リボン

リボンは編集に使用するアイコンが並んだパネルです。タブをクリックすると、カテゴリごとにまとめられたアイコンが表示されます。PowerPoint2021では11個のタブがデフォルトで表示されます。編集内容に応じて、タブが追加で表示されます。

・スライドペイン

編集中のスライドが表示されます。

・アウトラインペイン

スライドのサムネイルが表示されます。サムネイルをクリックすると、スライドが選択され、スライドペインで編集可能になります。

・ステータスバー

編集中の文書や実行中の操作に関する情報が表示されます。

ステータスバーを右クリックするとメニューが表示されますので、ステータスバーに常時表示させたい項目を選択します。

・ノート

スライドに関するノート（説明など）を入力します。

・表示モード

スライドの表示モードを選択します。表示モードは［標準］［スライド一覧］［閲覧表示］［スライドショー］の4つです。

・ズームスライダー

表示倍率をスライダーで調整することができます。スライダーの右のズーム（デフォルトは「100%」と表示）をクリックすると、「ズーム」ダイアログボックスが表示されますので、倍率などを指定します。

・［ファイル］タブ

クリックすると、次のバックステージビューが表示されます。ファイルの保存や印刷、オプションの設定などを行います。

編集画面に戻るには［ESC］キーを押すか、⊖ボタンをクリックします。

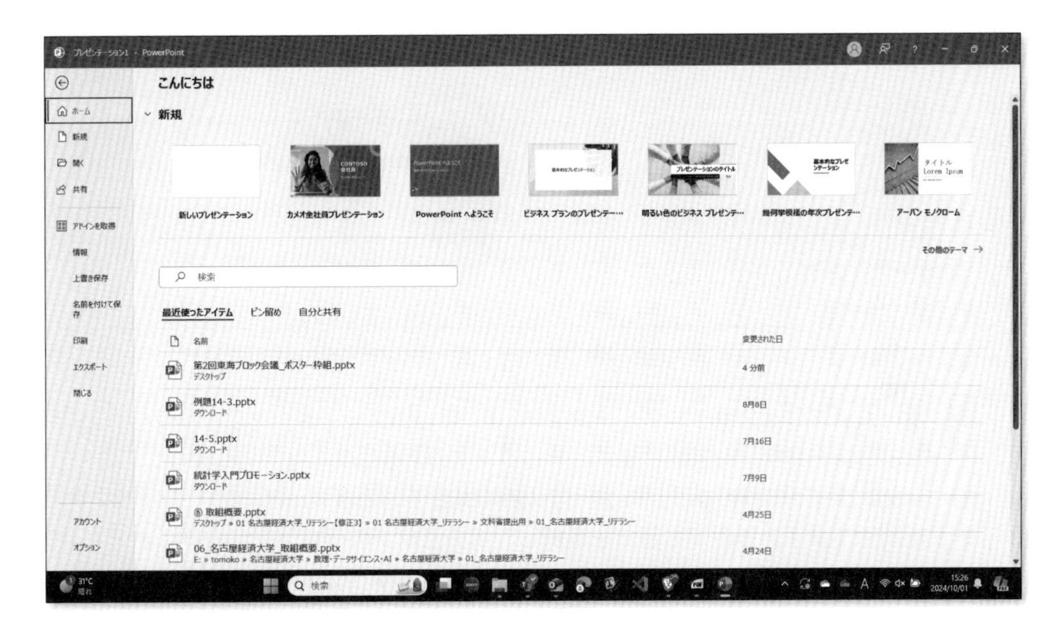

14-2 スライドの作成

この節では、新しいスライドの追加の仕方や、箇条書きにしたり図形を追加したりする方法を確認します。フッターには日付と時刻を自動更新で表示し、スライド番号も挿入し、自分の名前も表示されるように設定しましょう。

例題 14-1

PowerPointのスライドに次のように文字を入力し、図形を挿入しましょう。図形の色やバランス、上下の配置などは任意です。次の手順にしたがって作業をします。

1 最初のスライドに下記のように文字を入力しましょう。ただし、サブタイトルには「自分の名前（自分の所属）」を入力しましょう（下記では「技術評史郎（名古屋情報大学）」になっています）。

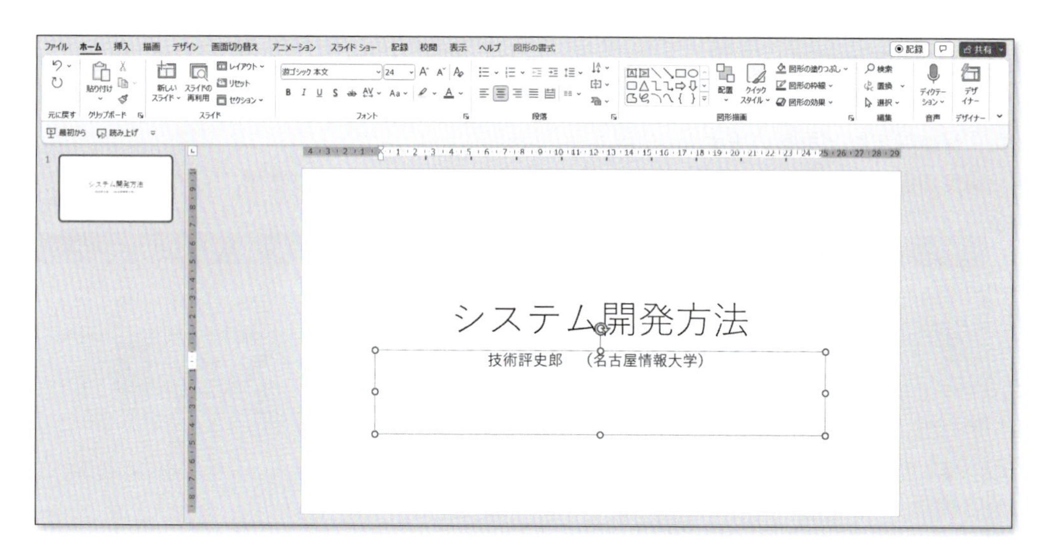

2 ホームタブの（スライドグループにある）［新しいスライド］をクリックし、「タイトルとコンテンツ」を選択します。そして、次のように文字を入力します。ここで、コンテンツ（下の枠のなか）の1行目「制御構造（control structures）」の行頭文字「･」は削除します。その下3行分を選択し、ホームタブの（段落グループにある）［箇条書き］から「■」（「塗りつぶし四角の行頭文字」）を選びます。
コンテンツプレースホルダー（下の枠）のサイズと位置を適宜調整しましょう。

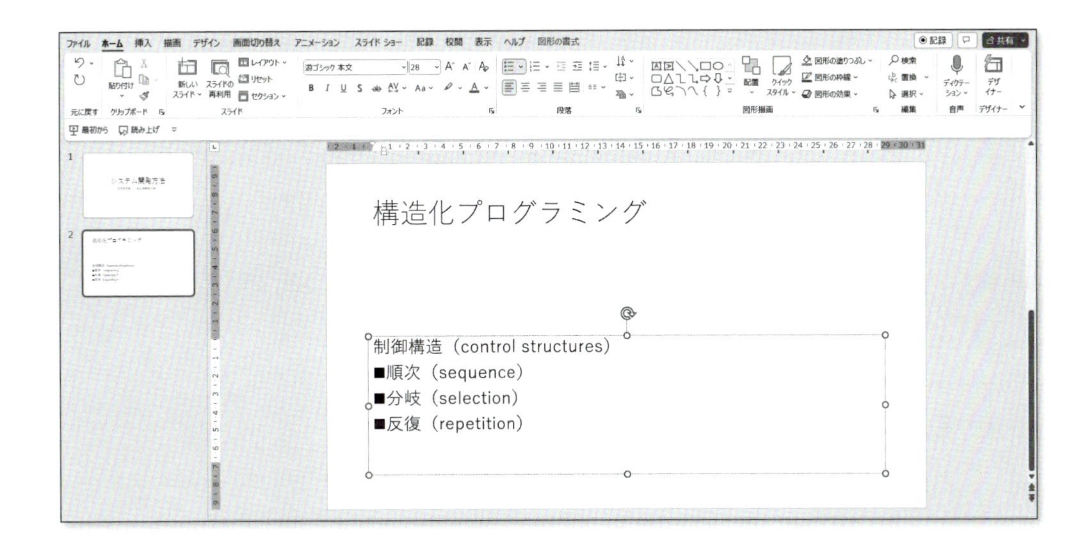

3 「タイトルのみ」の新しいスライドを追加し、下記のようにタイトルに文字を入力します。挿入タブの（図グループにある）［図形］を使い、下記のような図形を作成し、グループ化します。ここで、図形のなかに文字を書き込むには、右クリックして、「テキストの編集」を選択します。また、グループ化するには、作成した図形全体を含む範囲をドラッグして指定し、右クリックして「グループ化」を選択します。
グループ化した図形を左右の中央に配置するために、それを選択し、図形の書式タブの（配置グループにある）［オブジェクトの配置］から「左右中央揃え」を選びます。

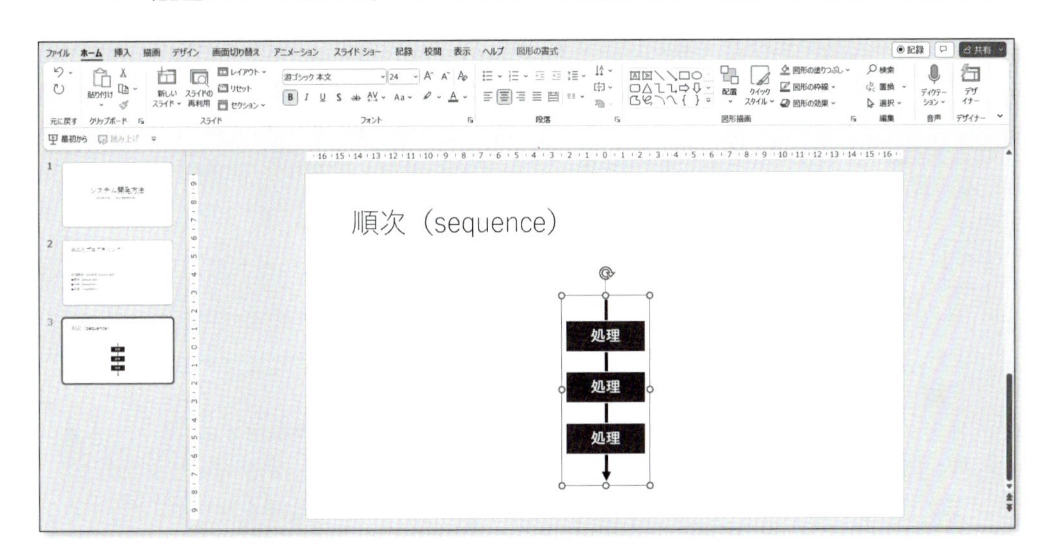

4 以下のような「タイトルのみ」の新しいスライドを2枚追加します。矢印の図形は、［図形］（の「線」）から「コネクタ：カギ線矢印」や「コネクタ：カギ線」などを組み合わせて作成することができます。線の太さは、図形の書式タブの（図形のスタイルグループにある）［図形の枠線］の「太さ」から変えられます。
図形はそれぞれグループ化し、左右の中央に配置しましょう。

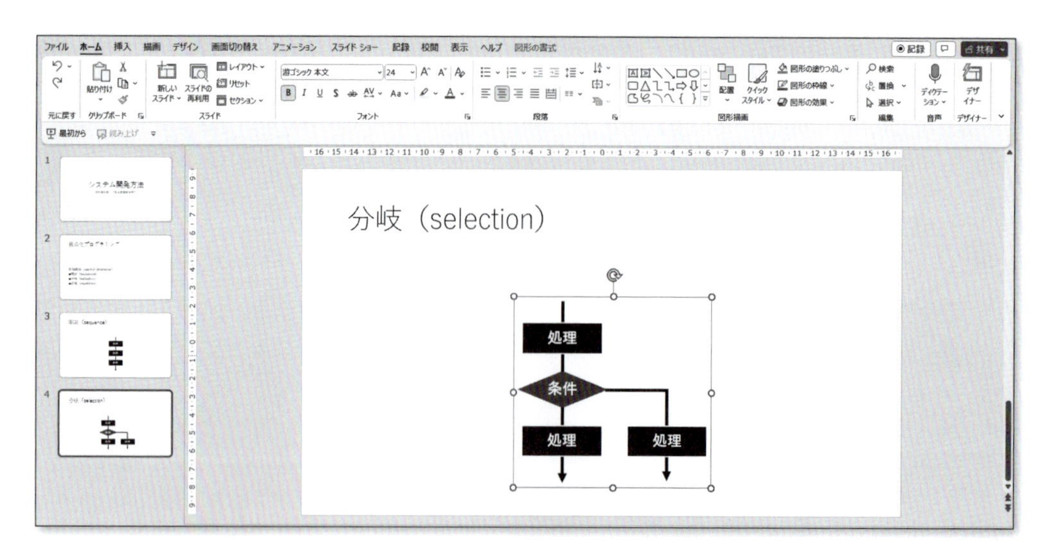

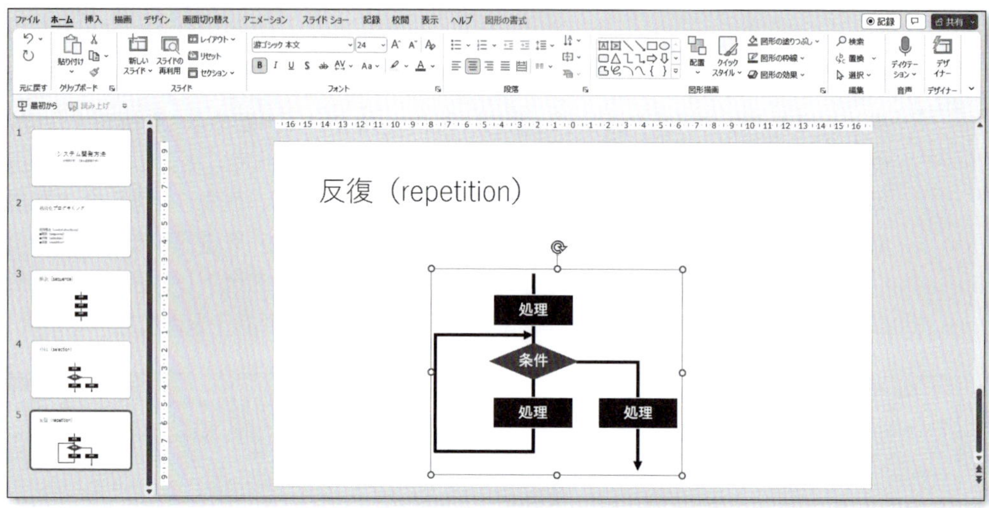

5 最後に、次のような「タイトルとコンテンツ」の新しいスライドを追加します。図形はグループ化し、左右の中央に配置しましょう。

補 足

挿入タブの（図グループにある）［SmartArt］を使って下記の図形を作成することもできます。「手順」の「基本ステップ」というSmartArtを選択し、SmartArtのデザインタブの（グラフィックの作成グループにある）［図形の追加］をクリックすると図形を増やすことができます。

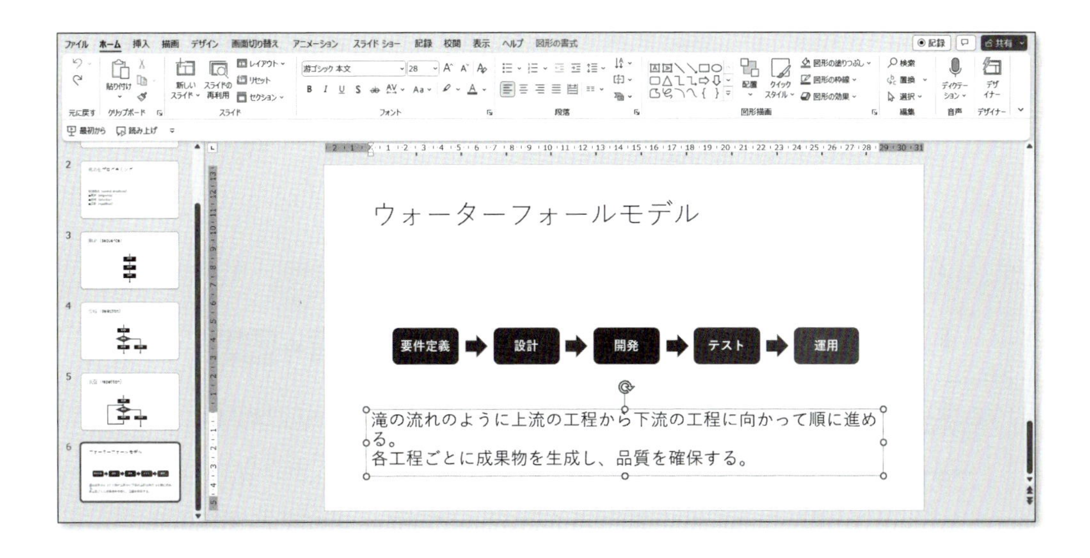

例題 14-2

「例題14－1」(P.198) のファイルを開き、フッターに日付と時刻を自動更新で表示し、スライド番号も挿入し、自分の名前も表示されるように設定しましょう。ただし、それらはタイトルスライドには表示しないようにします。

▶解説

挿入タブの（テキストグループにある）[ヘッダーとフッター] をクリックします。「ヘッダーとフッター」ダイアログボックスが出てくるので、スライドタブの「日付と時刻」にチェックし、「自動更新」を選択、また、「スライド番号」、「フッター」、「タイトルスライドに表示しない」にもチェックします。「フッター」を入力するところには自分の名前を入力し、「すべてに適応」をクリックしましょう（下記では「技術評史郎」と入力されています)。

そうすると、今日の日付、自分の名前、スライド番号がフッターに表示されます（ただし、1枚目のタイトルスライドには表示されません)。

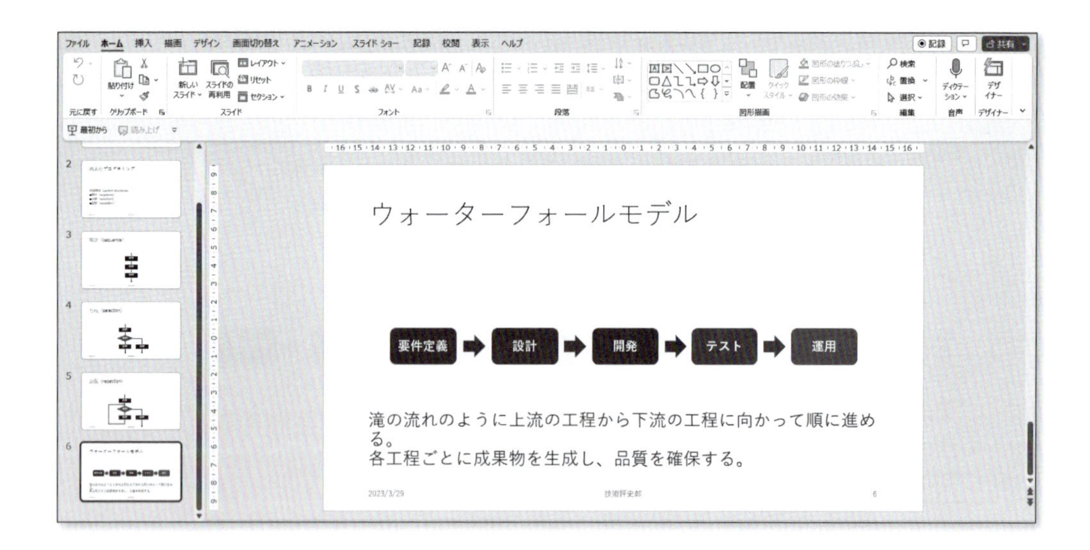

例題 14-3

「例題14－2」(P.201) のファイルを開き、すべてのスライドについて、フォントを「Calibri、メイリオ」に、背景の塗りつぶしの色を白以外の任意の色に変更しましょう。

▶解説

デザインタブの「バリエーション」の(右下にある▽のマークをクリックし)「フォント」から「Calibri、メイリオ」を選択します。続けて、デザインタブの(ユーザー設定グループにある)[背景の書式設定] から任意の色を選び、「すべてに適用」をクリックします。

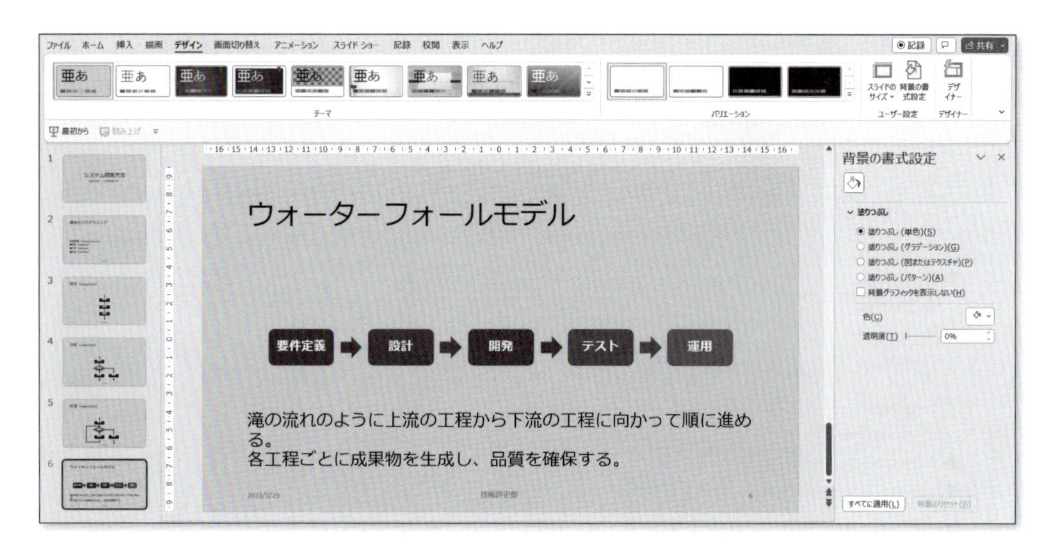

例題 14-4

「例題14－3」のファイルを開き、テーマを「イオン ボードルーム」に変更し、バリエーションも変えましょう。

▶解説

デザインタブの「テーマ」から「イオン ボードルーム」を選択します。続けて、デザインタブの「バリエーション」から任意のものを選びます。

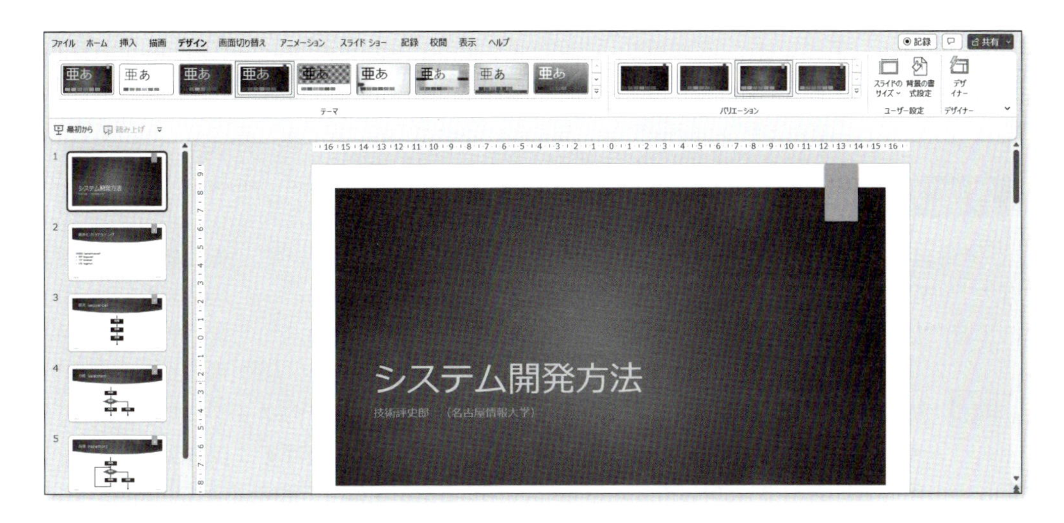

補 足

1枚目のタイトルスライドにはスライド番号の表示がありません。下記のようにすると、右上にある縦長の長方形の図形を削除することもできます。

表示タブの（マスター表示グループにある）[スライドマスター] をクリックします（「イオン ボードルーム」の場合）。

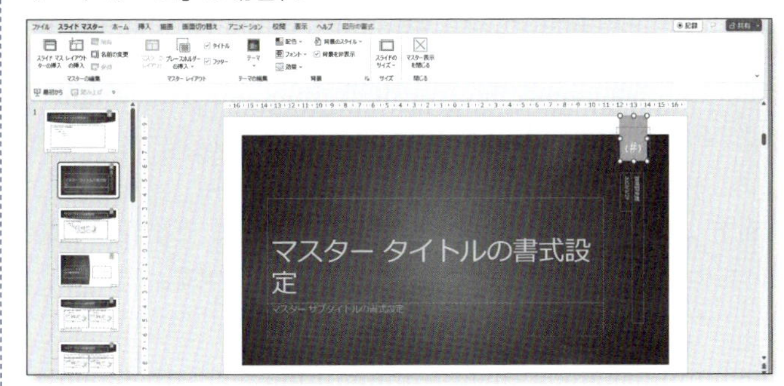

左側に並んでいるスライドの上から2番目の「タイトル　スライド　レイアウト：スライド1で使用される」を選択します。右上の縦長の長方形を選択し、[Delete] キーまたは [BackSpace] キーで削除します。スライドマスタータブの（閉じるグループにある）[マスター表示を閉じる] をクリックします。

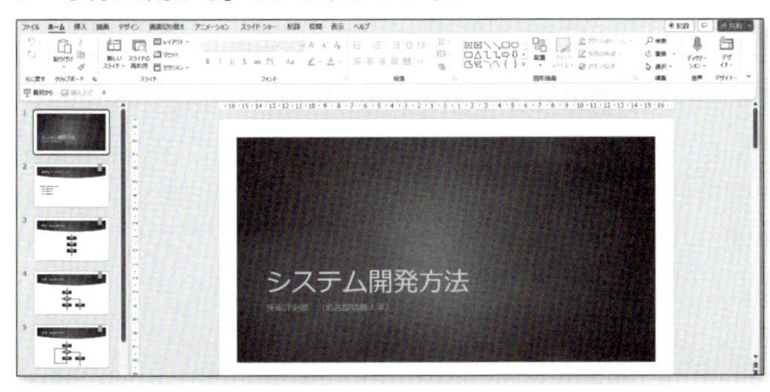

14

14-3 画面切り替えとアニメーション

この節では、スライドショーをしたときの見栄えをよくするために、画面切り替えとアニメーションを付けます。そして、スライドショーを実行してみましょう。

例題 14-5

「例題14−4」(P.202)のファイルを開き、すべてのスライドについて、画面切り替えを上からの「回転」で期間を2秒に設定しましょう。そして、スライドショーを実行しましょう。次の手順にしたがって作業をします。

1 画面切り替えタブの「画面切り替え」の(右下にある) のマークをクリックし、「ダイナミック　コンテンツ」から「回転」を選択します。続けて、[効果のオプション]から「上から」を選択します。さらに、(タイミンググループにある)[期間]を「02.00」に設定します。この設定をすべてのスライドに対して行いましょう。

2 スライドショータブの(スライドショーの開始グループにある)[最初から]をクリックして、スライドショーを実行しましょう。クリックすると次のスライドに移ります。

> **補　足**
> 下記のようにスライドマスターを使うと、すべてのスライドについての画面切り替えを一度に設定することができます。
> 表示タブの(マスター表示グループにある)[スライドマスター]をクリックします。左側に並んでいるスライドの一番上の「イオン　ボードルーム　スライドマスター：スライド1−6で使用される」を選択し、画面切り替えの設定をします。設定が終わったら、スライドマスタータブの(閉じるグループにある)[マスター表示を閉じる]をクリックします。

例題 14-6

「例題14−5」のファイルを開き、下記のようにアニメーションを設定し、スライドショーを実行しましょう。次の手順にしたがって作業をします。

1 スライド1のタイトルプレースホルダー(「システム開発方法」と入力されている枠)をクリックし、アニメーションタブの「アニメーション」の(右下にある) のマークをクリックし、「開始」から「スライドイン」を選びます。続けて、[効果のオプション]から「上から」を選択します。さらに、(タイミンググループにある)[継続時間]を「01.00」に設定します。この設定をすべてのスライドのタイトルプレースホルダーに対して行いましょう。

2 1と同様の設定をスライド 1 のサブタイトルを入力するプレースホルダーに対しても行いましょう。さらに、スライド 2 および 6 のそれぞれのコンテンツプレースホルダーにも設定しましょう。ここで、スライド 2 のコンテンツプレースホルダーとは、「制御構造（control structures)」などと入力されている枠のことを指し、スライド 6 のコンテンツプレースホルダーとは、「滝の流れのように…」などと入力されている枠のことを指します。

3 スライド 6 を選択し、真ん中のグループ化した図形を選択します。アニメーションタブの「アニメーション」の（右下にある）▽のマークをクリックし、「強調」から「シーソー」を選びます。

4 スライドショータブの（スライドショーの開始グループにある）[最初から] をクリックして、スライドショーを実行しましょう。

補　足

下記のようにスライドマスターを使うと、1、2のアニメーションの設定を一度にすることができます。
表示タブの（マスター表示グループにある）[スライドマスター] をクリックします。左側に並んでいるスライドの一番上の「イオン　ボードルーム　スラドマスター：スライド 1−6 で使用される」を選択します。スライドのタイトルプレースホルダー（「マスタータイトルの書式設定」と入力されているホルダー）をクリックし、アニメーションの設定をします。
続けて、コンテンツプレースホルダー（「マスターテキストの書式設定」などと入力されているホルダー）をクリックし、アニメーションの設定をします。設定が終わったら、スライドマスタータブの（閉じるグループにある）[マスター表示を閉じる] をクリックします。

14-4 第14章の演習問題

演習問題 14-1

PowerPointのスライド1から6を下記のように作成しましょう。図形や画像の色やバランス、上下の配置などは任意です。下記のスライド4の背景の画像は一例であり、挿入タブの（画像グループにある）[画像] から任意の画像を選択して挿入しましょう。挿入した画像を右クリックし、「最背面へ移動」を選択します。

スライド1：

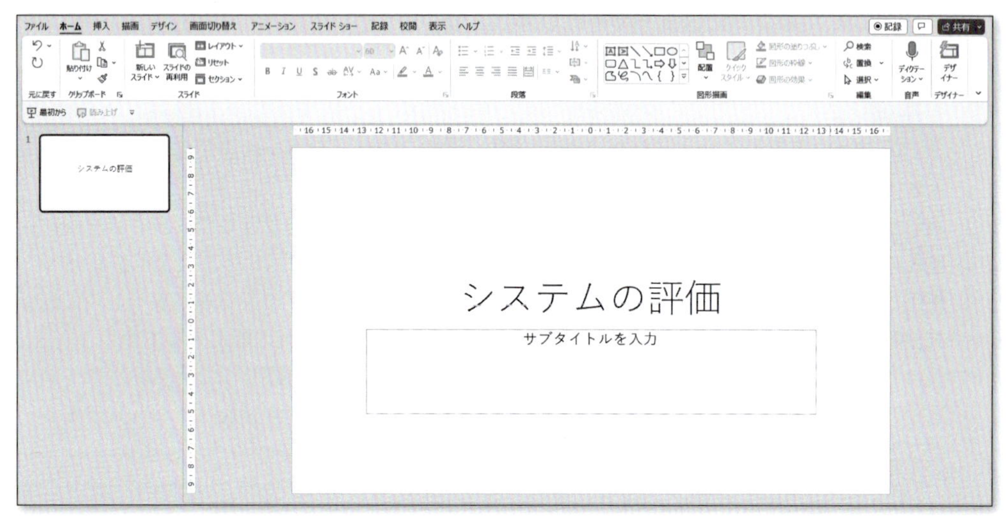

スライド2：

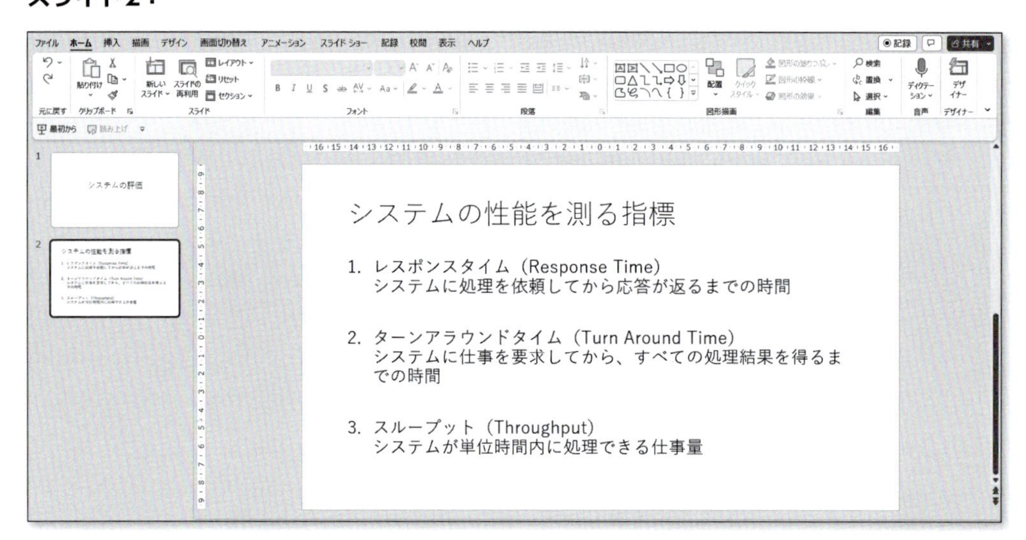

スライド3：

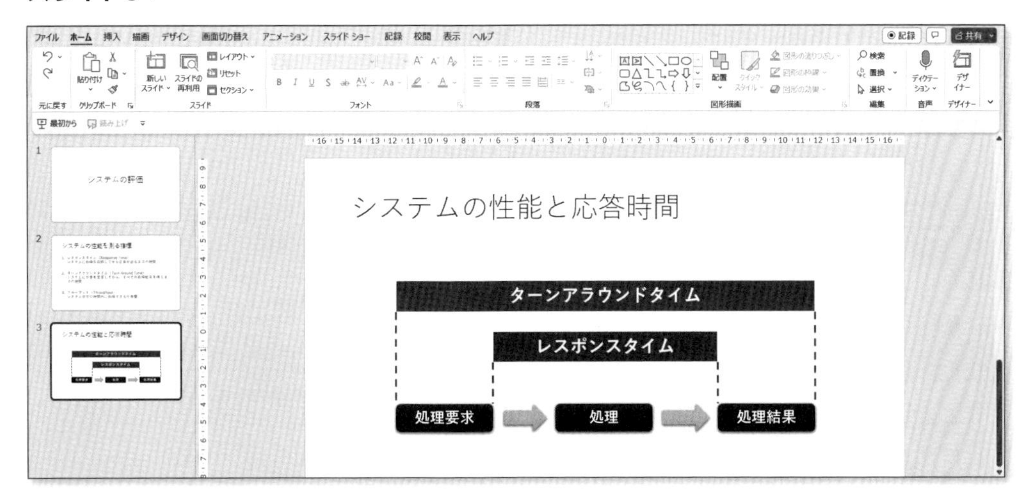

スライド4：

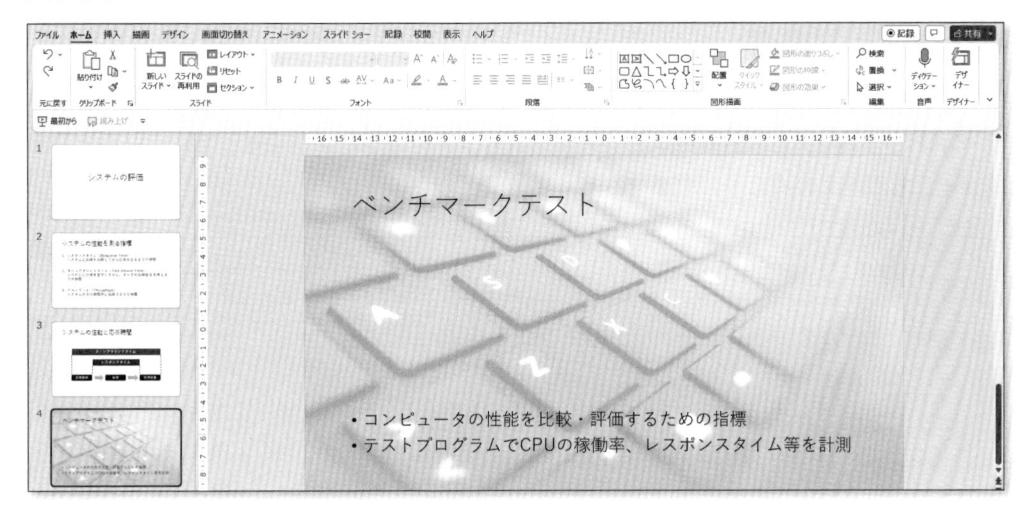

スライド5：

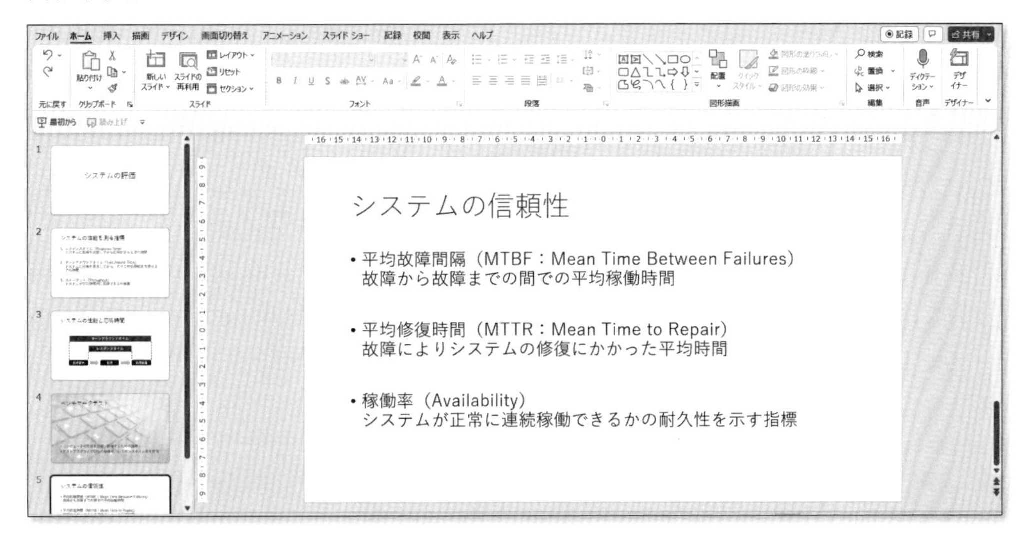

14

スライド6：

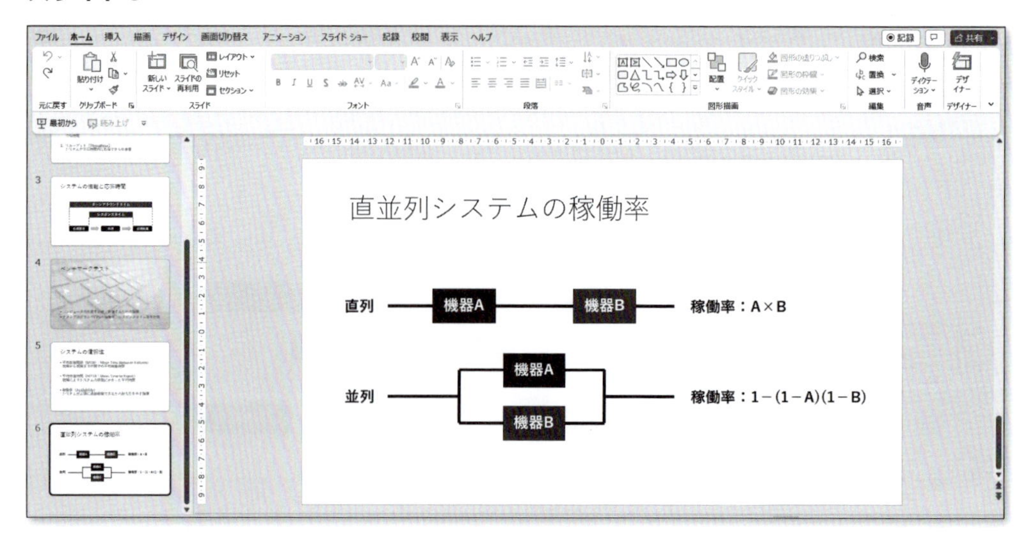

演習問題 14-2

「演習問題14−1」(P.206) のファイルを開き、フッターに日付と時刻を自動更新で表示し、スライド番号も挿入し、自分の名前も表示されるように設定しましょう。これらはタイトルスライドにも表示されるようにします。

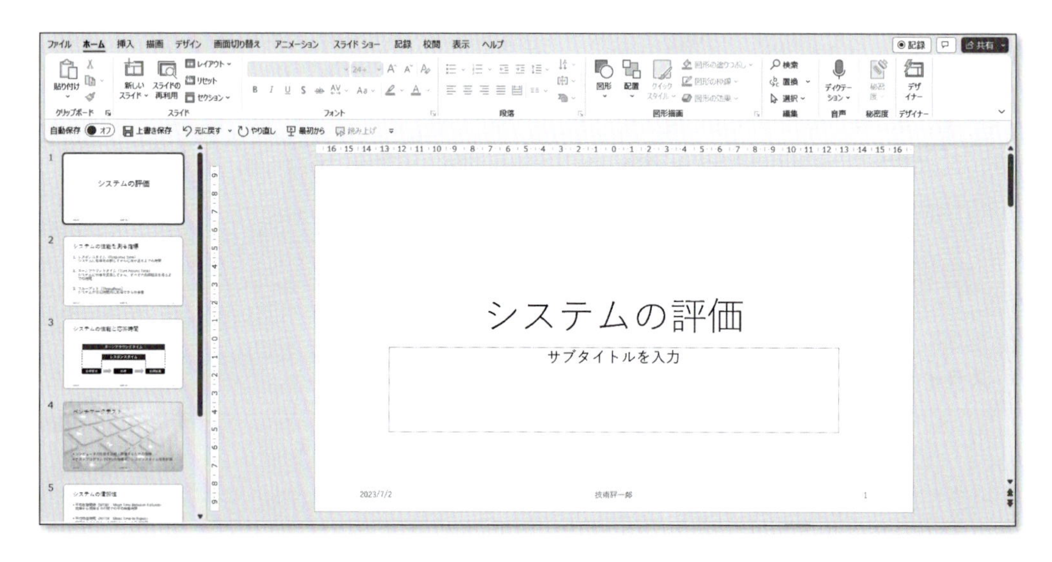

演習問題 14-3

「演習問題14－2」(P.208) のファイルを開き、任意のテーマ、バリエーションに変更しましょう。

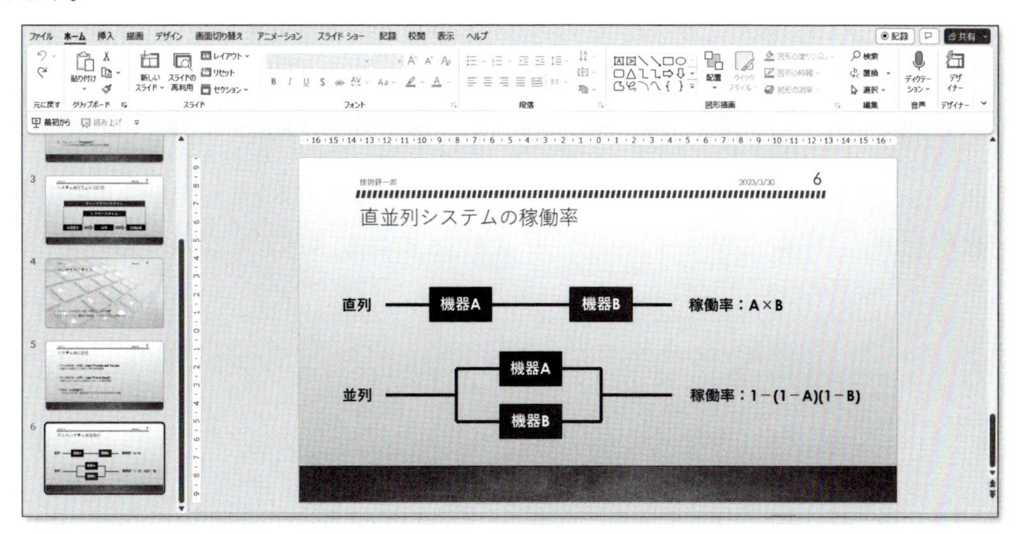

演習問題 14-4

「演習問題14－3」のファイルを開き、各スライドについて、任意の画面切り替えを設定しましょう。そして、スライドショーを実行しましょう。

演習問題 14-5

「演習問題14－4」のファイルを開き、任意の箇所に任意のアニメーションを設定し、スライドショーを実行しましょう。

第 15 章 コンテンツプレースホルダーの利用

この章では、視覚的な効果を高めるため、SmartArt や表を活用する方法を学習します。また、Word で作成した文書からデータをコピーしてスライドやノートを作る方法についても学びます。

15-1 SmartArt、表の挿入

この節では、「2つのコンテンツ」または「タイトルとコンテンツ」のスライドを利用して、SmartArtや表を挿入します。書式や色なども変更してみましょう。

例題 15-1

PowerPointのスライドに次のように文字を入力し、SmartArtを挿入しましょう。SmartArtの色やバランス、上下の配置などは任意です。次の手順にしたがって作業をします。

1 最初のスライドに下記のように文字を入力しましょう。

2 ホームタブの（スライドグループにある）［新しいスライド］をクリックし、「2つのコンテンツ」を選択します。そして、次のように文字を入力します。次に、左下のコンテンツ（左下の枠のなか）の「SmartArtグラフィックの挿入」をクリックし、「階層構造」の「組織図」を挿入します。

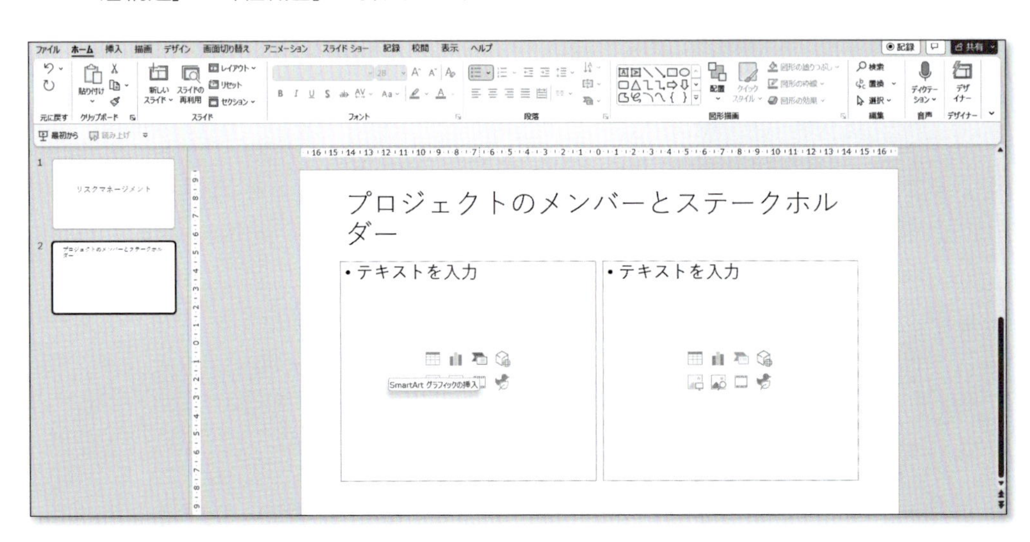

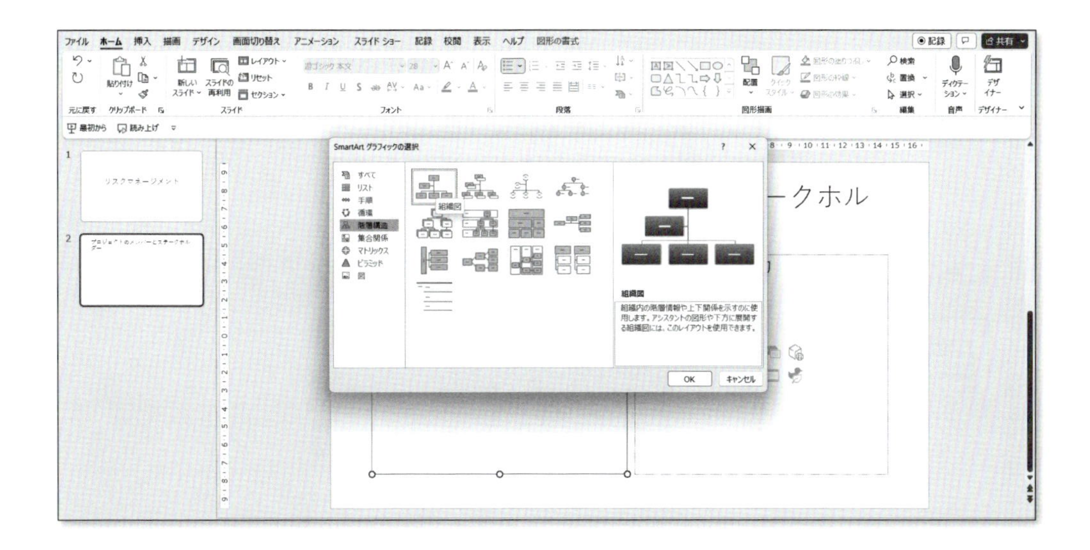

3 右下のコンテンツ（右下の枠のなか）でも「SmartArt グラフィックの挿入」をクリックし、「リスト」の「カード型リスト」を挿入します。
左右の SmartArt が下記のようになるように、不要な図形を［BackSpace］キーまたは［Delete］キーで削除し、また、［テキスト］に文字を入力します。挿入タブの（図グループにある）［図形］の「ブロック矢印」から「矢印：左右」の図形も真ん中に挿入し、サイズや配置を調整しましょう。

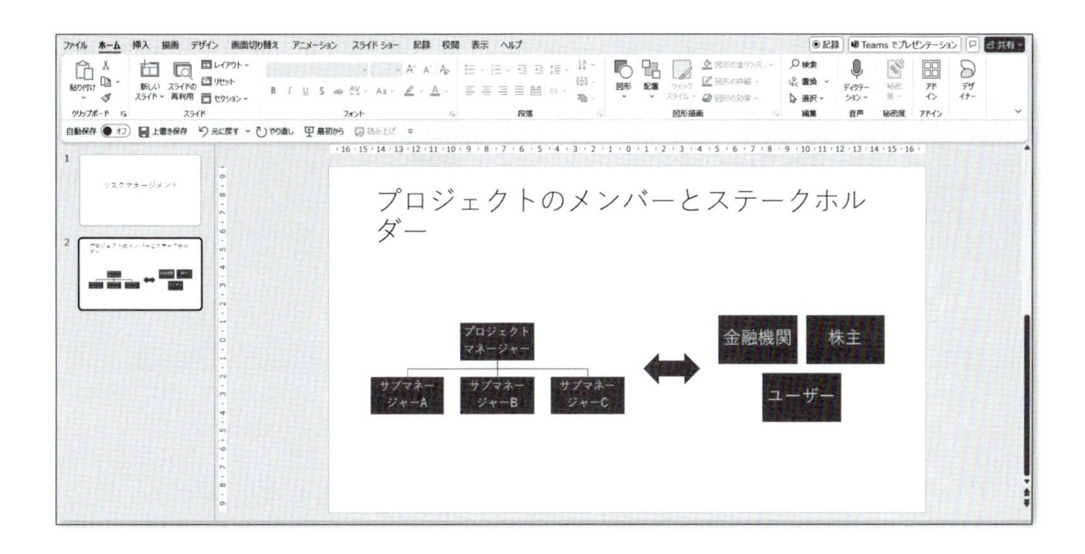

4 「タイトルとコンテンツ」の新しいスライドを追加し、タイトルには次のように文字を入力します。コンテンツ（下の枠のなか）に「リスト」の「縦方向リスト」の SmartArt を挿入し、次のように編集します。ここで、SmartArt のデザインタブの［図形の追加］をクリックすると、図形を増やすことができます。

15

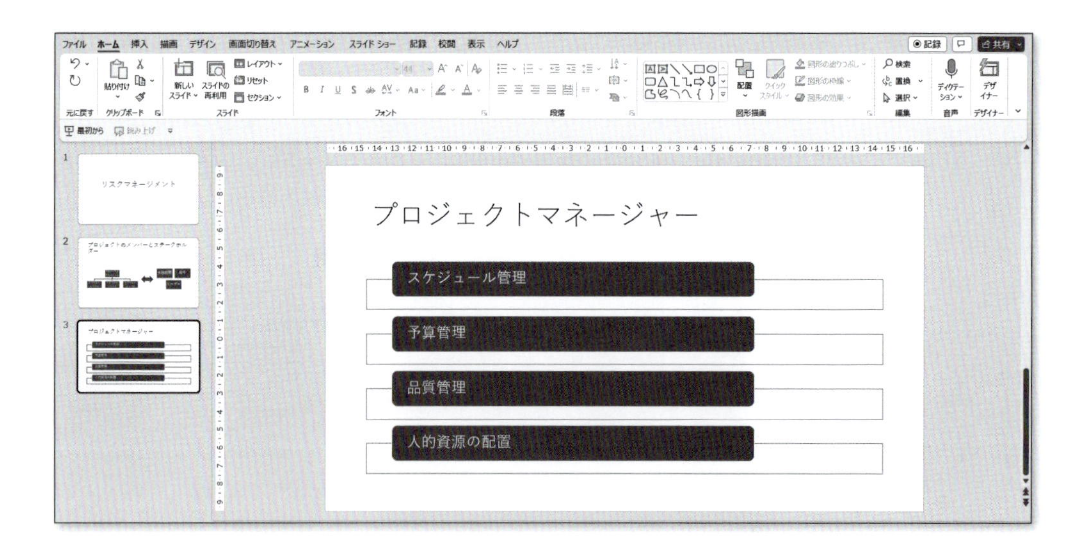

5 さらに、「タイトルとコンテンツ」の新しいスライドを追加し、タイトルには次のように文字を入力します。コンテンツ（下の枠のなか）に「循環」の「基本の循環」のSmartArtを挿入し、次のように編集します。

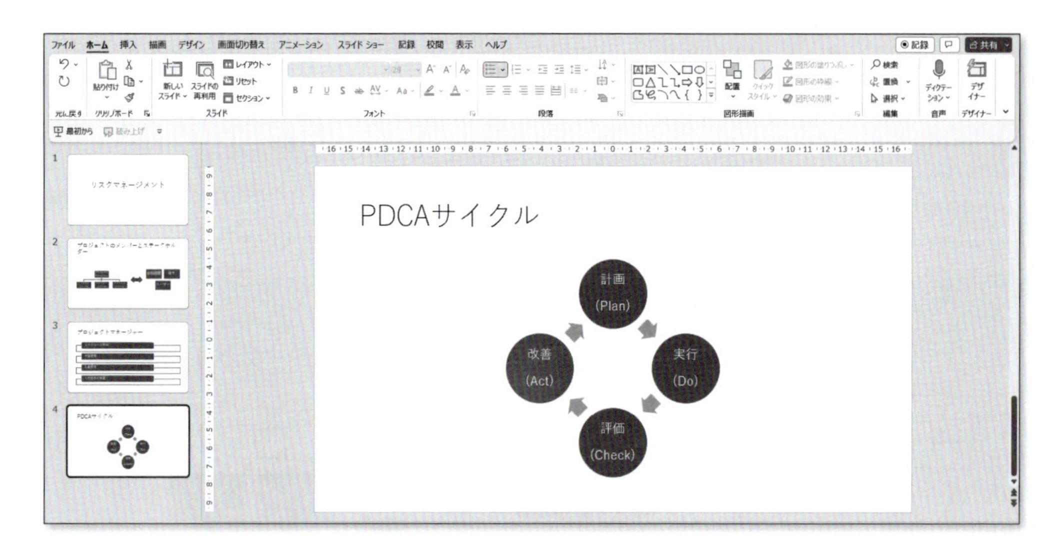

6 最後に、「タイトルとコンテンツ」の新しいスライドを追加し、タイトルには次のように文字を入力します。コンテンツ（下の枠のなか）の「表の挿入」をクリックし、「列数：2」、「行数：5」の表を挿入し、次のように編集します。

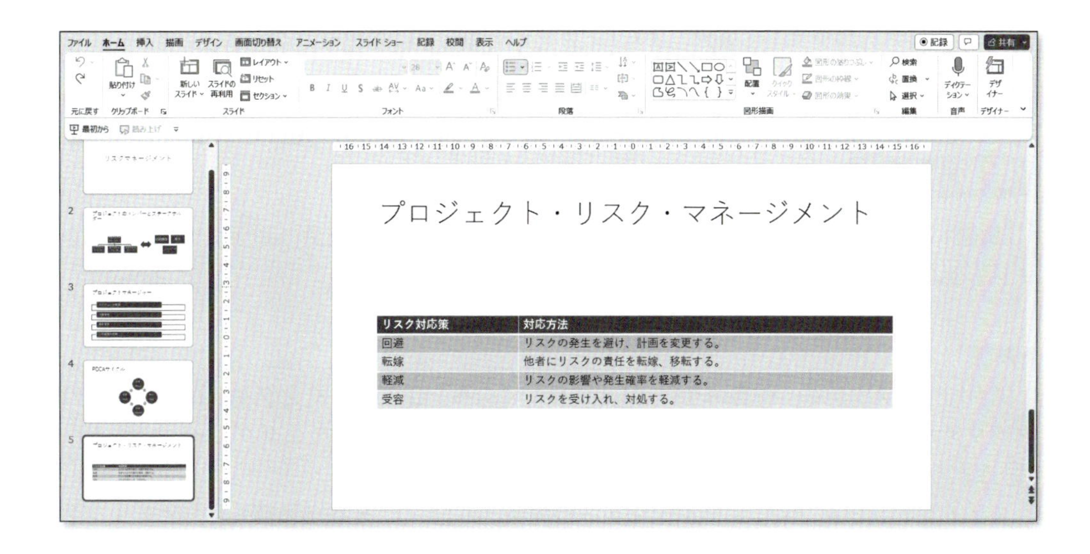

例題 15-2

「例題15−1」(P.212) のファイルを開き、文字、各SmartArtや表について、書式や色などを変更しましょう。どのように変更するかは任意です。また、フッターに日付と時刻を自動更新で表示し、スライド番号も挿入されるように設定しましょう。

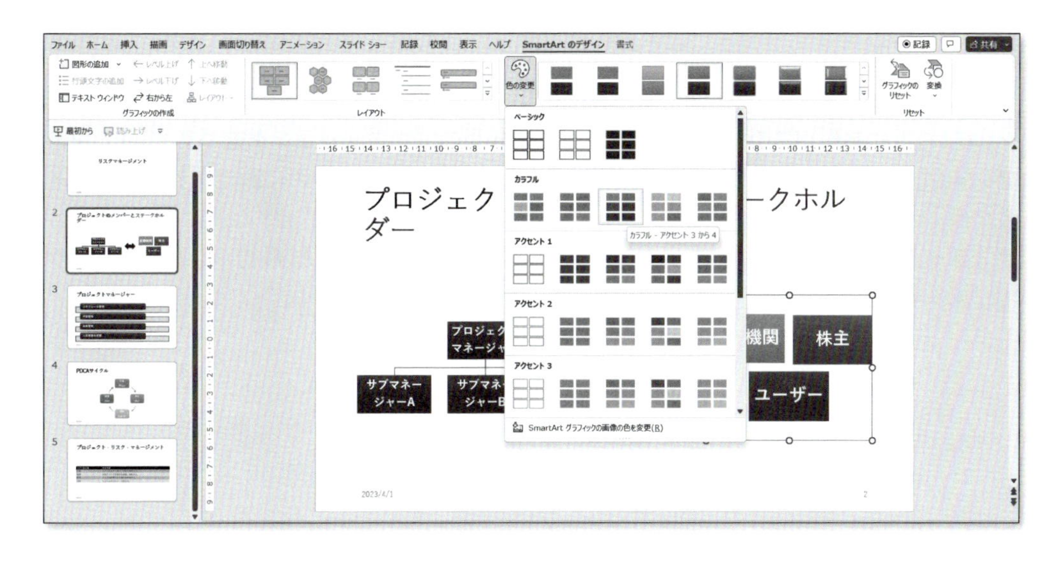

▶解説

作成されているSmartArtを選択した状態で、SmartArtのデザインタブのSmartArtのスタイルグループから色やスタイルを任意のものに変更しましょう。スライド5の表についても、表を選択した状態で、テーブルデザインタブの表のスタイルグループやワードアートのスタイルグループから任意のスタイルに変更しましょう。

タイトルプレースホルダー内の文字も任意の書式に変更しましょう。スライドマスターを利用することもできます。

挿入タブの（テキストグループにある）[ヘッダーとフッター] をクリックします。「ヘッダーとフッター」ダイアログボックスが出てくるので、スライドタブの「日付と時刻」にチェックし、「自動更新」を選択、また、「スライド番号」にもチェックします。「すべてに適応」をクリックしましょう。

例題 15-3

「例題15－2」(P.215) のファイルを開き、各スライドについて任意の画面切り替えを設定しましょう。そして、スライドショーを実行しましょう。

▶解説

画面切り替えタブの「画面切り替え」の(右下にある) のマークをクリックし、任意の画面切り替えを選択します。さらに、「効果のオプション」や(タイミンググループにある)[期間] などを設定することもできます。

スライドショータブの(スライドショーの開始グループにある)[最初から] をクリックして、スライドショーを実行しましょう。

例題 15-4

「例題15－3」のファイルを開き、任意の箇所に任意のアニメーションを設定し、スライドショーを実行しましょう。

▶解説

(プレースホルダーや図形などの) 対象をクリックし、アニメーションタブの「アニメーション」の(右下にある) のマークをクリックして任意のアニメーションを選びます。[効果のオプション] や(タイミンググループにある)[継続時間] も任意のものに設定することができます。

スライドショータブの(スライドショーの開始グループにある)[最初から] をクリックして、スライドショーを実行しましょう。

15-2 Wordファイルをもとにスライドとノートを作成

この節では、第11章で作成したWord文書の一部をコピー貼り付けすることによって、PowerPointのスライドを作成します。また、ノートも作成し、スライドショーの際に「発表者ツールを表示」にすると、ノートが見られることを確認しましょう。

例題 15-5

「例題11−4」(P.161) のファイルを開き、それをもとに、PowerPointでスライド4枚を下記のように作成しましょう。

スライド1

スライド2

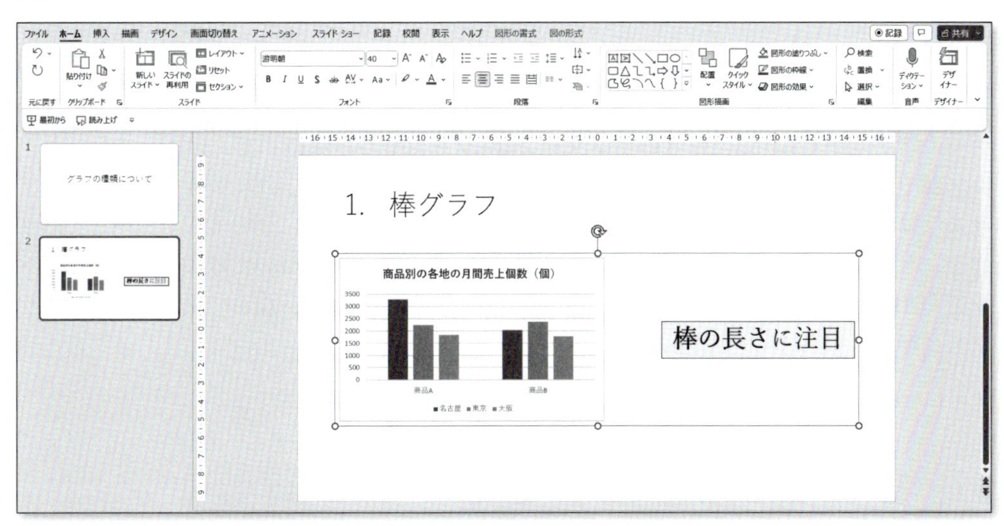

スライド3

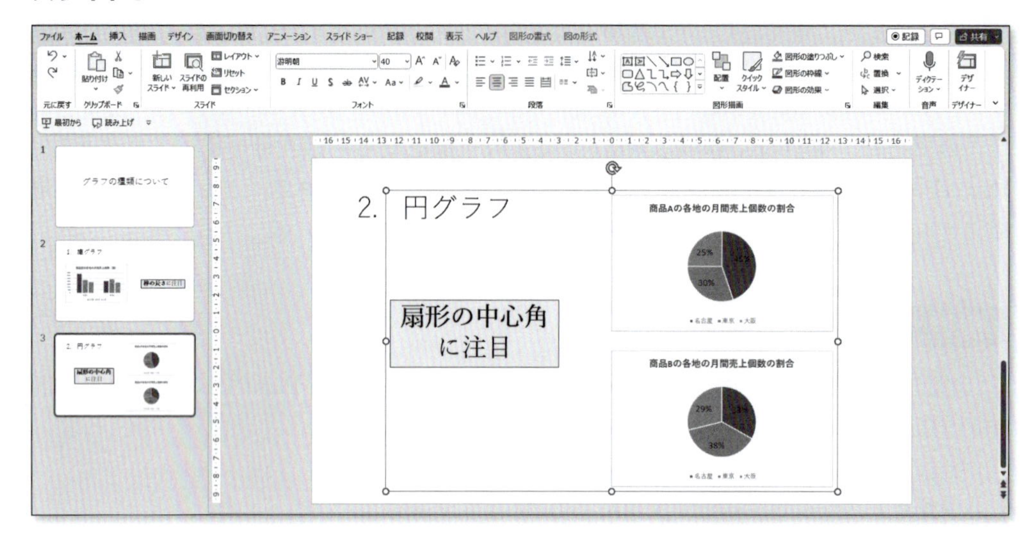

スライド4

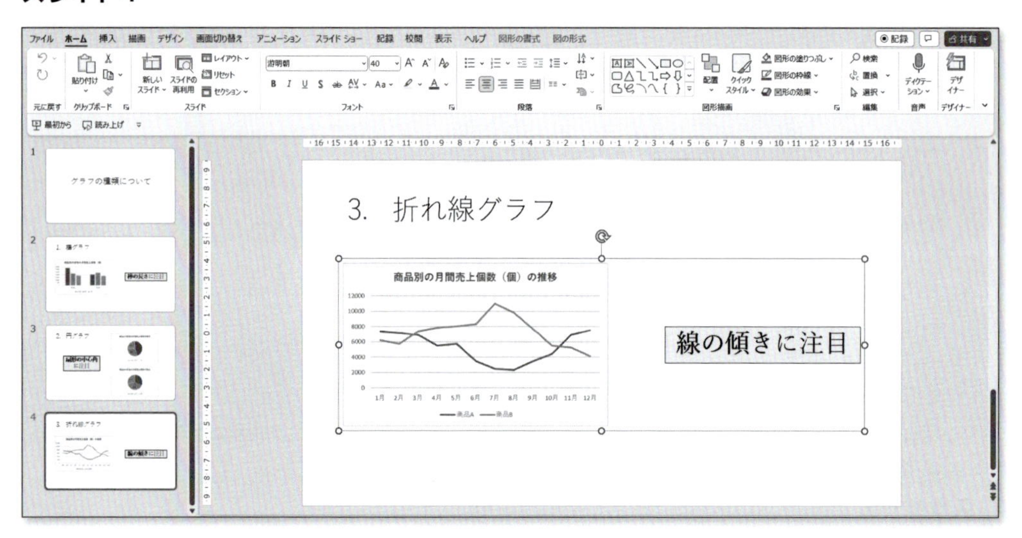

▶解説

スライド1については、「例題11－4」(P.161) の1行目をコピーして、タイトルプレースホルダーに貼り付けます。貼り付けのオプションは「テキストのみ保持」にします。

スライド2、3、4については、それぞれ「タイトルのみ」の新しいスライドを追加し、タイトルはコピー貼り付けで入力しましょう。図やテキストボックスについてもコピーして貼り付けし、大きさや配置を調整します。ここで、テキストボックスについては貼り付けのオプションを「貼り付け先のテーマを使用」または「元の書式を保持」にし、なかの文字のフォントサイズも調整します。

例題 15-6

「例題15－5」(P.217) と「例題11－4」(P.161) のファイルを開き、「例題11－4」に入力されている文章をコピーして、「例題15－5」のノートに下記のように貼り付けましょう。そして、スライドショーを実行し、ノートを確認しましょう。

スライド1

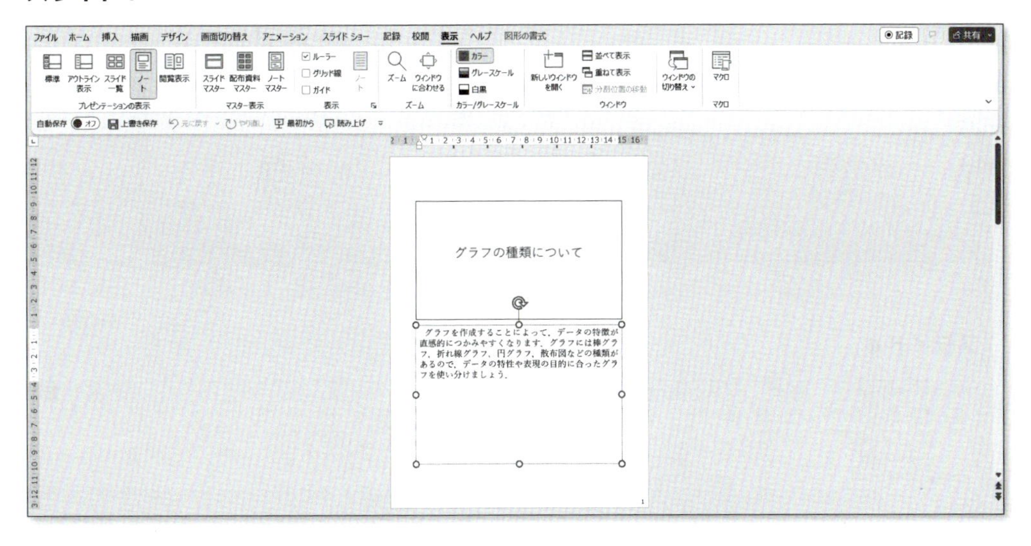

スライド2

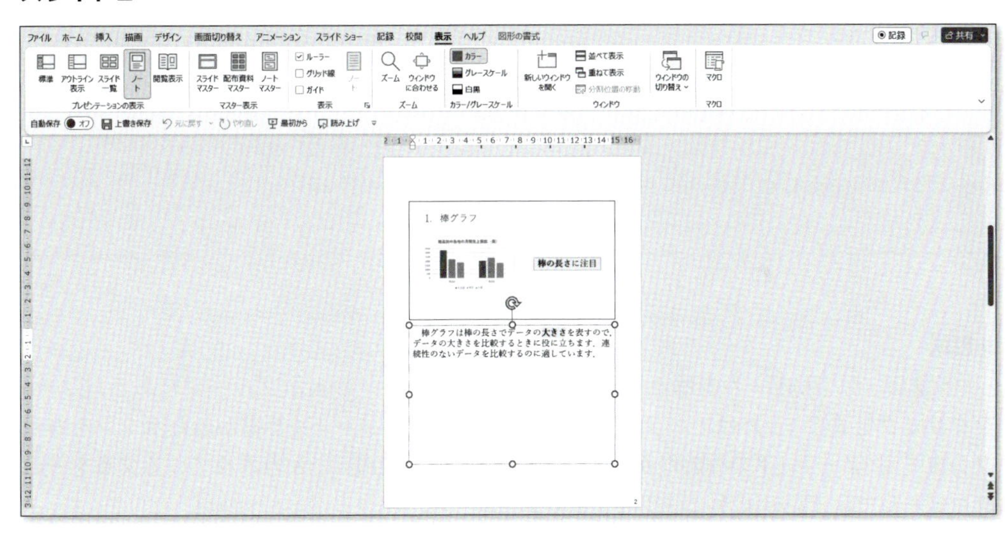

スライド3

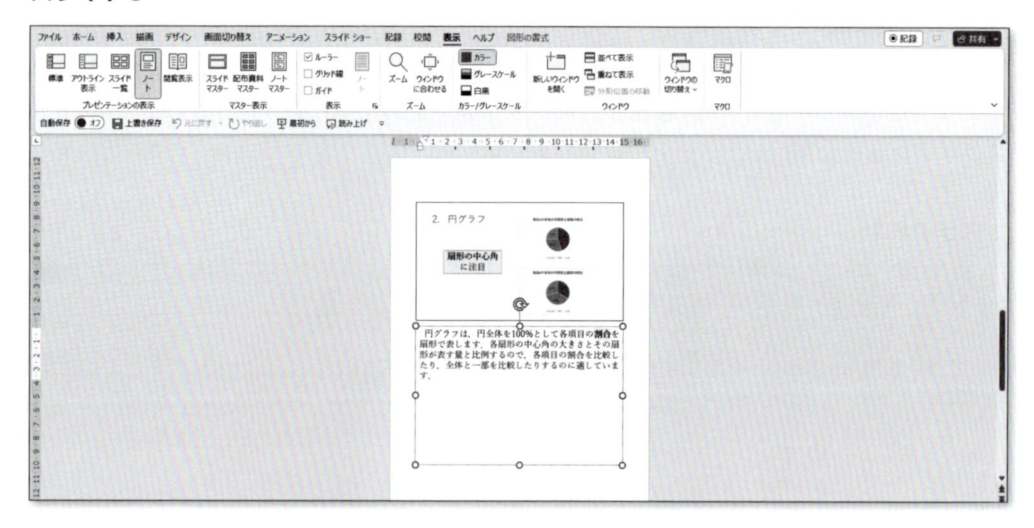

スライド4

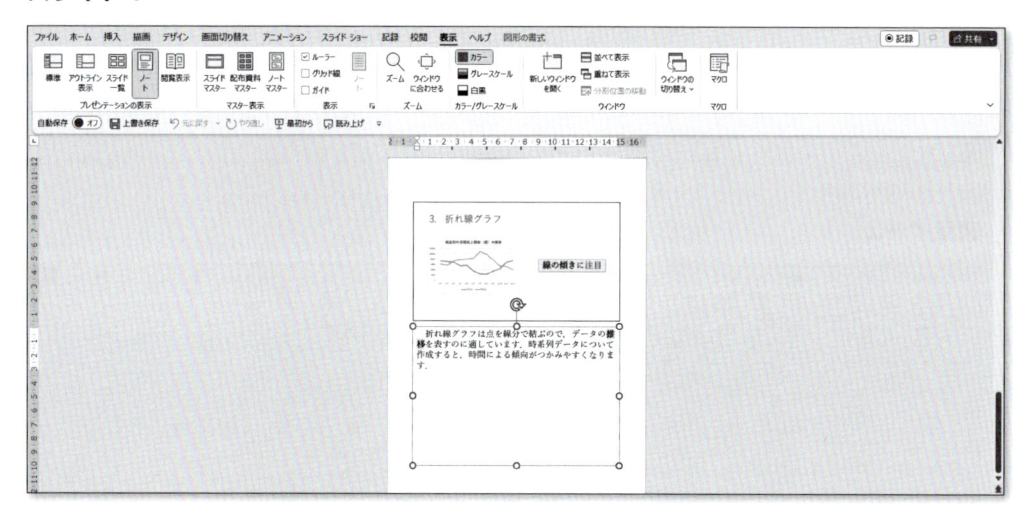

▶解説

「例題15−5」(P.217)の表示タブの(プレゼンテーションの表示グループにある)[ノート]をクリックします(または、スライドの下のほうにある「ノート」と書かれたボタンをクリックします)。ノート(下の枠のなか)に、「例題11−4」(P.161)に入力されている文章をそれぞれコピーして、上記のように貼り付けましょう。

スライドショータブの(スライドショーの開始グループにある)[最初から]をクリックして、スライドショーを実行しましょう。スライドショーの画面のどこかで右クリックし、「発表者ツールを表示」を選択すると、ノートが確認できます。

15-3 第15章の演習問題

演習問題 15-1

「例題13－7」(P.188)のWordファイルを開き、それをもとに、PowerPointでスライド数枚を作成し、ノートにも文章を貼り付けましょう。そして、スライドショーを実行し、ノートを確認しましょう。

索　引

英　字

ア

カ

サ

■ 著者紹介

岡田　朋子（おかだ　ともこ）

名古屋大学大学院 多元数理科学研究科 博士後期課程修了。博士（数理学）。名古屋工業大学非常勤講師、愛知教育大学非常勤講師を経て、現在、名古屋経済大学准教授、愛知学院大学非常勤講師。著書に『エクセルで学習するデータサイエンスの基礎 統計学演習15講』（近代科学社）、『数理・データサイエンス・AIのための数学基礎』（近代科学社）などがある。

山住　富也（やまずみ　とみや）

中部大学大学院工学研究科博士後期課程電気工学専攻修了。博士（工学）。名古屋文理大学情報メディア学部教授／図書情報センター長、名古屋経済大学経営学部教授／図書館長・情報センター長を経て、現在、愛知学院大学、中部大学、愛知学泉短期大学非常勤講師。著書に『改訂新版　初めてのTurbo C++』共著（技術評論社）、『理系のためのVisual Basic 6.0実践入門』共著（技術評論社）、『理系のためのVisual Basic 2005 実践入門』共著（技術評論社）、『はじめての3DCGプログラミング　～例題で学ぶPOV-Ray～』（近代科学社）、『ソーシャルネットワーク時代の情報モラルとセキュリティ』（近代科学社）などがある。

装丁　●小野貴司
本文　●BUCH+

Office演習で初歩からはじめる情報リテラシー

2024年12月28日　初版　第1刷発行

著　者　岡田朋子　山住富也
発行者　片岡 巌
発行所　株式会社技術評論社
東京都新宿区市谷左内町 21-13
電話　03-3513-6150 販売促進部
03-3267-2270 書籍編集部
印刷／製本　TOPPANクロレ株式会社

定価はカバーに表示してあります。

ISBN978-4-297-14626-9 C3055
Printed in Japan

本書へのご意見、ご感想は、技術評論社ホームページ（https://gihyo.jp/）または以下の宛先へ書面にてお受けしております。電話でのお問い合わせにはお答えいたしかねますので、あらかじめご了承ください。

〒162-0846
東京都新宿区市谷左内町21-13
株式会社技術評論社書籍編集部
『Office演習で初歩からはじめる情報リテラシー』係

本書のご購入等に関するお問い合わせは下記にて受け付けております。
(株)技術評論社
販売促進部　法人営業担当

〒162-0846
東京都新宿区市谷左内町21-13
TEL:03-3513-6158
FAX:03-3513-6051
Email:houjin@gihyo.co.jp